贵州省短期气候预测手册

主　编：汪卫平　张娇艳

副主编：帅士章　李　霄　曹　蔚

内 容 简 介

本手册围绕贵州省气候特点和预测与服务展开,内容涵盖了贵州省主要气候特征,短期气候预测涉及的主要影响要素、制作和评估方法等。全书分为七章和附录,前五章介绍和分析了贵州省地形地貌和气候特点、典型气候事件、气象要素、天气现象,以及气候事件,后两章分别阐述影响贵州省气候的大气环流和海温,并介绍了贵州省气候预测业务流程、产品、工具及检验方法和标准。

本书可供各级决策部门、气象、农业、交通、水文、能源、环境、规划等部门及相关行业的业务科研人员、相关专业的院校师生参考使用。

图书在版编目(CIP)数据

贵州省短期气候预测手册 / 汪卫平,张娇艳主编
. — 北京:气象出版社,2020.12
ISBN 978-7-5029-7309-4

Ⅰ.①贵… Ⅱ.①汪… ②张… Ⅲ.①短期天气预报-贵州-手册 Ⅳ.①P456.1-62

中国版本图书馆 CIP 数据核字(2020)第 214287 号

贵州省短期气候预测手册

Guizhou Sheng Duanqi Qihou Yuce Shouce

出版发行:气象出版社	
地　　址:北京市海淀区中关村南大街 46 号	邮政编码:100081
电　　话:010-68407112(总编室)　010-68408042(发行部)	
网　　址:http://www.qxcbs.com	E-mail:qxcbs@cma.gov.cn
责任编辑:林雨晨　陈 红	终　审:吴晓鹏
责任校对:张硕杰	责任技编:赵相宁
封面设计:博雅思企划	
印　　刷:北京建宏印刷有限公司	
开　　本:787 mm×1092 mm　1/16	印　张:10
字　　数:256 千字	
版　　次:2020 年 12 月第 1 版	印　次:2020 年 12 月第 1 次印刷
定　　价:80.00 元	

本书如存在文字不清、漏印以及缺页、倒页、脱页等,请与本社发行部联系调换

《贵州省短期气候预测手册》编写委员会

主　编：汪卫平　张娇艳

副主编：帅士章　李　霄　曹　蔚

编　委：李忠燕　陈早阳　王玥彤　王　烁　许　丹
　　　　周　涛　王　星　马勋丹

各章作者

第1章：汪卫平　黄林峰
第2章：李启芬　胡秋红　汪卫平　吴树炎　周博扬　王玥彤
第3章：曹　蔚
第4章：陈早阳
第5章：李忠燕
第6章：王　烁　王玥彤
第7章：王　烁　陈早阳　马勋丹　王玥彤
附　录：曹　蔚

序

  短期气候预测是指延伸期、月、季、年时间尺度上的气候趋势预测。它对我国气象灾害防御、农业生产、电力调度、防汛抗旱指挥等非常重要，是保障社会经济的稳定以及人民日常生产生活的重要服务。从最初的单站历史曲线等经验统计分析，到多元回归分析等数理统计方法的广泛应用，再到海气相互作用等影响机理的深入研究，最后到气候动力数值模式预测方法以及动力－统计相结合的预测方法等，我国短期气候预测技术不断改善与优化，客观化、定量化、自动化、智能化水平不断提升。虽然我国短期气候预测取得了较为丰硕的成果，但也面临着不小的挑战。由于我国处于东亚季风区，气候特点较为复杂，受到青藏高原、海洋、季风、中高纬度环流系统等多种因素的影响，给我国短期气候预测增加了难度。因此随着时代的进步，不断发展、不断梳理、不断凝练研究成果才能继续推动我国短期气候预测事业的发展。在此过程中，省级短期气候预测工作也随之发展、壮大。

  贵州省是一个气象灾害多发省份，各类气象灾害时有发生，在全省自然灾害造成的损失中，气象灾害占85％以上，每年因气象灾害及其衍生灾害造成的损失约占国民生产总值的3％，气象灾害已成为制约贵州省经济社会发展的重要因素之一。暴雨洪涝、冰冻等气象灾害不仅造成了人民生命财产的较大损失，也对我省经济社会建设可持续发展造成了严重影响。抓住灾害早期识别的关键点，给出精准的预测，是实现防灾减灾的有效途径。开展短期气候预测，是保障人民群众生命财产安全和经济社会长期稳定发展的必然要求。省级气候预测业务具有一定的特殊性：一是从时间紧迫性、空间加密性、产品多样性来看，服务需求更高；二是预测业务人员水平参差不齐；三是区域性天气影响系统更加复杂，局地地形的下垫面影响作用更加明显等。为了与国家级短期气候预测业务更好地衔接，同时在省级业务中规范预测流程、会商制度、产品制作与发布、预测质量检验，归纳总结出一本适合于贵州省省级气候预测业务手册是非常必要的。

  《贵州省短期气候预测手册》一书，系统介绍了贵州省短期气候预测业务，主要内容有：给出了贵州省气候特点综述；全面论述了贵州省典型气候事件过程；深入分析了贵州省气象要素特征；细致描述了贵州省天气现象；全面归纳了贵州省气候事件标准与影响；全面总结了贵州省短期气候预测主要影响因子；最后全面总结了气候预测业务工作。

本书的出版将为贵州省各级气象台站开展气候预测业务服务和相关科学研究提供技术指导,为贵州省各级政府防灾减灾提供气象科学的基础支撑。

在该书即将出版之际,我们谨向贵州省短期气候预测研究团队表示祝贺,愿他们再接再厉,开拓创新,为贵州省短期气候预测发展提供更多的科学依据和做出更大的贡献。

2020 年 8 月

---

* 刘曙光,贵州省气象局副局长。

前 言

气候是人类赖以生存,经济和文化赖以发展的重要基础资源。贵州省地处四川盆地和广西丘陵之间的云贵高原,属中低纬典型喀斯特地区,地形复杂,具有独具特色的气候特征。空间上,立体气候明显;时间上,夏季得天独厚的避暑气候优势、秋冬季节活跃的云贵静止锋、冬季的雨凇、春季的冰雹等都具有鲜明的区域特点。贵州省属南方省份,充沛的降水和适宜的光热条件,与起伏的地形构造了多样的自然景观与人文景观,同时也存在旱涝并重、石漠化严重、中小型地质灾害多发等气候脆弱性,每年因气象灾害及其次生灾害造成的直接经济损失占到全省自然灾害损失的85%以上。因此,如何提高气象防灾减灾能力,趋利避害,更好地利用气候资源,增进贵州省民生福祉,促进经济社会发展,在贵州省近年经济快速发展的大环境下,对气象服务提出了更高的要求。

气候变化对人民生活和经济社会发展造成的影响已成为全球关注的重要问题,对气候的异常变化做出有效的预测,可为各级政府提供科学的防灾减灾决策参考。随着气象预测技术的快速发展、无论是气候预测从业人员、还是气候预测产品的使用者,都亟需一部能够全面反映最新贵州气候特征与预测信息的工具书、参考书。

20世纪80年代以前,贵州省气候预测的制作基本上是手工或者半手工操作;在"八五"期间贵州省科委和"九五"期间国科委的大力支持下,贵州气候预测工作取得了长足的进展,并凝练为《贵州短期气候预测技术》一书,多年来在相关业务、科研和服务中起到了重要的参考和指导作用。近年来,随着计算机和大数据技术的迅速发展,在全国气象业务现代化建设的推动下,贵州省气候预测业务取得了很大提高,预测时效从月、季节尺度拓展到延伸期,对重要性、灾害性、关键性气候事件的预测也逐步加强。现代短期气候预测融合了许多新技术、新方法,作者系统地对相关研究成果进行梳理和提炼,形成了《贵州省短期气候预测手册》一书。

本书由贵州省气候中心预测科组织编写,全书共7章。第1章,贵州省气候特点综述;第2章,典型气候事件过程;第3章,气象要素特征;第4章,天气现象;第5章,气候事件标准与影响;第6章,短期气候预测主要影响因子;第7章,气候预测业务工作。

本书是按照手册结构来编写,书中的内容是从事贵州省短期气候预测研究和业务工作必须具备的知识结构,既可作为气候预测工作人员的学习参考,也可作为对气候变化和预测有兴趣的读者的参考读物。在本书的编写过程中,万汉芸、张润琼、姚正兰、吴树炎、周文钰、苟杨、徐大红、段荣、胡秋红编写了市州气候概况部分,张东海提供了部分干旱数据和图表。贵州省气象局吴战平、谷小平、陈百炼、万雪莉、杜小玲、杨静、杜正静、罗喜平、莫建国、胡跃文、龚雪芹、徐丹丹、于飞、胡家敏等专家提出了许多宝贵意见和建议,在此表示衷心感谢!

衷心地期望本书的出版对贵州省气候预测业务发展起到推动和借鉴作用,但受作者专业知识水平以及经验所限,书中错误和不足之处在所难免,敬请广大读者指正。

作者

2019 年 12 月

目　录

序
前言
第1章　贵州气候特点综述 ……………………………………………………（1）
　1.1　地理位置与地形地貌 ………………………………………………………（1）
　1.2　立体地形与立体气候 ………………………………………………………（3）
　1.3　雨日数特征 …………………………………………………………………（6）
　　1.3.1　中国年雨日数时空分布 ………………………………………………（7）
　　1.3.2　中国四季雨日数分布 …………………………………………………（8）
　　1.3.3　贵州省雨日数特征 ……………………………………………………（9）
　1.4　降水集中期特征 ……………………………………………………………（10）
　　1.4.1　中国降水集中期雨量分布 ……………………………………………（11）
　　1.4.2　中国降水集中期属性的时空分布 ……………………………………（11）
　　1.4.3　贵州省降水集中期特征 ………………………………………………（13）
　1.5　日照时数特征 ………………………………………………………………（13）
　　1.5.1　中国年日照时数空间分布 ……………………………………………（13）
　　1.5.2　中国四季日照时数空间分布 …………………………………………（14）
　　1.5.3　贵州省日照时数特征 …………………………………………………（15）
　1.6　冻雨/雨凇特征 ……………………………………………………………（15）
　　1.6.1　中国年雨凇日数空间分布与趋势变化 ………………………………（16）
　　1.6.2　中国雨凇平均开始和结束日期空间分布 ……………………………（17）
　　1.6.3　贵州省雨凇日数特征 …………………………………………………（18）
　1.7　贵州省九个市州气候概况 …………………………………………………（18）
　　1.7.1　贵阳市气候概况 ………………………………………………………（19）
　　1.7.2　毕节市气候概况 ………………………………………………………（20）
　　1.7.3　六盘水市气候概况 ……………………………………………………（21）
　　1.7.4　安顺市气候概况 ………………………………………………………（22）
　　1.7.5　遵义市主要气候概况 …………………………………………………（22）
　　1.7.6　铜仁市气候概况 ………………………………………………………（23）
　　1.7.7　黔西南州气候概况 ……………………………………………………（24）
　　1.7.8　黔南州气候概况 ………………………………………………………（25）

  1.7.9 黔东南州气候概况……………………………………………………………（26）
 参考文献…………………………………………………………………………………（27）
第2章 典型气候事件过程……………………………………………………………（28）
 2.1 2002年秋风……………………………………………………………………（28）
  2.1.1 秋风过程标准………………………………………………………………（28）
  2.1.2 2002年强秋风过程…………………………………………………………（28）
  2.1.3 大气环流特征………………………………………………………………（29）
  2.1.4 海温背景和8月台风活动…………………………………………………（32）
 2.2 2008年持续性雨凇过程………………………………………………………（33）
  2.2.1 低温雨凇过程………………………………………………………………（34）
  2.2.2 从全球阶段性气温距平看冷空气路径……………………………………（36）
  2.2.3 环流形势分析………………………………………………………………（37）
  2.2.4 海温与北极海冰背景………………………………………………………（38）
 2.3 2009年夏季至2010年春季连旱………………………………………………（40）
  2.3.1 过程演变与要素特征………………………………………………………（40）
  2.3.2 海温背景……………………………………………………………………（42）
  2.3.3 环流特征……………………………………………………………………（45）
 2.4 2011年夏初旱涝急转分析………………………………………………………（46）
  2.4.1 过程演变与要素特征………………………………………………………（46）
  2.4.2 环流演变……………………………………………………………………（49）
  2.4.3 海温背景……………………………………………………………………（51）
  2.4.4 成因解析……………………………………………………………………（51）
 参考文献…………………………………………………………………………………（53）
第3章 气候要素特征…………………………………………………………………（54）
 3.1 气温………………………………………………………………………………（54）
  3.1.1 年平均气温…………………………………………………………………（54）
  3.1.2 四季平均气温………………………………………………………………（55）
  3.1.3 极端最高/最低气温…………………………………………………………（56）
  3.1.4 气温日/年较差………………………………………………………………（56）
  3.1.5 年/四季平均气温年际变化…………………………………………………（56）
  3.1.6 年/四季平均气温距平………………………………………………………（58）
 3.2 降水量……………………………………………………………………………（60）
  3.2.1 年降水量……………………………………………………………………（60）
  3.2.2 四季降水量…………………………………………………………………（60）
  3.2.3 最大日降水量………………………………………………………………（62）
  3.2.4 年/四季降水量年际变化……………………………………………………（62）
  3.2.5 年/四季降水量距平百分率…………………………………………………（63）
  3.2.6 年/四季降水日数……………………………………………………………（65）
 3.3 日照………………………………………………………………………………（67）

3.3.1　年/日均日照时数 ……………………………………………………………（67）
　　3.3.2　四季均日照时数 ……………………………………………………………（67）
　　3.3.3　年/四季日照时数年际变化 …………………………………………………（68）
　　3.3.4　年/四季日照距平百分率 ……………………………………………………（69）
　3.4　相对湿度 ……………………………………………………………………………（71）
　　3.4.1　平均相对湿度 ………………………………………………………………（71）
　　3.4.2　四季平均相对湿度 …………………………………………………………（71）
　3.5　风速 …………………………………………………………………………………（73）
　　3.5.1　平均风速 ……………………………………………………………………（73）
　　3.5.2　年最大风速 …………………………………………………………………（73）
　3.6　云量 …………………………………………………………………………………（75）
　　3.6.1　平均总云量 …………………………………………………………………（75）
　　3.6.2　平均低云量 …………………………………………………………………（75）
　参考文献 …………………………………………………………………………………（78）
第4章　天气现象 ……………………………………………………………………………（79）
　4.1　雨凇/雾凇 ……………………………………………………………………………（79）
　4.2　雪/积雪 ………………………………………………………………………………（81）
　4.3　结冰 …………………………………………………………………………………（83）
　4.4　露/霜 …………………………………………………………………………………（84）
　4.5　雾/轻雾/霾 …………………………………………………………………………（85）
　4.6　冰雹 …………………………………………………………………………………（87）
　4.7　雷暴 …………………………………………………………………………………（88）
　4.8　大风/飑 ………………………………………………………………………………（89）
　参考文献 …………………………………………………………………………………（91）
第5章　气候事件标准与影响 ………………………………………………………………（92）
　5.1　降温 …………………………………………………………………………………（92）
　　5.1.1　倒春寒 ………………………………………………………………………（92）
　　5.1.2　秋风 …………………………………………………………………………（93）
　5.2　降水 …………………………………………………………………………………（96）
　　5.2.1　栽插期雨水 …………………………………………………………………（96）
　　5.2.2　秋绵雨 ………………………………………………………………………（98）
　5.3　干旱 …………………………………………………………………………………（100）
　　5.3.1　春旱 …………………………………………………………………………（100）
　　5.3.2　夏旱 …………………………………………………………………………（101）
　　5.3.3　秋旱 …………………………………………………………………………（104）
　　5.3.4　冬旱 …………………………………………………………………………（105）
　5.4　时期 …………………………………………………………………………………（106）
　　5.4.1　雨季开始期 …………………………………………………………………（106）
　　5.4.2　雨季结束期 …………………………………………………………………（107）

  5.4.3　四季起始时间 ……………………………………………………………………… (108)
 参考文献 ……………………………………………………………………………………… (111)
第6章　短期气候预测主要影响因子 ……………………………………………………… (112)
 6.1　海温及其影响 …………………………………………………………………………… (112)
  6.1.1　太平洋 ………………………………………………………………………………… (112)
  6.1.2　印度洋 ………………………………………………………………………………… (118)
  6.1.3　北大西洋 ……………………………………………………………………………… (122)
 6.2　大气环流系统影响 ……………………………………………………………………… (123)
  6.2.1　大气环流与夏季、冬季降水的关系 ………………………………………………… (125)
  6.2.2　大气环流与夏季、冬季气温的关系 ………………………………………………… (127)
 参考文献 ……………………………………………………………………………………… (130)
第7章　气候预测业务工作 ………………………………………………………………… (132)
 7.1　本地现代气候预测业务系统简介 ……………………………………………………… (132)
  7.1.1　气象数据查询与显示系统 …………………………………………………………… (132)
  7.1.2　贵州省气候预测信息挖掘系统 ……………………………………………………… (133)
  7.1.3　多模式解释应用集成系统(MODES) ……………………………………………… (133)
  7.1.4　DERF2.0模式运用及检验系统 …………………………………………………… (134)
  7.1.5　贵州省延伸期预报预测系统 ………………………………………………………… (135)
 7.2　预测产品服务 …………………………………………………………………………… (136)
  7.2.1　预测业务流程 ………………………………………………………………………… (136)
  7.2.2　业务产品种类与内容 ………………………………………………………………… (136)
 7.3　气候预测质量检验评分方法 …………………………………………………………… (137)
附录A　贵州省月际气候态(1981—2010年)气象要素空间分布图 ……………………… (140)

第1章 贵州气候特点综述

1.1 地理位置与地形地貌

地理位置 贵州省位于我国西南部,在地理区划上属于西南地区东部,位于103°36′—109°35′E,24°37′—29°13′N。其北面和四川、重庆相邻,西面与云南相连,南面和广西接壤,东面和湖南相接,全省总面积为17.6万km²,占全国土地面积的1.8%,南部边缘离海洋最近距离约400 km(图1.1)。

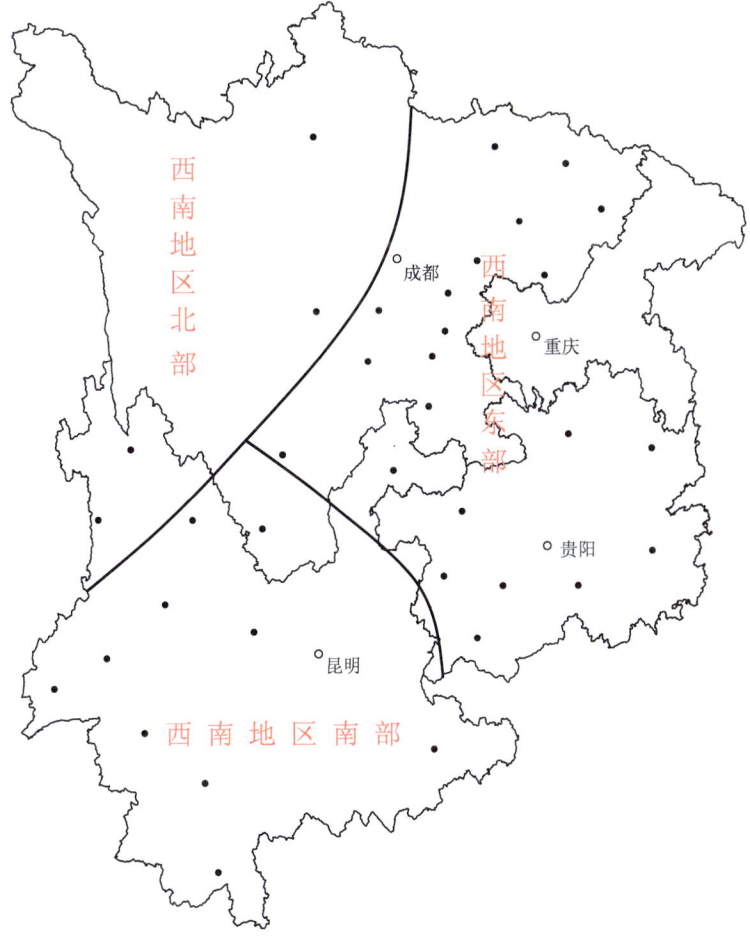

图1.1 西南地区气象地理区划

地形 贵州是一个山区省份,地处青藏高原东南侧、云贵高原的东斜坡上,是我国地势二级阶梯东部边缘的一部分。贵州全省平均海拔 1100 m,自西向东、自中部向南、自中部向北三面倾斜,西部海拔大多为 2400～1200 m,中部海拔为 1200～800 m,东部海拔多在 800～400 m 及以下,构成三级小阶梯面。全省海拔最高为 2900.6 m,位于西北部的赫章县韭菜坪,全省海拔最低为 147.8 m,位于东南部的黎平县地坪乡水口河出省界处(图 1.2)。

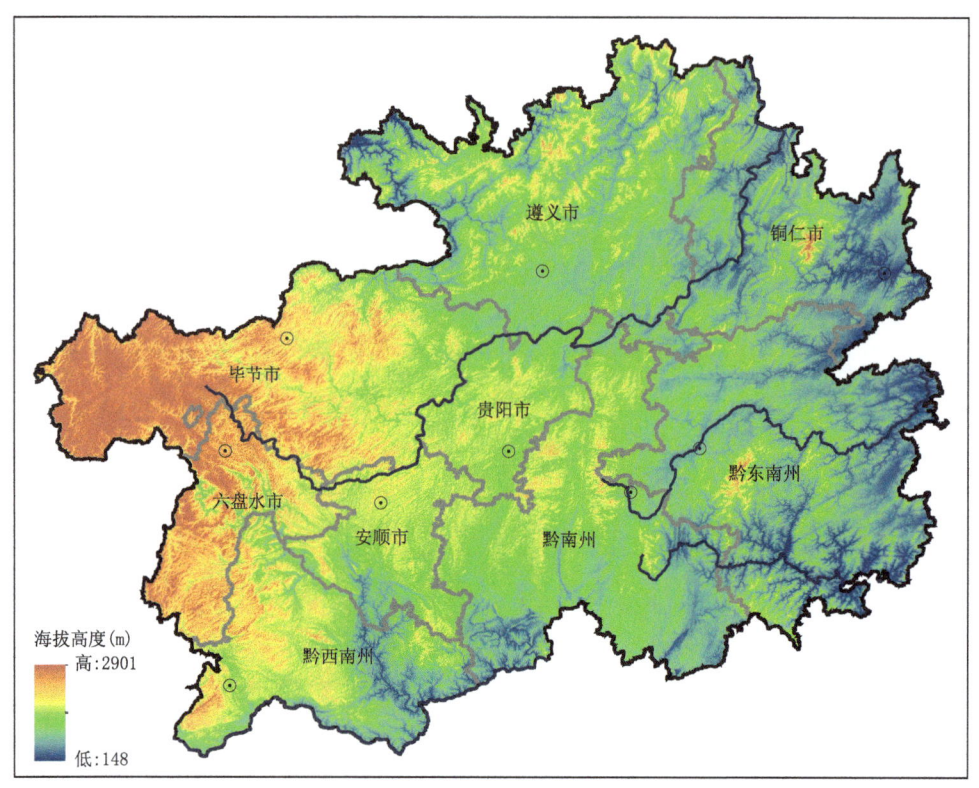

图 1.2 贵州省地形地势图

贵州是高耸于四川盆地和广西丘陵之间强烈岩溶化的中低纬高原山区,属典型喀斯特地区,处于我国南方喀斯特地区的中心,占全国喀斯特面积的 73.6% 以上,堪称"喀斯特王国",由于河流侵蚀、切割,地面崎岖、地形复杂,既有高原山地也有坝子(小盆地)丘陵,还分布着不少溶洞、暗河,素有"地无三里平""八山一水一分田"之说,山地、丘陵面积占 97%,是全国唯一无平原支撑的省份。

地貌 按地貌类型组合的差别,全省划分为 5 个地貌区。**黔东区**,务川—三都一线以东地区,大部分地方海拔在 800 m 以下,相对高度多在 300 m 以下,以低山丘陵为主。**黔北区**,都匀—贵阳—安顺一线以北广大地区,海拔多为 800～1200 m,相对高度 300～700 m。**黔南区**,三都—镇宁—盘县一线以南地区,地势由北向南倾斜,海拔由 1300 m 左右降到 500 m 以下,相对高度多在 300～500 m 左右,区内岩溶发育,峰丛峰林广布,多有洼地溶蚀盆地,多落水洞和暗流,地面干燥,地下水虽丰富但埋藏深。**黔西北区**,毕节—六枝—盘县一线的以西的地区,海拔多在 1700～2400 m,相对高度 300～700 m,地质构造相对简单,地面平缓,是贵州高原面较完整的一区。**赤水区**,赤水和习水两河下游的小范围地区,地势由东南向西北倾斜,海拔在

1000 m 以下，丘陵起伏，相对海拔差多在 100 m 左右，以中山、低山、侵蚀台地、峡谷及河流阶地亦较广泛。

山脉 贵州境内主要山脉有四条。西北部为**乌蒙山**的北段，呈南北走向，海拔多为 2000～2400 m，是乌江、赤水河、牛栏江、洛泽河、南盘江和北盘江的发源地，在赫章与水城交界处的韭菜坪海拔为 2900.6 m，是贵州省内海拔最高的地方。**苗岭**东西向横亘于贵州中部，是长江和珠江两大水系的分水岭。苗岭西端与乌蒙山相连接，西段海拔为 1500 m 左右，中段海拔为 1300 m 左右，中段的都匀、贵定交界处斗篷山海拔 1961 m；东段海拔 1000 m 左右，最高峰雷公山海拔 2178 m，东端在湘桂黔交界处与南岭山脉相连。北部**大娄山**呈东北—西南走向，海拔多为 1000～1500 m，不少山峰超过 1500 m，最高为桐梓县菁坝大山，海拔 2028 m。东北部为**武陵山**的南段，亦呈东北—西南向，是长江两大支流乌江和沅江的分水岭，其中梵净山区最高峰凤凰山海拔 2572 m。

河流 贵州境内的河流分别向东、向南和向北三面流去。除河流源头和上游的一部分河谷较开阔、河床比降小、河岸台地多外，河谷多狭谷深切，迂回曲折，河床坡度大，水流湍急。苗岭以北的**长江流域**面积占全省总面积的 66%，有四大水系：牛栏江横江水系、乌江水系、赤水河綦江水系和沅江水系；苗岭以南的**珠江流域**占全省总面积 34%，也有四大水系，它们是南盘江水系、北盘江水系、红水河水系和都柳江水系。

乌江是贵州最大的河流，也是长江上游右岸的最大支流，在贵州境内干流长 874.2 km，流域面积 6.7 万 km²，占全省总面积的 37.9%，发源于乌蒙山东麓威宁县盐仓镇的香炉山，由西北—东南向转为西南—东北向斜贯全省。乌江源流称三岔河，流经毕节市、六盘水市、安顺市，在织金和黔西交界处与北来的六冲河汇合后称为乌江，至思南县后转向东北，在重庆市的涪陵汇入长江。**清水江**是沅江的上游，属长江水系，发流于贵定的云雾山，流域面积 1.8 万 km²，占全省总面积的 10.3%。**沅江支流**在贵州境内还有舞阳河、锦江和松桃河等。舞阳河在贵州流域面积 0.65 万 km²，占全省面积 3.7%。锦江和松桃河在贵州流域面积共 0.57 万 km²，占全省总面积 3.2%。**赤水河**发源于云南镇雄境内，在贵州境内流域面积 1.2 万 km²，占全省总面积的 6.7%，在省内的主要支流有二道河、桐梓河和习水河。属长江水系的尚有发于乌蒙山区的牛栏江和洛泽河等，其流域面积均不大。**南盘江**为珠江的上游，发源于云南省沾益县马雄山，在贵州境内流域面积 0.8 km²，占全省总面积的 4.5%，流经滇、黔、桂交界处的三江口后，成为黔、桂两省区的界河，至望谟县的蔗香乡与北盘江汇合后称为红水河。**北盘江**也发源于云南沾益县马雄山，在贵州境内流域面积 2.1 万 km²，占全省总面积的 11.9%，流经云南、贵州两省，多处为滇黔界河，流域地下伏流河段、跌差瀑布都较多，全流域有大小瀑布 165 处，以打帮河上源可布河（又称白水河）上的黄果树瀑布最大。南北盘汇合后称红水河，红水河在贵州省流域面积 1.6 km²，占全省总面的 9.0%。**都柳江**为柳江上游，发于独山县境内的里纳，在贵州境内流域面积为 1.6 万 km²，占全省总面积的 8.9%，都柳江的干流自西向东流经贵州省三都、榕江和从江县后进入广西，最后汇入珠江水系(贵州省气象局，1986)。

1.2 立体地形与立体气候

贵州山地面积占国土面积的 87.1%，丘陵面积占 9.6%，喀斯特面积占 73.6% 以上，境内集山、水、石、树为一体，山脉纵横、河流交错蜿蜒、湖泊、瀑布、溶洞、暗河、森林、灌木、草甸等间或其间，地形复杂多样。除了受天气和气候系统的影响外，地形多样化是产生局地小气候的重要因素。复杂的地形引起气候的巨大地域性差异，最明显的就是不同坡地上获得不同的热量和水分从而导致土壤、植被各异，类型不同的下垫面再作用于大气，产生多样性的山地立体气候。

贵州受地形影响最为显著的系统是**云贵静止锋**，受青藏高原大地形影响，进入贵州省的冷空气以偏北、东北路径为主，南下过程中不断变性减弱，与高原南侧的偏南暖湿气流汇合于贵州，形成持续时间较长，以阴雨为主的静止锋天气。贵州境内的云贵静止锋，与省内起伏地形共同作用，锋前锋后、山巅河谷等进一步形成降水强度、日照时数、雾、雨凇、气温等差异性较大的天气气候特征。地形影响显著的另一个表现是局地**强对流天气**。贵州属于低纬度山区，太阳辐射较强，在夏半年，山顶或坡顶获得的太阳辐射多而升温快，河谷低洼地带升温较慢，起伏的地形导致的热力分布不均容易产生雷雨、大风等强对流性天气。复杂的地形和不同的下垫面对日照、气温、风、湿度、降水等要素，对雾、雨凇等天气现象产生着重要影响，以下分别概述。

日照 山体对日照的影响主要表现为海拔高度、坡度、坡向和地形遮蔽的影响几个方面。总体来说，主要反映在坡地上日出日没时刻、日照时间和辐射强度发生了不同程度的变化。

高度的影响，高山之巅，日出较平坦的地方早，而日没的时刻较平坦的地方晚，白昼比平坦的地方长。相对高差越大的山顶，这种变化也越大。不过其差值有限，孤立山峰其相对高差即使 2000 m，白昼的增长也不过 10 min。

坡度、坡向、地形遮蔽对日照时间的影响较大，实际起伏地形下日照时间的空间分布具有明显地域特征。1 月太阳高度角较低，坡度、坡向的作用非常明显，地形遮蔽面积较大，日照时间的空间差异较多，贵州日照时间为 26.6～136.8 h，最大值约为最小值 5 倍；7 月太阳高度角较高，地形遮蔽面积相对较小，贵州日照时间的空间差异相对较少，日照时间为 122.6～184.3 h，最大值为最小值 1.5 倍，但由于 7 月日照时间相对较多，局地地形对日照时间影响仍明显。4 月、10 月日照时间及其变化幅度介于 1 月和 7 月之间。在实际起伏地形下，日照时间除与地理纬度、天气状况有关外，坡度、坡向、地形遮蔽的作用是不可忽视的（袁淑杰等，2008）。

贵州地形影响日照最具代表的站点是威宁县。威宁地处贵州西北部，是全省海拔最高的县，一方面，静止锋影响时威宁在白天大部分时间里位于静止锋锋前；另一方面，海拔较高，地形以小高原面为主，地形遮蔽较小，利于日照时数增长，从而成为贵州省日照时数最长的县站。

气温 气温影响体现在以下几个方面，海拔高度、不同地表性质、地形起伏的不同使得太阳辐射强度不同，以及水汽含量不同使得空气对太阳辐射产生的温度变化差异，山坡的迎风坡或背风坡，风速大小的不同等都对气温产生影响。此外，溶洞内外、河谷等也能产生温度差异较大的小地形气候特征。

同纬度地区，海拔越高气温越低，海拔低的地方温度比海拔高的地方温度高，海拔高度每当升高 100 m，大气温度就降低 0.6 ℃左右。高耸的山脉往往成为低层空气流动运行的障碍，它可以阻滞北方的冷空气和南来的暖空气。贵州中部呈东西走向的苗岭、西部呈南北走向的乌蒙山对于冷暖空气有较明显的阻挡和滞留作用，小的山体地形也对冷暖气流产生不同程度的阻滞作用。受日照和太阳辐射的影响，阳坡气温高于阴坡；山脉的迎风坡和背风坡的气温有明显差异，相对来自海洋的暖湿气流，在山地的迎风坡暖湿气流被迫抬升，容易成云致雨，而背风坡因空气下沉，气温升高，因此迎风坡比背风坡气温略低。海拔较高的地区气温日较差大，年较差较小，主要是因为海拔越高空气越稀薄，白天对太阳辐射的削弱作用小，到达地面的太阳辐射多,气温高,到了夜晚,大气保温作用差,气温低,出现较大的日较差。

地形地势对气温的多种影响在贵州都有体现。例如,贵州省的南部和东部海拔较低,同时也是贵州省气温较高的地区,尤其在北部与四川交界的赤水河谷,为海拔低的河谷地带,是贵州省夏季气温较高的地区之一。

风 空气的水平运动称为风,包含风速、风向两要素。

风的本质是地表受热不均,产生的气压差而造成的空气流动。低空风除受大型天气系统影响外,更受地形作用,下垫面物理属性不同引起的热力作用和动力作用共同影响的结果。地形开阔、平坦、下垫面粗糙度小的地方,风速相对较大;反之亦然。风向受山脉、河谷、河道走向、地势高低等影响,主导风向常与山谷、河道的走向平行。迎风坡风力加剧,背风坡风力削弱。地表植被对气流有一定阻挡作用。山脉走向与风向的夹角越大,对风速的削弱越强,山脉走向如与风向一致加大风的影响范围。湖面或河面与不同性质的陆面(草地、城市、坡地等)由于受热不均,热容量不同,在日间或夜晚产生小范围微风。此外,在贵州因地形出现的较典型的还有山谷风和焚风,但相较于大尺度山脉而言,其强度和范围均较小。

山谷风 在山区,白天风沿山坡、山谷往上吹,夜间则沿山坡、山谷往下吹。这种在山坡和山谷之间,随昼夜交替而转换风向的风叫山谷风。

焚风 是山区特有的天气现象(图1.3)。它是由于气流越过高山后下沉造成的。当一团空气从高空下沉到地面时,每下降1000 m,温度平均升高6.5 ℃。

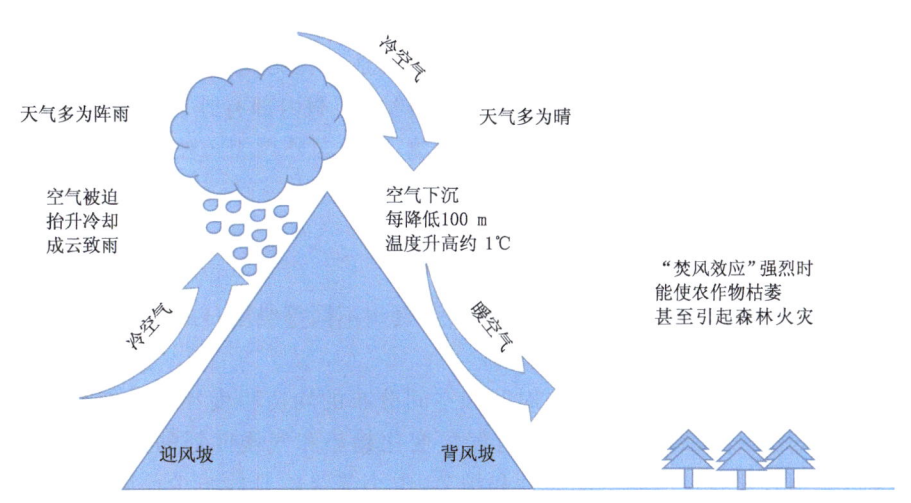

图1.3 焚风效应示意图

雾 形成雾有两个因素:冷却和加湿。贵州属我国重要水汽通道,具有较好的水汽条件,而冷却条件可以通过静止锋后冷空气、地形爬升冷却、晴空辐射冷却、暖湿空气经冷性下垫面(地表或水面)冷却、冷气团对暖水面的冷却等实现,容易形成锋面雾、辐射雾、地形雾或是多种类型的混合雾。贵州的雾一方面是水汽条件充沛,大地形作用下云贵静止锋影响频次高,利于出现锋面雾;另一方面小地形动力作用和多样性下垫面的热力差异利于雾的形成。

英国伦敦和爱丁堡、中国重庆、日本东京、美国旧金山、土耳其安卡拉是全球著名的六大雾都,其中伦敦年平均雾日94 d,重庆104 d,东京55 d。事实上贵州不少县市的雾日都超过上述六个城市,年雾日数大方为 176 d、万山 140 d、开阳 122 d、晴隆 89 d、普安 86 d、三穗 64 d、威宁 62 d。这些站点基本都具有海拔较周边高的凸起地形,大方 1700 m、万山 884 m、开阳 1276 m、晴隆 1553 m、普安 1649 m、三穗 627 m、威宁 2238 m,而雾日数最多的大方县位于半山腰,山脚下有河流穿过,进一步强化了地形影响,可见在贵州地形对雾形成的重要性。

地形雨 地形雨是降水形式中的四大大降水方式之一(其余三个是:锋面雨、对流雨、台风雨)。地形雨是湿润气流遇到山脉等高地阻挡时被迫抬升而气温降低形成的降水,对改变局部小气候有重要影响作用。同时由于地形雨对地形区两面坡的不同影响,导致人们对它们的利用开发也不尽相同,人文景观也呈现明显差异。

空间分布上,地形雨常随着地形高度增高而增加。地形雨如不与对流雨或气旋雨结合,雨势一般不会很强。一般说来,山区的降水量往往多于邻近的地势开阔地区,迎风坡的降水量多于背风坡。除迎风坡外,喇叭口地形对于水汽的汇聚抬升作用而产生的地形雨会使降水强度明显增强。

溶洞小气候 贵州的喀斯特地貌下,溶洞分布较多,有安顺龙宫、紫云格凸河、遵义双河溶洞、贵阳天河潭等。其中毕节市织金洞被《中国国家地理》等国家级地理研究部门称为"中国溶洞之王"。织金洞洞长 6.6 km,最宽处 175 m,相对高差 150 m,全洞容积达 500 万 m^3,空间宽阔,有上、中、下三层,洞中遍布石笋、石柱、石芽、钟旗等四十多种堆积物;而遵义双河溶洞以 238.48 km 的长度,超过马来西亚杰尼赫洞,成为亚洲第一长洞、世界第六长洞,洞内结构复杂,水洞、旱洞并存,洞洞相连,构成了层状蜘蛛网样的地质洞层。

由于溶洞位于山体内部,山体覆盖植被、土壤层、岩石层,对外部气温、地表温度有缓冲、滞后的作用,不同大小和开口位置的洞口与外界相连,形成总体封闭又有一定流通的空间,相对恒温的环境,并与外界形成反差,温度表现为冬暖夏凉;溶洞内部有地表渗透水、地下湖、地下河等一定的体量的水体,保持一定的湿度,无污染物,形成与外界相对独立的溶洞小气候。

1.3 雨日数特征

贵州素来有"天无三日晴"之称,在全国范围内贵州不同等级雨日的特征、趋势变化是贵州省重要气候背景和气候预测关注点之一。

不同量级降水频率能反映出降水在时间和空间分布的均衡程度和区域特征,以及一些重要天气系统在不同地区的活动频率,无疑对气候变化趋势和气候区划的研究具有现实意义。不同降水等级的雨日能体现出降水的属性和细节,中小等级雨日数减少而降水量变化可能形成干旱、洪涝、旱涝急转等气候事件;反之则降水均衡,气象灾害相对较弱。

极端降水对旱涝、蓄水、水利、地质灾害、城市内涝等影响是直观和明显的。小量级降水的重要意义体现在以下几个方面:(1)小量级降水累计雨量占年降水量的相当比例,在干旱半干旱地区和冬半年更明显,对我国自然生态和国民生产有重要作用;(2)小雨不易形成地表径流,更容易渗透入土壤,对保持土壤湿度、减少森林火灾、水土保持等有非常重要的作用和积极影响,对干旱化、石漠化地区自然环境的进化或退变也有重要作用;(3)小雨比其他等级的降水更易受到全球变暖、气溶胶含量增加、城市化等人类活动的影响,小雨变化是人类活动影响气候的现象之一。已有研究表明小雨与城市化、重污染相关联,其相互影响和作用仍需深入研究(张丽亚等,2014)。

雨日 指 24 h 日降水量达到或超过 0.1 mm(即≥0.1 mm)的日子,若一日中出现固态降水,如雪、雨夹雪(包括阵性)或有时是雨,有时是雪,也算作雨日。雨日等级定义为:小雨 0.1～10.0 mm,中雨 10.0～25.0 mm,大雨 25.0～50.0 mm,暴雨以上≥50.0 mm。

1.3.1 中国年雨日数时空分布

年雨日数分总雨日数、小雨、中雨、大雨和暴雨以上量级的雨日数。

不同等级雨日数空间分布 如图 1.4a 所示,气候态(1981—2010 年,下同)年总雨日数总体为南方多于北方、东部多于西部,年总雨日数高值区在川东、贵州、江南中部一带以及云南西南部,可达 180～250 d;江淮以南地区基本在 140 d 以上,其中高值中心的江南中部为 160～200 d。我国季风区以华北和东北地区西部雨日最少,仅 60～80 d,而东北的东部达到 100～140 d。河套东西部有明显差异,河套以西 30～60 d,以东 60～80 d。全国雨日数最少的区域在新疆、甘肃西部、青海西部的沙漠地区,年雨日数低于 30 d;新疆北部、西藏东部可达 60 d,西藏东部少数站点达到 100 d 以上;雨日不仅有区域特征,还与局部地形有关,在少雨日区域里个别站点雨日显著高于周边,如长白山年总雨日 200 d 以上,西藏的错那和波密 180 d 以上,分别高出周边站点 60 和 80 d 左右。总雨日数中以小雨日数占比最高,如图 1.4 b,全国小雨日数占总雨日数百分比在 56%以上,以东南部 56%～75%最少,全国其余地区大于 80%,小雨日数基本决定总雨日数的分布。

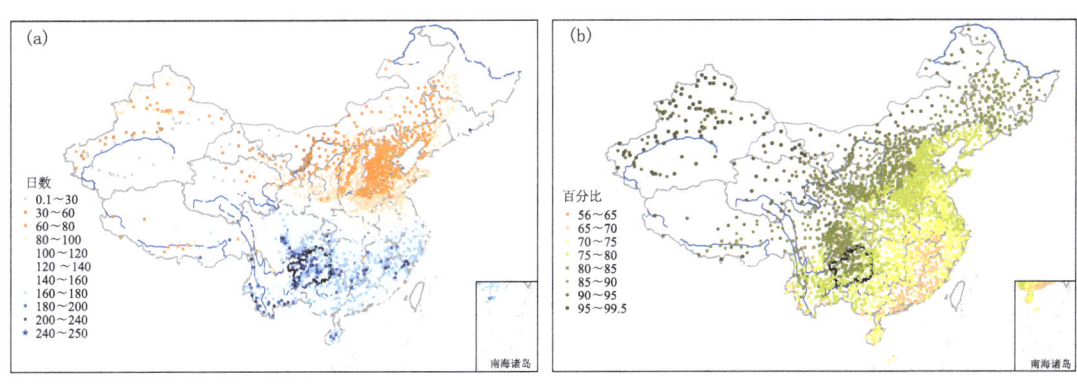

图 1.4 中国 1981—2010 年雨日数分布(台湾省资料暂缺)
(a)年总雨日数空间分布(单位:d);(b)小雨日数占总雨日数的百分比分布(单位:%)

如图 1.5a,小雨日数的空间分布型与总雨日数基本一致,高值区在四川东部和北部边缘、贵州、江南和云南南部、西藏东南部,可达 140～208 d。如图 1.5b 和图 1.5c,中雨日数一年最多可达 28～46 d,大雨日数最多可达 14～25 d,全国年中雨日数和年大雨日数分布形态接近,都有两个中心,一个在我国东南部;另一个在云南的西南部。如图 1.5d,全国暴雨以上(≥50 mm)的年雨日数在华南沿海与海南、闽浙赣交界各有一个高值区,均在 4 d 以上,前者最大可达到 10～15 d,后者最大可达 6～8 d。暴雨日数分布也因地形和地理位置存在差异,湖南的北部多于南部,上海和江苏南部低于周边地区,成都附近有一个 4～7 d 的小范围高值区,高于周边暴雨日数在 3 d 以下的区域。

雨日概率年内分布 雨日的概率为多年的同一日期里降水出现的次数与总年数的比值,最大值为 1。图 1.6 为全国不同区域不同等级雨日气候概率的年内分布,横坐标为一年 365 d,

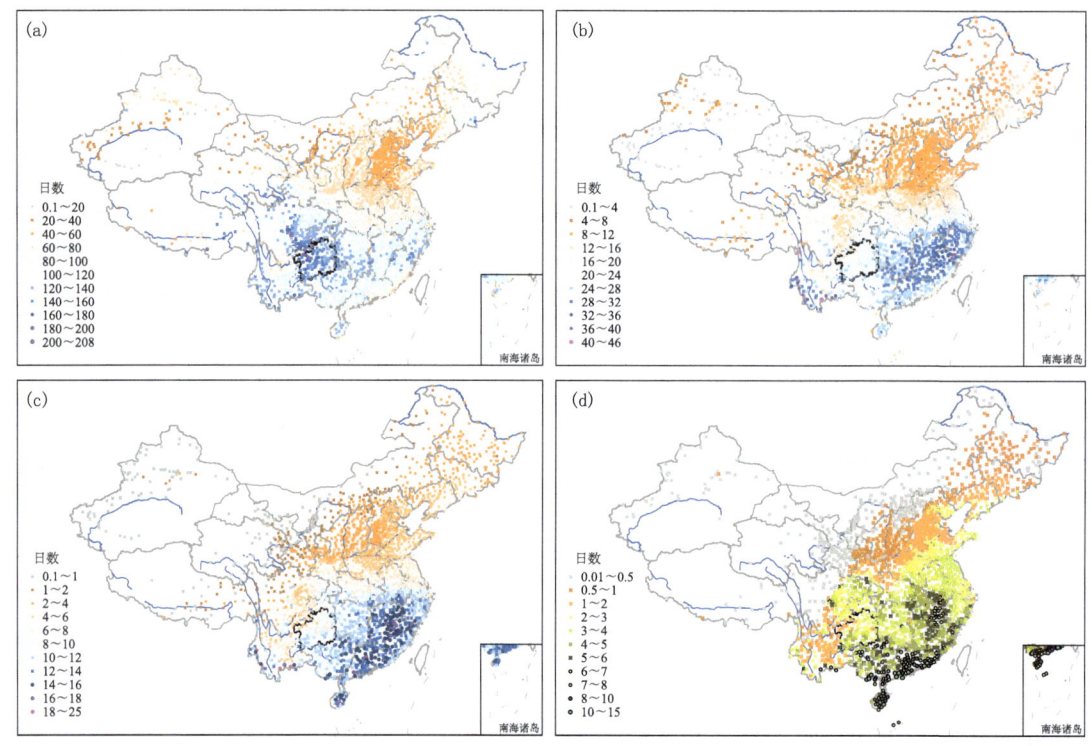

图 1.5 中国 1981—2010 年不同量级年雨日数空间分布(单位:d)(台湾省资料暂缺)
(a)小雨;(b)中雨;(c)大雨;(d)暴雨及以上

纵坐标为 52 a(1961—2012 年)出现雨日的概率,若概率值为 1,则表示这一天的每年均为雨日,若概率值为零,则表示这一天 52 a 每年均无降水。为显示清楚,暴雨日(大于等于 50 mm)的概率放大了 5 倍。

年内总雨日概率分布表现为三类:平缓型、单峰型、双峰型。南方地区除云南外均为平缓型;西藏东部、川西、陕甘宁三省南部、青海东部为双峰型;全国其余地区为单峰型(汪卫平等,2017)。

1.3.2 中国四季雨日数分布

以往对雨日的研究着重于全年、夏季、夏半年和冬半年的雨日变化特征,实际上雨日特征在不同的季节有着较大差异,例如华西秋雨发生在秋季,并以雨日多,降水绵长有时有强降水过程伴随为主要特征,明显有别于其他季节;而连绵的江南春雨则出现在春季。

图 1.7 为中国四季总雨日数的空间分布。

冬春季全国雨日高值区主要在贵州到江南地区(图 1.7a,d),春季的范围和雨日数均高于冬季。冬季的高值区南北跨越约两个纬距,大部分为 40~50 d,中心在贵州西部,雨日达 50~62 d;春季雨日高值区南北跨越约五个纬距,从华南北部到江南,大部分为 50~67 d,中心在江南地区。

夏季雨日(图 1.7b)高值区在西藏东部、西南地区大部,以及华南,其中云南西南部的 70~86 d 最多,川西、西藏东部雨日数也达到 60~70 d。

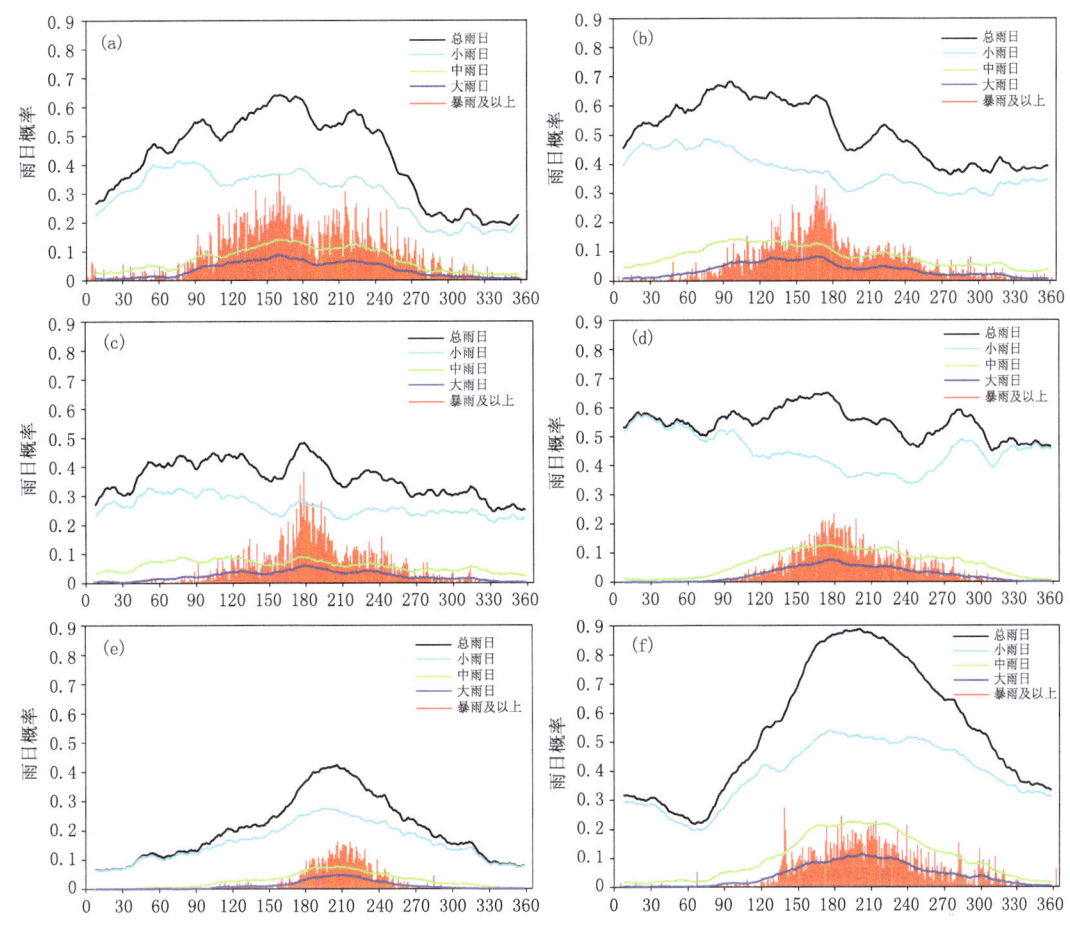

图 1.6 中国不同区域不同等级雨日概率的年变化
(a)华南;(b)江南;(c)江淮;(d)贵州;(e)华北;(f)云南西南部

秋季雨日数(图 1.7c)高值区有三个中心,一个是四川东部—重庆—贵州的 40~70 d,即我国华西秋雨的大致范围;另一个是云南西南部的 40~60 d,以及海南的 40~60 d。

1.3.3 贵州省雨日数特征

不同等级雨日数 贵州是全国总雨日数最多的省份,总雨日数为 140~250 d,省南部、东北部略少,为 140~180 d;省中部东西方向一线、省西部尤其是西北部雨日数较多,为 180~250 d,西北部多数站点在 200~250 d。贵州的雨日多主要体现在小雨日数多,占比大(图 1.4b)。

由图 1.5a 可见,全国小雨日数最多的区域在贵州西北部—云贵川交界地带,小雨日数基本为 160~200 d,其中小雨日数占到总雨日数的 75%~90%。贵州省的南部少数站点和省的东北部略少,为 100~140 d;省的中部一带、西部在 140 d 以上,最多的西北部达 160~200 d。

贵州的中雨日数处于我国东南部和云南省西南部的两个高值区之间,为 16~28 d,大部分区域为 20~24 d,省东南部略多 4 d 左右,省西北部略少 4 d 左右。贵州的多年平均大雨日数为 4~12 d,南部尤其西南部略多,为 10~12 d;北部尤其西北部少,为 4~6 d。贵州暴雨以上(≥50 mm)雨日数 1~5 d,省西北部略少,仅 1 d,省西南部略多,可达 4~5 d,与四川盆地、重

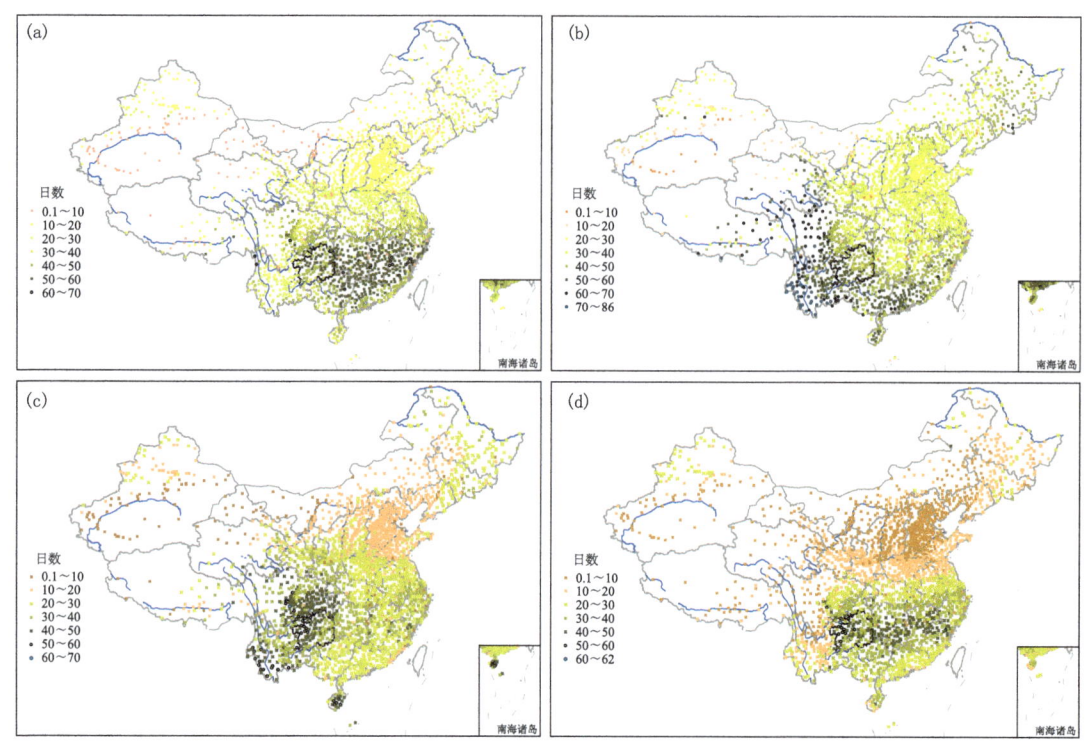

图1.7 中国1981—2010年四季总雨日数空间分布(单位:d)(台湾省资料暂缺)
(a)春季;(b)夏季;(c)秋季;(d)冬季

庆和云南南部属我国西南地区的高值区。

贵州的总雨日概率在年内分布上相对平缓,属于第一类平缓型,且雨日概率处于高位,最高的6月为0.65,雨日概率最低的12月也能达到0.46。

四季雨日数 贵州省四个季节的总雨日数均属于或接近全国高值区。春季,贵州位于全国雨日高值区的西侧,全省雨日数为30~60 d,省的西南部略少,其余地区多;夏季贵州接近但不属于全国雨日数最多的区域,全省总雨日数40~50 d,总体分布为西部多东部少;秋季位于全国雨日高值区,全省总雨日数30~60 d,总体分布为省的东南部少,其余地区较多;冬季,与春季类似,贵州省位于全国雨日中心区西部,总雨日数30~60 d,省南部、东北部较少,东西向的中部一线、西部尤其在西北部较多。

1.4 降水集中期特征

降水集中期是指一个地方降水最强的时段,也是一个地方能承载和利用最多降水量的时期,其雨量、雨强和时间、空间的分布直接主导了旱涝、雨型、雨带,分布的变化直接影响降水量的年际、年代际变化,对于当地城市建设、水利设施规划、农业生产等都十分重要,也是环流调整、气候变化最直接的体现。中国江河密布,降水集中期出现时段在上下游的空间配置对江河下游的洪涝影响是直接和明显的。在科研和业务中,降水异常的时空分布,雨带位置等多以6—8月降水量为基础,而中国南北跨度大,降水时间跨度长,这样的时间取值不够完善。此外,降水集中期的空间推移和时间演变对于华南、江淮、华北以外的区域同样值得关注。

中国一年的降水集中在雨季,雨季的降水又集中在汛期,我国各省的汛期大致有华南前汛期、后汛期、梅汛期、华北雨季、西南雨季等,时段较长短差别大,区域性突出,标准不一致,可比性较弱,并以东部为主。为了相对统一便于对比,定义降水集中期为一个地区(每个站)一年中降水强度最大,强降水过程最为集中的时段,能体现一个地区气候意义上的降水最大承载量。集中期降水的强度、时空分布直接影响旱涝格局和灾害状况,其特征和变化是降水量监测预测和服务的关键点之一(汪卫平等,2015)。

降水集中期定义 雨季和汛期期间降水时间较长、强度较大,且降水范围更加集中,普遍称之为降水集中期,一般出现在5—10月。根据中国降水的峰值特点,5—8月涵盖了中国大部分区域的降水峰值期,以季风降水为主,台风降水次之。中国台风暴雨的雨季为5—11月,7—9月为高峰期(韩晖,2005),中国降水集中期从南向北推迟,7月南方大部的降水集中期结束,7—9月台风高影响主要在南方和沿海,台风降水具有具有一定特殊性,因此,为尽量避开台风降水的影响,单纯从季风的系统性降水本身考虑,对每个站每一年的逐日资料进行7 d滑动平均,定义每站5—8月总降水量的45%(河套地区和四川盆地中部为5—9月总降水量的40%)出现的最短时段为该站降水集中期,相应的属性有降水集中期雨量、开始和结束日期、持续时间。

1.4.1 中国降水集中期雨量分布

根据前文降水集中期的定义,得到我国降水集中期雨量分布(图1.8a),其与中国年降水量分布型基本一致。由图可见,中国降水集中期雨量从南向北减少,整体上从东南沿海向西北呈阶梯状分布,在南方随地势形态存在一定差异。降水最多的是华南和云南的沿海一带,为500～820 mm,最少的是新疆塔里木盆地、吐鲁番盆地、西藏西部、甘肃酒泉地区、内蒙古西部以及青海西北部,为2.4～30 mm。30°N以南存在几个降水相对少的区域:云南东北部、贵州北部到重庆和四川东部、湖南北部至湖北东部一带为200～300 mm,山东南部、河南南部至上海也为200～300 mm;再往北,除天津、吉林与辽宁的东南部外,降水明显在200 mm以下。贵州处于我国西南地区的多雨区,降水集中期雨量在省的西部、西南部多,可达300～500 mm,省的东部尤其东北部少,为100～200 mm。

1.4.2 中国降水集中期属性的时空分布

开始时间 根据定义,各地进入降水集中期的起始时间和范围推进如图1.8b所示,在我国东部先开始,5月下旬华南和江南交界一带最先进入降水集中期,以此为中心向外围扩展;6月上旬到江南和华南的大部、贵州东部;6月中旬扩展到江淮与江南交界、重庆、四川东部、云贵交界、东南沿海,及海南大部;6月下旬继续向北、向西推进,到江淮、江汉大部、甘肃南部、四川东部一线及云南的中部和东部、广西的西南、海南部分地方;7月上旬,黄淮南部、云南西北部和南部、内蒙古东部、东北大部进入降水集中期;7月10—25日,最后进入降水集中期的是河套地区、华北、黄淮北部、东北地区的东南部、西藏西南部以及四川盆地。

在华南和江南交界一带最先进入降水集中期以后,我国西部的新疆博格尔地区和四川中西部也于5月31—6月20日进入降水集中期;6月下旬新疆大部、青海开始降水集中期;7月上旬到新疆东北部、甘肃中西部;7月10—25日,是最晚的河套地区、四川盆地中部以及西藏中南部。可以看出,我国西北的大部分地区进入降水集中期的时间早于我国黄淮、华北、东北等地；东北大部早于华北和河套地区。

结束时间 降水集中期的结束时间如图1.8c,与开始时间的分布形态大致相似,均为中国中东部有明显的区域分布,而西部区域分布不明显。全国降水集中期最早于华南—江南交界的6月中旬结束,最晚于河套—四川盆地中部的8月中下旬结束。

持续时间 降水峰值特征越明显则降水越集中,集中期的时间越短。如图1.8e,我国降水集中期的持续时间以西北地区最短(7~16 d),西南最长(30~40 d)。新疆的塔里木盆地和吐鲁番盆地、甘肃酒泉地区仅7~16 d,为全国最短。内蒙古西部、甘肃和青海西北部为16~21 d。东部的北京、天津、河北南部、河南东北部也为16~21 d,是我国东部降水集中期日数最少的地区。我国110°E以东除南部沿海外,大都在30 d以下。降水集中期持续时间最长的区域主要在我国西南,分布在青海和西藏的东部、云贵川大部、重庆及广西大部,达31~38 d。

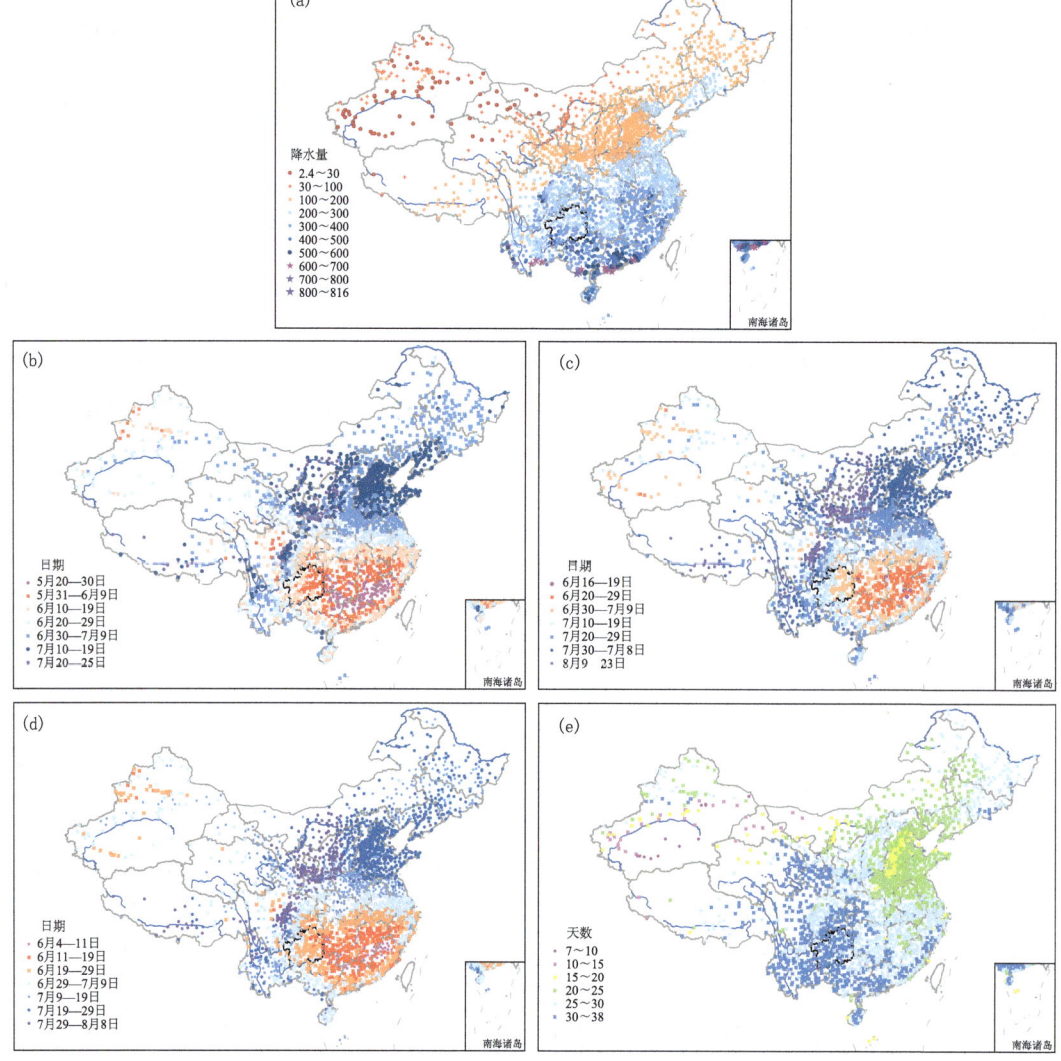

图1.8 中国降水集中期雨量分布

(a)降水量(单位:mm);(b)开始日期;(c)结束日期;(d)峰值日期;(e)持续天数(单位:d)

(台湾省资料暂缺)

峰值日期 定义降水集中期的开始日加上持续日数一半得到的日期为降水集中期峰值日,如图 1.8d,其分布与降水集中期开始和结束日期的空间分布类似。全国降水集中期的峰值时间在 6 月 4 日—8 月 8 日,跨度将近 2 个月,以华南北部最早,而河套、四川盆地中部、西藏南部等地最晚。

1.4.3 贵州省降水集中期特征

贵州处于我国西南地区的多雨区,降水集中期雨量在省的西部、西南部多,可达 300~500 mm,省的东部尤其东北部少,为 100~200 mm。降水集中期雨量反映的是当地降水,在实际影响中,还要考虑河流的上游来水、山区雨水汇集的"客水"的影响。贵州虽无大江大河,但中小河流密布,地形起伏较大,雨水的汇集、冲刷效应往往会加大当地降水的影响。

贵州降水集中期开始时间为 5 月 31 日—6 月 20 日,西部个别站点在 6 月 20—30 日,总体上东部早西部略晚,东部 6 月上旬陆续进入一年中降水最为集中阶段,西部次之,在 6 月中旬,西部个别站在 6 月下旬进入降水集中期。

贵州降水集中期结束时间为 6 月 30 日—7 月 20 日,西部个别站点在 7 月 20—30 日,总体上东部早西部略晚。东部 7 月上旬陆续结束一年中降水最为集中阶段;西部次之,在 7 月中旬,个别站在 7 月下旬结束降水集中期。

由降水集中期起止时间可见,贵州东部的降水集中期主要出现在 6 月上旬到 7 月上旬之间,西部主要出现在 6 月中旬到 7 月中旬之间,西部个别站点起止时间、出现时段滞后一旬。降水峰值期通常在 6 月 11 日—7 月 9 日期间,东北部最早,并渐次向东部、西部推进。贵州降水集中期的持续时间 26~38 d,是全国降水集中期较长的地区之一。

1.5 日照时数特征

贵州素有"天无三日晴"之称,事实上贵州夏季日照充足,日照较少的时段主要出现在冬半年,低温寡照多连续雨日时段主要伴随冬半年静止锋的出现而出现,"天无三日晴"也并非贵州"专利"。目前贵州全力推介夏季避暑优势,有必要对贵州省日照时数的空间分布有一个客观、定量的描述,有助于旅游宣传;另一方面,日照时数能一定程度反映出一个地区的太阳能水平,对于绿色能源的开发与应用具有决定性;日照时数与低温阴雨相联系,对农业生产、交通运输、野外施工等均有重要影响。日照对气温,尤其是海拔较高地区的气温有明显影响,研究日照时数的特征、贵州日照在全国范围所处的位置等,对于研究影响贵州的天气气候系统及气候预测和服务具有实际意义。

1.5.1 中国年日照时数空间分布

图 1.9a 是我国年日照时数的气候态空间图,总体呈现北多南少的分布特征。我国大兴安岭—内蒙古高原—青藏高原及其以北地区海拔较高,年日照时数是全国最多的区域,基本大于 2000 h,其中青海北部—甘肃西部—新疆东北部多年平均日照时数最多,大于 2600 h。四川盆地及贵州中东部是全国日照时数低值中心,年日照时数大部分低于 1000 h。南方中低纬地区日照时数最多的是云南省,其次是海南,云南的大部分地区可达 1600~2000 h,其北部少数站点为 2000~2400 h。这反映了我国日照时数分布的地形区域差异性。

1.5.2 中国四季日照时数空间分布

从图 1.9b,e 可见,四季日照时数分布与年日照时数分布均为北多南少的分布格局,北方地区日照时数最多,四川盆地地区最少。一年四季中,日照时数夏季＞春季≥秋季＞冬季。

春季(3—5 月),如图 1.9b,我国长江以南地区除云南、海南外大部分日照时数为 200～300 h,其中以广东—广西、贵州东部—湖南—江西—福建和四川盆地中部最少,基本为 100～300 h。我国北方、西部地区日照时数较多,为 500～766 h。

夏季(6—8 月),如图 1.9c,我国日照时数低值中心西移,云南—贵州—四川盆地中部的日照时数为 100～400 h,其中以西南西部和四川盆地东部的 200～250 h 最低;全国日照时数的高值中心在新疆北部,可以达到 800～835 h,这也是我国一年中日照时数最多的时段和区域。

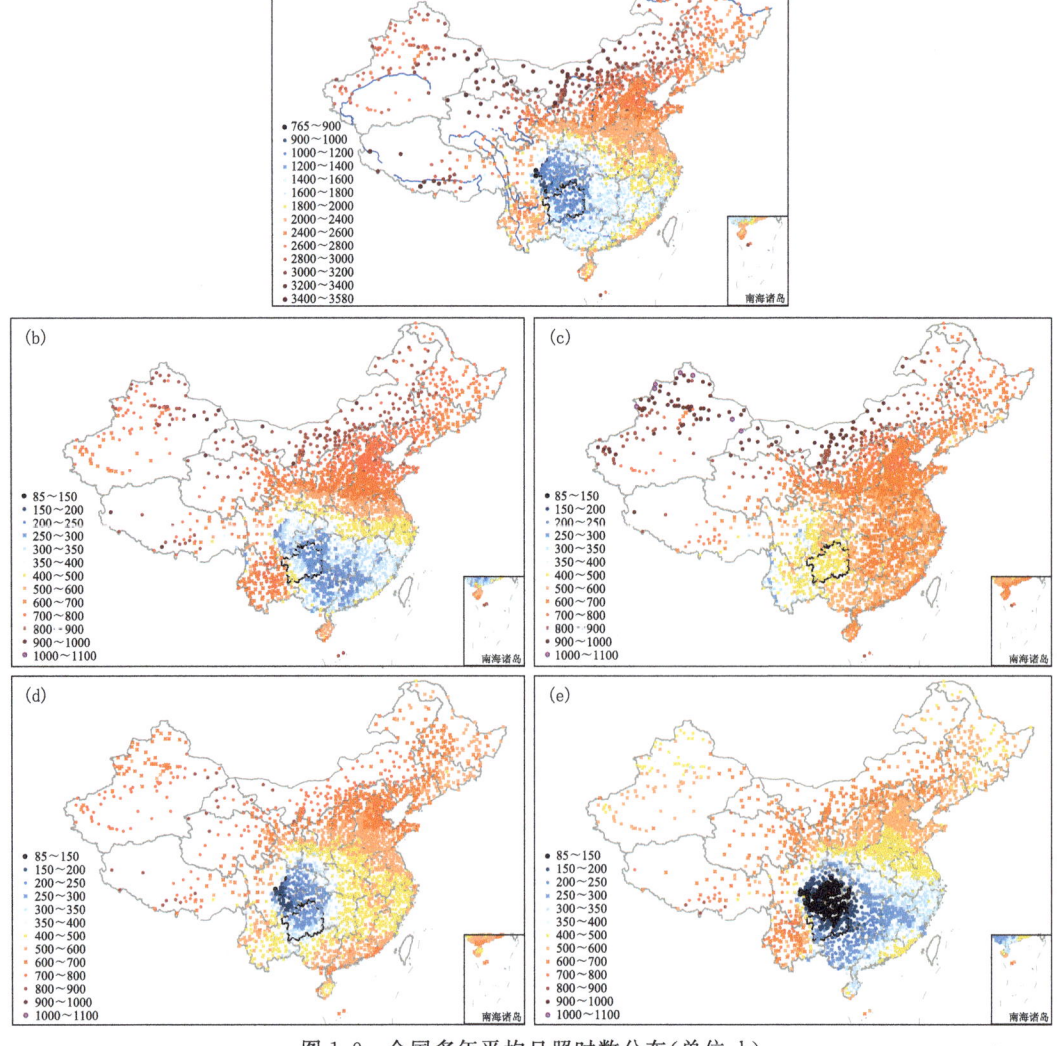

图 1.9　全国多年平均日照时数分布(单位:h)
(a)全年;(b)春;(c)夏;(d)秋;(e)冬
(台湾省资料暂缺)

秋季(9—11月)(图1.9d),低值中心在四川盆地,日照时数为90~200 h,然后向重庆、贵州辐散式递增到250 h;内蒙古中西部、青藏高原、新疆南部为秋季全国最多,可达600~730 h,其中西藏南部是最高值所在地,达700 h以上。贵州日照时数仅高于四川盆地和重庆。

冬季(12月—翌年2月)(图1.0e),四个季节中日照时数相对最少的季节,气候态空间特征与秋季最为相似,四川盆地东部到贵州东北部是全国日照时数低值中心,仅有60~100 h;全国冬季日照时数高值中心在云南北部和西藏南部,为600~676 h。贵州与四川东部、重庆同为全国日照时数低值中心。

云南省的日照时数是全国四季变化最大地区,夏季为全国最低,冬季为全国高值中心,这与其地理位置和云贵静止锋的影响有关。我国东部、南部沿海地区的日照时数四季的变化上较为稳定,四季均为全国中等水平。我国北部地区和青藏高原的日照时数在四个季节都属全国高值区。贵州与四川盆地在秋、冬季节同为全国日照时数低值中心。

1.5.3 贵州省日照时数特征

就全年而言,贵州省的日照时数是除四川盆地外的全国低值区,省东北部地区日照时数800~1000 h,为全省最低;省西部地区相对高一些,可达1000~1400 h。贵州省大多数站点四个季节的日照时数分别为:100~500 h、300~400 h、150~300 h、60~250 h,其中威宁县比较特殊,在春季和冬季明显高出其他站点。在四个季节中,全国春夏秋三个季节的日照时数低值中心分别在华南中西部—湘黔交界、四川盆地和云南西部、四川盆地,这三个季节里贵州接近但非全国日照低值中心;冬季,贵州与四川东部、重庆同为全国日照时数低值中心。

图1.10给出了贵州省逐日气候态日照时数的时间序列。从图1.10中可看出,一年中日照时数的最大值出现在8月,每日日照时数都超过4.5 h,最大达到7 h/d;最小值出现在1月,31 d中只有2 d超过2 h,最小值不到1 h。日照时数的变化与天气气候系统、太阳的方位及太阳高度角高低密切相关。

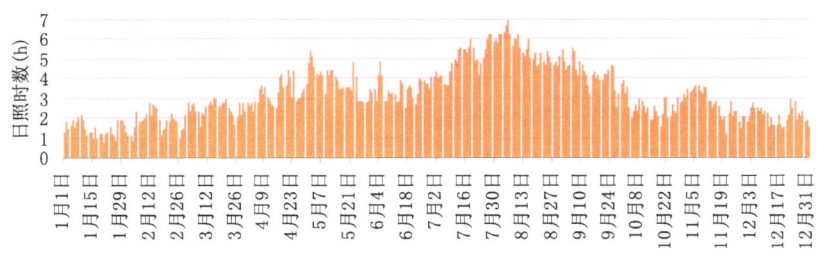

图1.10 贵州省1961—2015年平均逐日日照时数序列

1.6 冻雨/雨凇特征

冻雨和雨凇是同一事物两个阶段的不同表现,冻雨是过冷却液态降水,从外观上与降雨无明显区别;雨凇是冻雨遇地面物体形成的均匀透明的冰状附着物,附着力强,密度大,雨凇的英文"glaze"的另一含义为"上釉",在贵州又被称为"桐油凝"。冻雨和雨凇的视觉分辨性均较低,又被称为黑冰(black ice),在贵州冬季均有出现,并容易与阴雨天的路面湿滑相混淆。这些因素使得对雨凇的防范更需要依赖于气象部门的预测预报和预警。此外,雨凇与雾凇在观测资料里同列于冰冻资料中。有的研究将两者并同研究,雾凇是空气中的水汽直接凝华,或过冷雾滴直接冻结在物体上的乳白色冰晶沉积物,无论是外部形态还是空间分布,雨凇与雾凇都有一定差异。

雨凇定义 超冷却的降水滴落在小于或等于 0 ℃(即≤0 ℃)的物体表面时产生的一种冰覆盖层称为雨凇。雨凇表面光滑、坚硬、透明且密度大,看起来晶莹剔透,美轮美奂,却是一种灾害性天气。严重的雨凇不仅会压断树枝,影响农作物生长,更会妨碍交通,压垮供电线路,造成输电、通信中断。

冻雨在日本的关东平原、加拿大东南部、美国东部等地也多有发生,并被细分为冻雨、冻毛毛雨和冰丸,研究认为,它们出现的关键结构是垂直方向上存在热熔层,即逆温结构,降水经过热熔层融化后再经低于 0 ℃层成为过冷却雨滴(Cortinas et al,2004;Bernstein,2000;Rauber et al,2001;Matsushita and Nishio,2008),这几个地方均临海而且纬度较高。我国的雨凇中心区在内陆的中低纬地区,每年均有出现,但引起较大关注和研究热潮是在 2008 年之后。2008年我国南方地区的持续性低温雨雪冰冻过程,导致较长时间大范围交通、输电、通信中断,并给农业等生产生活造成了严重影响。

2018 年 1 月 26 日在贵州省鸭池河公路桥上发生一起油罐车侧翻,导致几十辆车追尾的交通事故,当日开始出现雨凇,雨凇是此次交通事故的可能原因。近年来,贵州交通迅速发展,类似鸭池河大桥的世界级公路桥、铁路桥贵州境内有多座。飞速发展的交通使雨凇的影响进一步加大,尤其是两端连接隧道架于河面之上的桥梁,在贵州多雨凇的背景环境下更是雨凇的温床,隧道与桥梁之间的视线变化、路况差别也使得桥梁是交通事故的敏感区、关键区,除了严重雨凇过程外,即便是轻微的雨凇,对交通影响也显著。

1.6.1 中国年雨凇日数空间分布与趋势变化

年雨凇日数分布 图 1.11a 为 1961—2017 年的年平均雨凇日数空间分布,从图中可以看出,雨凇主要出现在新疆的天山以北地区和我国 103°E 以东地区,除天山北侧少数站点平均每年雨凇日数在 1 d 以上外,黄河以北大都少于 1 d。黄河以南地区雨凇日数明显增多,但存在明显的区域分布,年雨凇日数大于 1 d 的站点主要在图 1.11a 中 A、B、C 标识的三个方框区域内,其中第三个区域范围最大、雨凇日数最多,平均每年单站可达 5~50 d,海拔 3047 m 的峨眉山 128 d 的雨凇日数为全国最多。这三个区域内 1961—2017 年平均年雨凇日数大于 1 d 的站点共 314 站,涵盖了全国 377 个站的大多数,其中 A 区 34 站,B 区 203 站,C 区 77 站。A 区为陕甘宁三省交界,经纬度范围为 33°—38°N、102°—109°E;B 区为江西—湖南—贵州—云贵川交界,经纬度范围为 25°—30°N、102°—117°E;C 区为河南—湖北东部,经纬度范围为 30°—35°N、112°—116°E 的区域。从区域上来看,雨凇频次最高、站点最为集中是贵州省及云贵川三省交界带,平均每年可达 5~50 d;其次是湖南省,平均每年大都在 1~8 d;均在 B 标识区域内。少数相对独立的站点雨凇日数明显高于周边,如四川峨眉山、湖南南岳、安徽黄山等。

年雨凇日数趋势变化 图 1.11b 为 1961—2016 年雨凇日数倾向值的空间分布,计算方法见《现代气候统计诊断与预测技术》(魏凤英,2007)。如图所示,除了少数站点为未通过显著性的增加趋势以外,全国的雨凇日数整体呈减少趋势,减少显著的区域分布在陕甘宁三省交界、河南、湖北东部、湖南西南部、贵州北部以及云贵川交界,倾向值为 0~−1,大部分通过了 0.01 的显著性水平检验,少部分为 0.05 的显著性水平检验;此外,在贵州中部、湖南东部以及江西

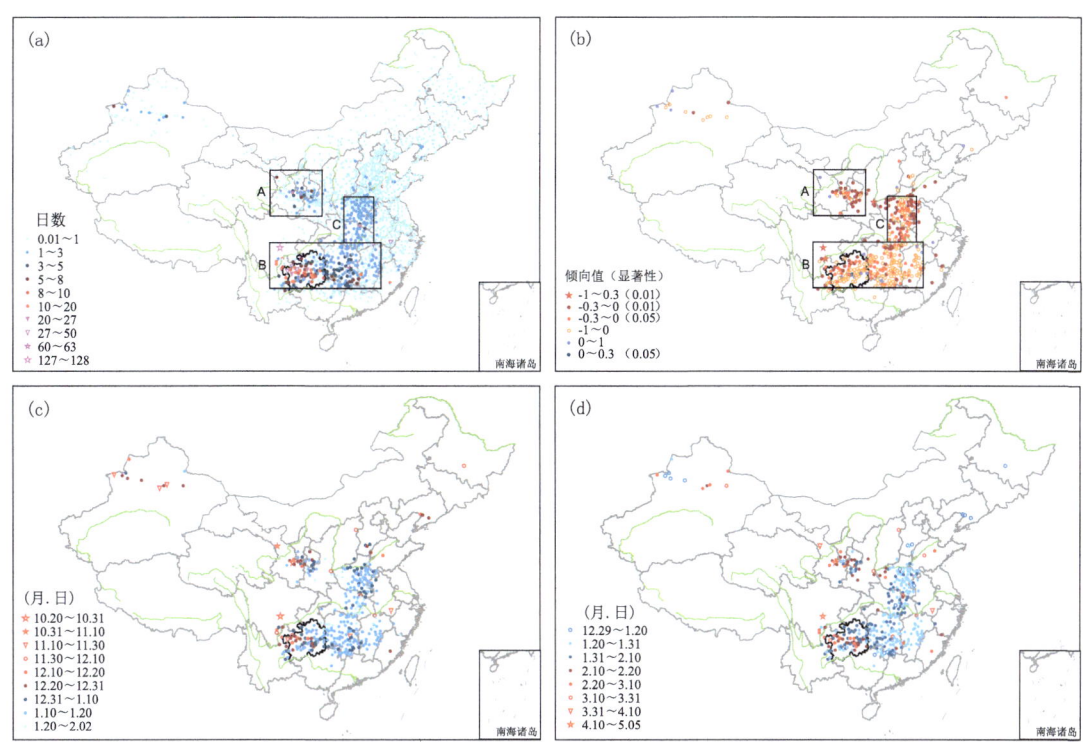

图 1.11 中国多年平均雨凇日数空间分布

(a)年雨凇日数;(b)年雨凇日数的变化趋势(377 站);(c)年雨凇日数大于等于 1 日站点(377 站)的开始日期;
(d)年雨凇日数大于等于 1 日站点(377 站)的结束日期
(台湾省资料暂缺)

亦为减少趋势,但趋势不明显。高海拔站点的趋势变化上,以峨眉山为代表的庐山、南岳、泰山、武夷山等均为减少趋势,其中峨眉山减少最明显,黄山的雨凇日数为增加趋势,但未通过显著性检验。

1.6.2 中国雨凇平均开始和结束日期空间分布

开始日期 从图 1.11a 中选取年雨凇日数大于等于 1 日的站点(共 377 个),由于 1961 年之前的站数较少,选取 1961—2016 年计算平均雨凇开始日期(无雨凇年不计入),由图 1.11c 可见,雨凇从 10 月 20 日—翌年 2 月 2 日期间陆续开始,开始时间最早的是四川峨眉山和甘肃华家岭,于 10 月下旬开始出现,前者海拔 3047 m,后者海拔 2451 m;其次有 7 个站在 11 月开始出现雨凇,其中新疆 3 个站、甘肃 1 个站,其余 3 个南方站点均为海拔较高的高山站,分别是安徽黄山、湖南南岳、贵州威宁。12 月开始的站点中,除了少数比较分散的站点外,主要集中在新疆北部、陕甘宁三省交界处、贵州西北部及云贵川三省交界处。我国雨凇开始的时间,主要集中在 1 月上中旬,也是隆冬开始的时节,河南、湖北、江西、湖南、贵州中东部的雨凇大多于这段时间开始出现。

结束日期 与开始日期同样地,从图 1.11a 中选取年雨凇日数大于等于 1 日的站点(共 377 个),计算各站点的 1961—2016 年平均雨凇结束日期(无雨凇年不计入),由图 1.11d 可见,雨凇从 12 月 29 日—5 月 5 日陆续结束,结束时间最晚的四川峨眉山和甘肃华家岭于 4 月中下旬或 5 月初才结束。大部分站点在 1 月下旬至 2 月上旬结束。陕甘宁三省交界、贵州中部及云贵川交界一带基本在 2 月中旬到 3 月上旬之间结束。如南岳、黄山、泰山等分散的高海拔站点 3 月中旬到 4 月上旬结束。在新疆、东北的 8 个北方站点,雨凇开始时间早,结束时间也早,1 月中旬雨凇就结束了。雨凇结束时间最晚的南方站点是贵州省西北部威宁的 3 月中下旬,其海拔 2238 m,位于 27°N。

1.6.3 贵州省雨凇日数特征

空间分布 贵州省是全国雨凇出现日数最多的省份,从站点多年平均数据来看,除南部和北部边缘少数海拔较低的站点,如册亨、望谟、罗甸、荔波,和省东北部的赤水无雨凇外,全省各地均有雨凇出现,高频次站点分布在省中部呈东西走向的苗岭和省西部的乌蒙山一带,一般为 5~20 d,尤其省西北部的威宁、大方为多,雨凇日数平均每年可达 27~50 d,这种特征不是独立站点出现,而具有区域特征。贵州地形起伏较大,站点一般在县城内,若站点出现雨凇,相较于县城海拔更高的周边山区、道路,或者海拔较高且架空的桥面上,更容易出现雨凇。

起止时间及频次概率分布 图 1.12 中给出了以贵州为中心的主雨凇区域的 1961—1986 年、1987—2016 年以及 1961—2016 年的雨凇频次逐日气候概率。由图可见,这个区域的雨凇集中出现在冬季(12 月—翌年 2 月),于 11 月中旬开始,翌年 4 月中旬结束。1961—1986 年的雨凇概率明显高于 1987—2016 年。1961—1986 年的逐日雨凇概率有两个明显的峰值,第一个峰值出现在 1 月初,持续时间较长,第二个峰值出现在 2 月初,持续时间较短,概率值约 0.16。1987—2016 年的雨凇概率呈单峰型分布,峰值出现在 1 月中下旬,仅为 0.1。贵州威宁雨凇结束的多年平均日期在 3 月中下旬,是南方地区雨凇结束时间最晚的站点,其海拔 2238 m,位于 27°N。

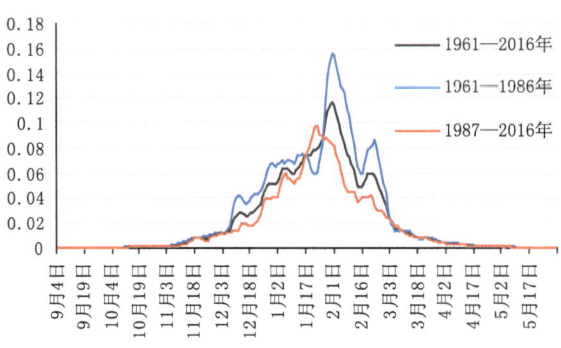

图 1.12 贵州—湖南区域逐日雨凇气候概率

1.7 贵州省九个市州气候概况

贵州省共 9 个市州,海拔较高的是西部的毕节市、六盘水市、黔西南州,其次是贵阳市、安顺市和遵义市,海拔较低的是位于省东部的铜仁市和黔东南州,黔南州北高南低。不同的地理位置和地形差异、地貌特征形成了各具特色的气候特征(图 1.13)。

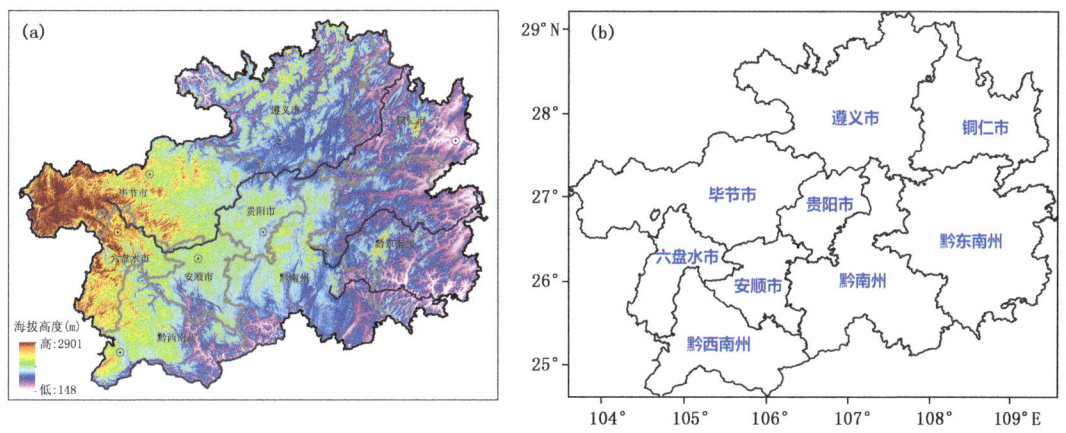

图 1.13　贵州省：(a)地形地势；(b)站点分布

1.7.1　贵阳市气候概况

贵阳市是贵州省省会,位于贵州省中部,属亚热带季风性湿润气候。平均海拔 1100 m 左右,苗岭横延市境,地势西南高、东北低,最高点位于清镇市东部站街镇宝塔山,海拔 1762 m,最低点在开阳县北部水龙乡小河口乌江出市界处,海拔 529 m(图 1.14)。

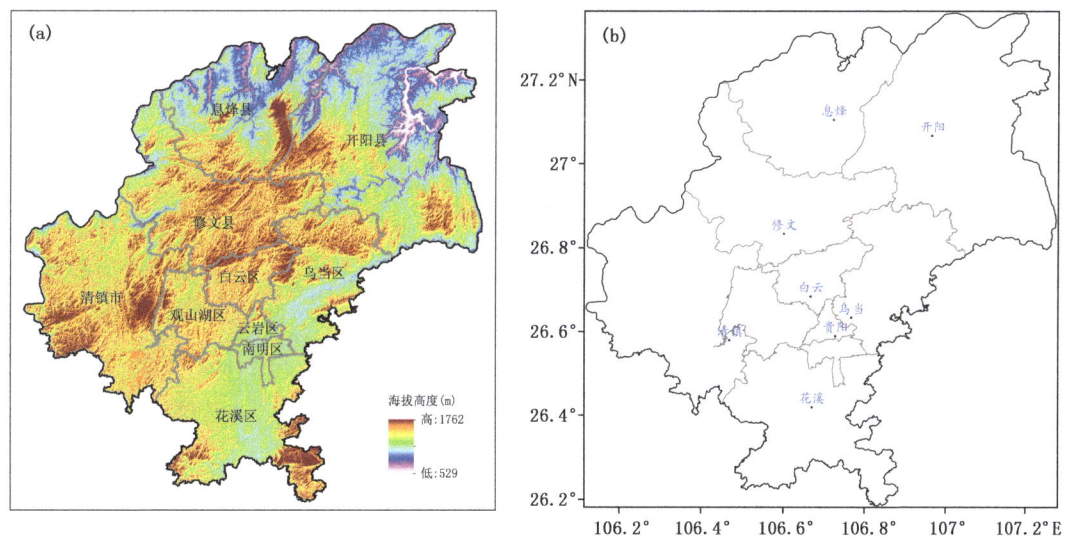

图 1.14　贵阳市：(a)地形地势；(b)站点分布

贵阳年平均气温 14.4 ℃,年平均相对湿度 81.5%,年降水量 1112.2 mm,年日照时数 1147.4 h,年平均风速 2.1m/s。贵阳夏无酷暑,夏季平均气温 22.3 ℃,几乎没有高温天气(≥35 ℃)出现;最热月(7月)平均气温 23.0 ℃,月平均最高气温 27.4 ℃。贵阳冬无严寒,冬季平均气温 5.3 ℃,平均雨凇日数在 10 d 左右;最冷月(1月)平均气温 4.0 ℃,月平均最低气温 1.8 ℃。贵阳四季出现的灾害性天气,除干旱外,春季常为冰雹和倒春寒,夏季常为暴雨,秋季常为秋绵雨,冬季常为低温冻害。

贵阳是一座"山中有城,城中有山,绿带环绕,森林围城,城在林中,林在城中"的具有高原特色的城市,2004年被授予全国首个"国家森林城市"称号。贵阳夏季凉爽、紫外线低、空气清新、水质优良、海拔适宜、生态环境优美,2007年被中国气象学会授予"中国避暑之都"称号。鉴于贵阳优良的气候条件,在每年中国避暑旅游产业峰会中,贵阳均被评选为"避暑旅游十佳城市"。

1.7.2 毕节市气候概况

毕节市地形西高东低,平均海拔约为1511 m,为全省最高,海拔最高为赫章韭菜坪,主峰海拔2901 m,是全省最高峰,被称为"贵州屋脊";最低为金沙县西北部清池镇鱼塘河与赤水河谷交汇处,海拔457 m,全市海拔差高达2443.6 m(图1.15)。

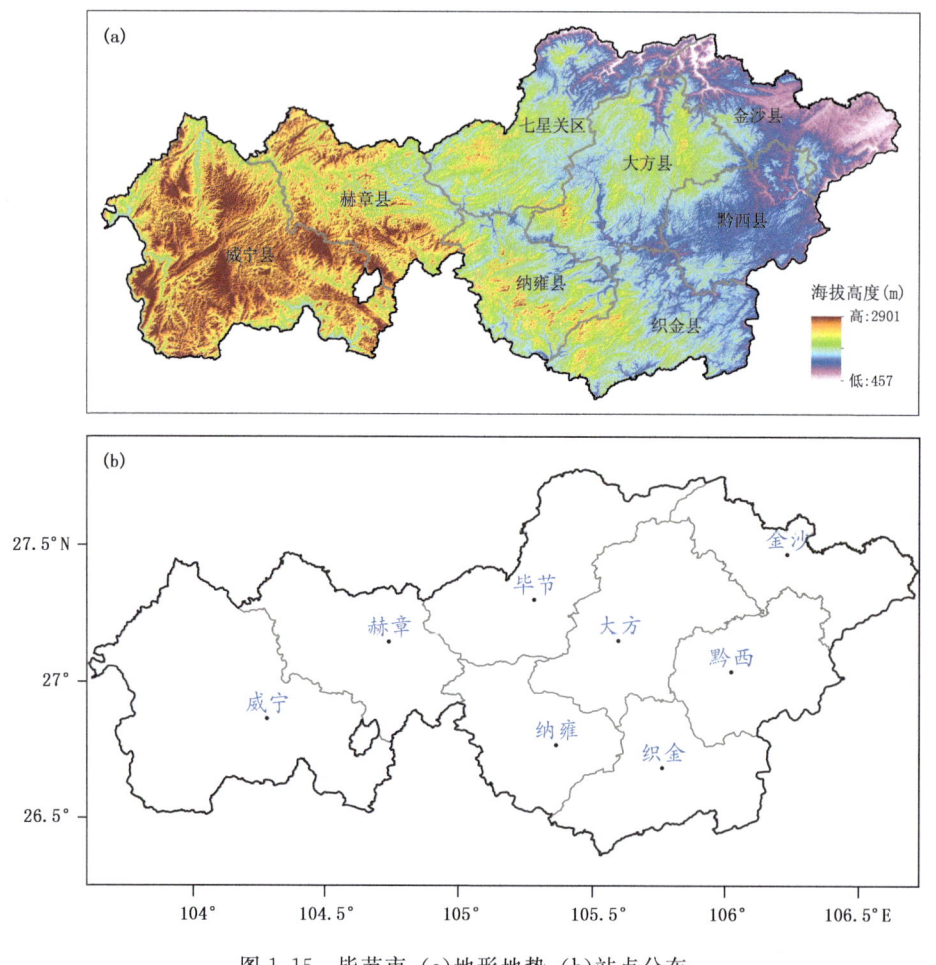

图1.15 毕节市:(a)地形地势;(b)站点分布

毕节市地处青藏高原东南侧、云贵高原东斜坡上,是贵州天气系统的上游,也是全省冰雹、暴雨和雷电等灾害性天气的主要发源地。春末夏初容易受冰雹灾害,受地形和云贵静止锋影响,容易出现大雾,对交通运输不利。主要的灾害性天气有干旱、暴雨、冰雹、雷电、秋风、秋绵雨、凝冻、倒春寒、大雾等。年平均气温为13.4 ℃,7月全市平均气温仅为21.7 ℃;年平均降雨量为1022.0 mm,年平均日照时数为1247.3 h,无霜期为250 d左右。

全市各县区气候各有特点:2008年1月被贵州省气象学会授予"阳光城"称号的威宁县,年均日照时数为全省最高,达1635.2 h。毕节市中西部充足的日照提供了丰富的太阳能资源,有利于太阳能资源开发;大方县常年多雾,多年平均雾日为175.8 d,为全省最多;织金县是全省暴雨中心之一,年平均暴雨日数4.6 d;而赫章县因受地形阻挡作用影响,年平均降水量仅有832.9 mm,为全省最少。毕节盛夏平均气温为21.5 ℃,最高气温为33.9 ℃,2019年9月获中国气象学会授予"毕节(汪卫平,2003)·中国花海洞天避暑福地"称号。

1.7.3 六盘水市气候概况

六盘水市地处乌蒙山脉东侧,云贵高原中部的斜坡上,全市海拔为1400~1900 m,最高点钟山区大湾镇韭菜坪海拔2901 m,最低点六枝茅口乡北盘江出界处海拔590 m,市内山高谷深,相对高度差异悬殊。在全省气候带的划分中,六盘水市绝大部分地区处于亚热带云贵高原山地季风湿润气候区;水城西北部海拔1800 m以上地区属暖温带季风湿润气候区;盘州刘官以南地区属中亚热带季风湿润气候区(图1.16)。

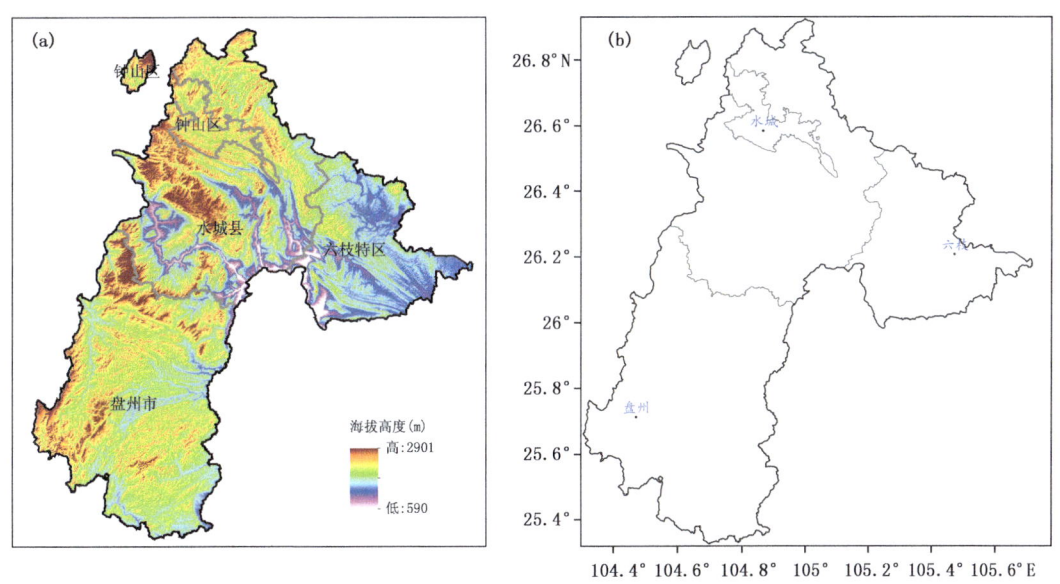

图1.16 六盘水市:(a)地形地势;(b)站点分布

全市年平均气温为13~15 ℃,年均降水量为1200~1500 mm,市内大部地区年均日照时数为1100~1600 h,最高的盘州1620.7 h,最低的六枝1107.4 h。11月中旬至翌年2月中旬,六盘水市常受滇黔静止锋影响,出现持续时间较长的细雨霏霏的阴冷天气;2月下旬至5月中旬,受西藏高原南支气流下沉增温作用的影响,市内上空大气层特别干燥,多晴朗天气,有时还伴有强劲的西南大风,使六盘水市出现大范围的气候性干旱—春旱;5月下旬至10月上旬,夏季风自东南海洋长驱直入,温度高、湿度大,雨水集中;10月中旬至11月底,正值夏季季风和冬季季风交替影响的时期,多受静止锋影响,致使市内秋季绵雨盛行,阴雨天气逐渐增多。市内主要气候灾害有倒春寒、春旱、冰雹、暴雨、秋风、秋绵雨及凝冻。

2005年8月中国气象学会正式将"中国凉都"称号授予了六盘水。六盘水成了第一个用气候优势打造出来的现代都市。"中国凉都·六盘水"的独特性主要体现在夏季"凉爽、舒适、滋润、清新、紫外辐射适中"。

1.7.4 安顺市气候概况

安顺市位于贵州省西部,海拔高560~1800 m,最高点在关岭县中部永宁镇旧屋基东面大坡海拔1847 m,最低点位于镇宁县南部良田乡北盘江出境处海拔359 m(图1.17)。

安顺市年平均气温为14~16 ℃,年积温大致为5000 ℃·d,自北向南温度呈递增的趋势,西秀区最冷,关岭最热。最冷月(1月)平均气温4~7 ℃,极端最低气温-4.8~-8.5 ℃;最热月(7月)平均气温22~24 ℃,极端最高气温33.4~35.9 ℃。初霜期大致在11月22日—12月8日,终霜期大致在2月12—25日,无霜期大致为270~300 d。常年雨量充沛,气候湿润,年平均降雨量为1244~1349 mm,一年中的大多数雨量集中在夏半年,占全年降雨量的80%以上。年日照时数为1110~1350 h,降雨日数较多,年雨日一般约191 d,相对湿度较大,年相对湿度高达79%~83%,季风气候显著,年平均风速仅为1.4~3.0 m/s,夏季主导风西南风,冬季以东北风居多。

安顺主要的气象灾害有:冬季低温雨雪冰冻灾害,例如2008年冬季发生的持续1月左右的低温冰冻灾害;夏半年暴雨及其引发的洪涝、滑坡、泥石流等灾害;春季3—5月多冰雹天气,时空分布不均匀;此外2009—2010年发生了跨季节、跨年的长时间干旱灾害。春秋季节受到滇黔静止锋影响,易出现持续阴雨天气。

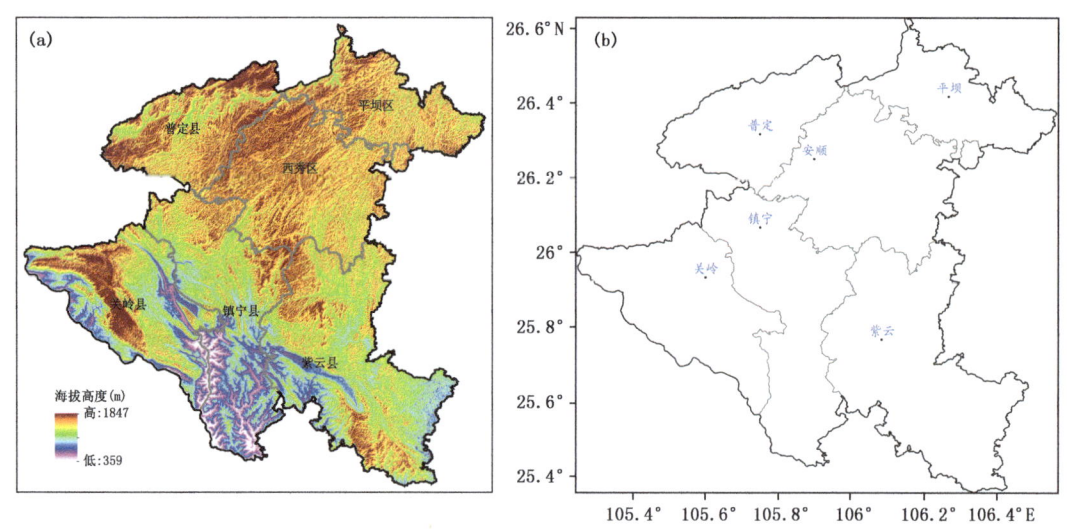

图1.17 安顺市:(a)地形地势;(b)站点分布

1.7.5 遵义市主要气候概况

遵义市位于贵州省北部,北靠重庆,西接四川,境内海拔最高点位于桐梓县北部狮溪镇漩凼,海拔2022 m,最低点在赤水河出省界处,海拔224 m(图1.18)。由于地形复杂,海拔悬殊,境内是一个多样性的立体气候类型。全市大体可分为4个垂直气候带：丘陵河谷地区中亚热带气候，低山地区相似北亚热带气候，中山地区相似南温带气候，海拔1500 m以上的山地则相似中温带气候。

光照：全年总辐射为3253～3718 MJ/m²。全市年日照时数为1000～1300 h，日照率为23%～29%。遵义是全国太阳辐射低值区之一。

热量：全市年平均气温13.3～18.0 ℃。7月最高，月平均气温22.8～27.1 ℃；1月最低，月平均气温2.9～7.9 ℃。历史上有记录的极端最高气温在赤水市，达43.2 ℃（2011年8月18日）；极端最低气温在习水县，达－8.6 ℃（1982年12月26日）。无霜期一般为270～300 d。最长为赤水河谷，在340 d以上；最短在习水县山原地带，仅245 d。

降水量：全市总趋势是由东至西递增，雨水较丰沛，年降水量1000～1300 mm。但一年之内的降水量，各地、各时段分布不均，降水主要集中在5—9月，占年降水量的77%。各县市降水日数均在166 d以上。区域平均年降水量最多出现在1977年达1380.6 mm，年最少降水量出现在2011年851.0 mm。日降水量大于或等于100 mm的大暴雨日数，年平均在0.5 d以下。一日最大降水量出现在湄潭202.8 mm（2011年6月18日）。

气象灾害：主要有春旱、夏旱、秋风、倒春寒、霜冻、雨淞（凝冻）、绵雨、暴雨、冰雹、大风等。

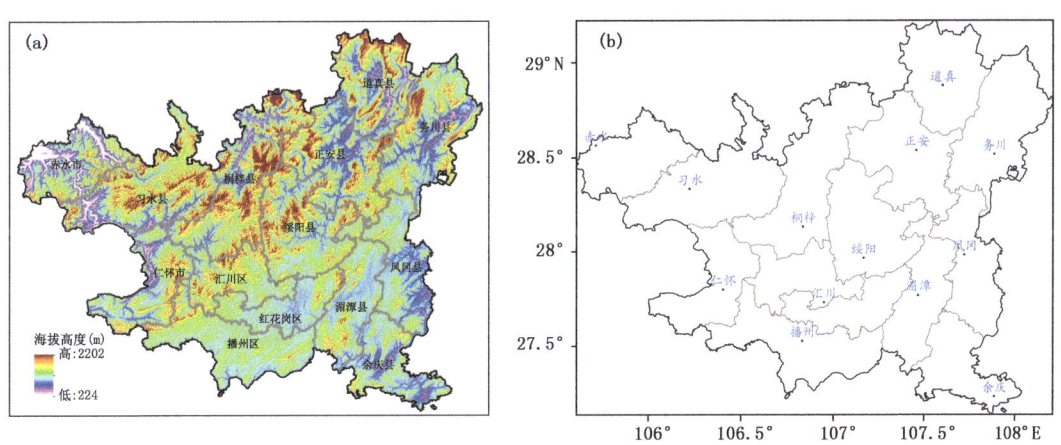

图1.18　遵义市：(a)地形地势；(b)站点分布

1.7.6　铜仁市气候概况

铜仁市地处贵州省东北部，有"中国西部名城"之称，地处武陵山区腹地，东邻湖南省怀化市，北与重庆市接壤，是连接中南地区与西南边陲的纽带，享有"黔东门户"之美誉。

铜仁市处于云贵高原向湘西丘陵过度的斜坡地带，西北高，东南低（图1.19）。平均海拔为500～1000 m，武陵山主峰在境内，山脉以东是丘陵地带，河流切割较浅，地面平缓起伏，河流沿岸多试山间坝子，一般海拔为300～800 m；山脉以西是岩溶山原地貌，一般海拔为600～1000 m，相对高差达600～800 m；最高为武陵山脉凤凰山主峰海拔2572 m，最低为碧江区漾头镇锦江出境处205 m，高低海拔相差2288 m，导致境内垂直立体气候特征明显，气候资源丰富，生物、动植物品种多样，农、林、牧业呈立体发展布局。

铜仁市的气候资源丰富,全市属中亚热带季风湿润气候区,季风气候明显,立体气候典型,冬无严寒,夏有酷暑,春温不稳,秋温陡降,四季分明,雨热同季。冬季盛行偏北或东北气流,气温低降雨量少;夏季盛行偏南气流,气候炎热多雨;春秋季多阴雨、冰雹、大风等天气。由于各年季风的强弱及进退早晚不尽一致,因此,气象要素在年际间的变化较大,灾害性天气较多,主要有干旱、倒春寒、暴雨洪涝、冰雹、大风、雷暴、秋风、秋绵雨、凝冻、霜冻等。全市的年平均气温为 13.7~17.7 ℃,最冷月为 1 月,最热月为 7 月;年平均降水量为 1096~1379 mm,集中于 4—10 月,占全年降雨量的 75%~85%;全年日照数为 1020~1264 h,无霜期为 270~306 d。

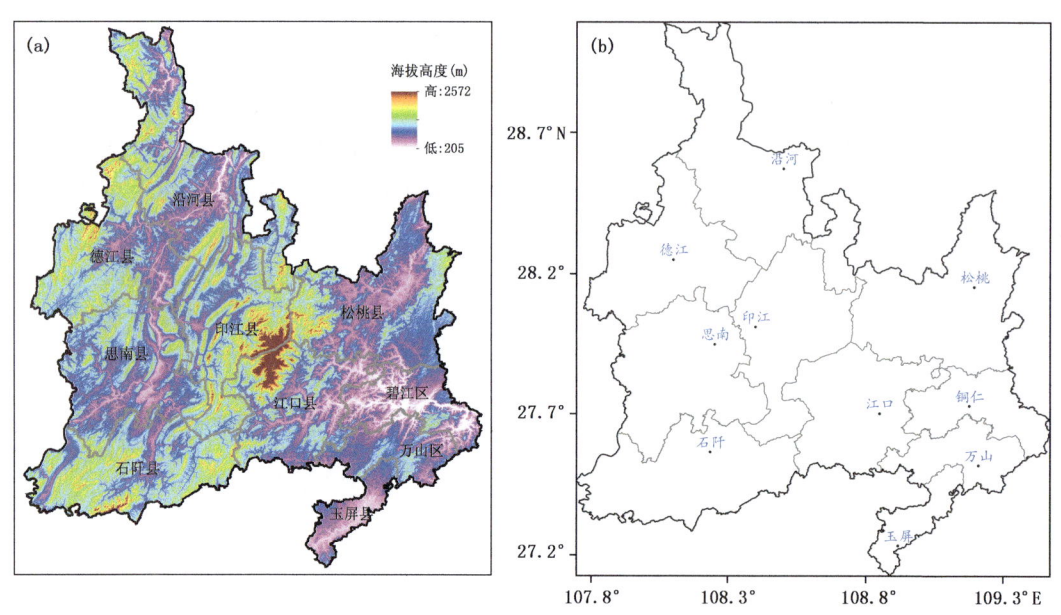

图 1.19　铜仁市:(a)地形地势;(b)站点分布

1.7.7　黔西南州气候概况

黔西南地处贵州省西南部,全年热量资源丰富,且雨量充沛。全州东西长 10 km,南北宽 177 km,地势西高东低,北高南低,最高点在兴义市七舍镇西部白龙山,海拔 2207m,最低点在望谟县红水河边大落河口,海拔 275 m(图 1.20)。州内海拔 500 m 以下地区为南亚热带季风湿润气候区,1400 m 以上为北亚热带季风湿润气候区,介于其间的大部分地区属于中亚热带季风湿润气候区。从山顶到谷底,成独特的高山气候,包括山地中温带、山地暖温带、河谷亚热带,具有"一山有四季,十里不同天"的"立体气候",呈现了显著的垂直变化。

全州年平均气温为 16.4 ℃,最热 7 月平均气温 23.1 ℃,最冷 1 月平均气温 7.3 ℃,日极端最低气温-8.9 ℃(安龙,1968 年 2 月 14 日),日极端最高气温 41.2 ℃(册亨,2012 年 5 月 1 日)。黔西南布依族苗族自治州无霜期年平均 317 d,最长 365 d,最短 219 d。年平均日照时数 1454.3 h。年平均降水量 1327.2 mm,年平均降雨日数为 189 d。降雨集中在每年 5—9 月,6 月最多。热量充足,雨量充沛,雨热同季,无霜期长,终年温暖湿润。

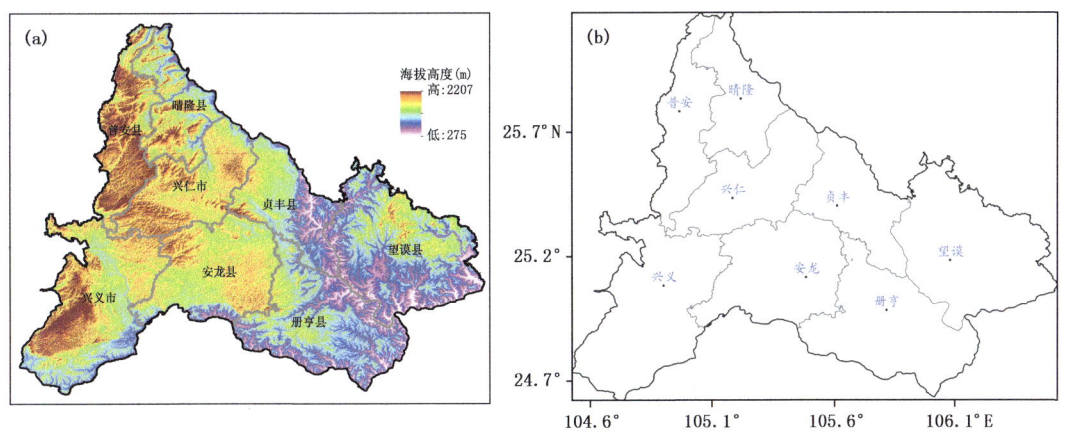

图 1.20　黔西南州:(a)地形地势;(b)站点分布

1.7.8　黔南州气候概况

黔南州地处云贵高原东南部向广西丘陵过度的斜坡地带,全州平均海拔 997 m,地势北高南低,最高点斗篷山海拔 1961 m,最低点罗甸红水河出境处海拔 242 m(图 1.21)。州境内以山地、丘陵为主,山高水高,多处为长江水系和珠江水系诸河流的源头,红水河、都柳江流经,横亘于黔南州境内的苗岭是长江水系与珠江水系的分水岭,南部荔波县拥有世界上同纬度仅有的保存完好的喀斯特森林地貌。

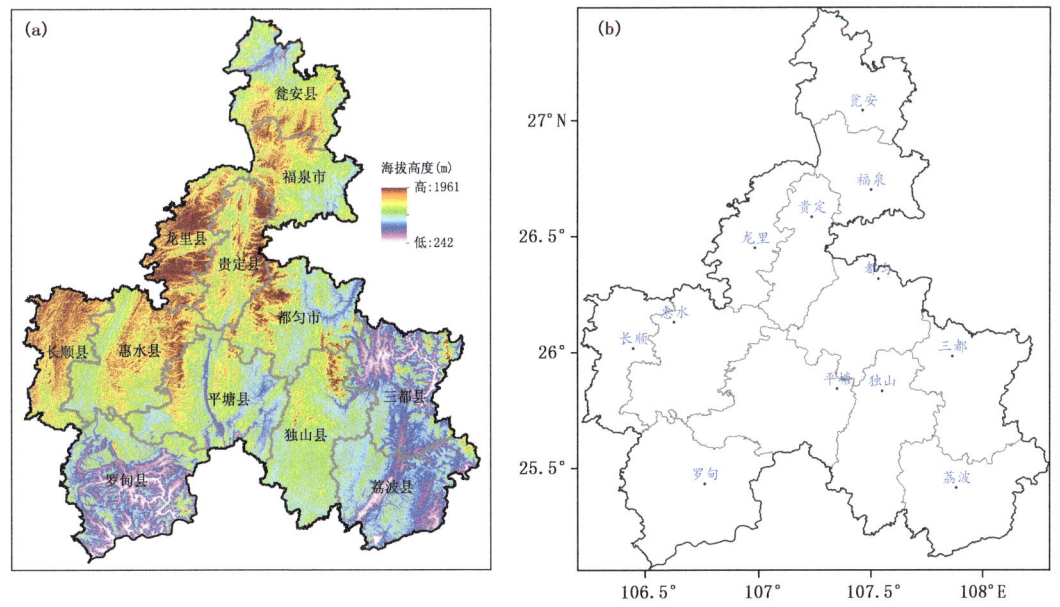

图 1.21　黔南州:(a)地形地势;(b)站点分布

黔南州年平均气温 13.8～19.8 ℃,年平均降雨量 1109～1406 mm,年日照日数为 1000～1500 h,年平均相对湿度为 80% 左右,无霜期为 262～341 d。黔南州主要灾害性天气有冰雹、大风、倒春寒、干旱、暴雨洪涝、秋风、秋绵雨、凝冻、霜冻等,其中干旱一年四季均有发生。

黔南州地形呈现南北长条形分布,气温由北部的瓮安向南部逐渐升高,南部低海拔罗甸、荔波是天然的避寒胜地。降雨量从北向南逐渐增多,州中部东西向苗岭山脉南侧的长顺、都匀、三都是全州暴雨中心。日照时数从北向南逐渐增多,南部罗甸县是全州日照最为丰富的。罗甸县以丰富的热量雨水资源成为全省早春蔬菜中心,以冬季适宜的温度被誉为"贵州最佳避寒地"。

1.7.9 黔东南州气候概况

黔东南苗族侗族自治州位于贵州省东南部,地处云贵高原向湘桂丘陵盆地过渡地带,州境总体地势是北、西、南三面高而东部低,境内大部分地区海拔 500~1000 m,苗岭山脉东段主峰雷公山在境内。全州最高点为雷公山主峰黄羊山,海拔 2179 m,最低点为黎平县地坪乡水口河出省界处,海拔 148 m,为全省海拔最低点(图 1.22)。

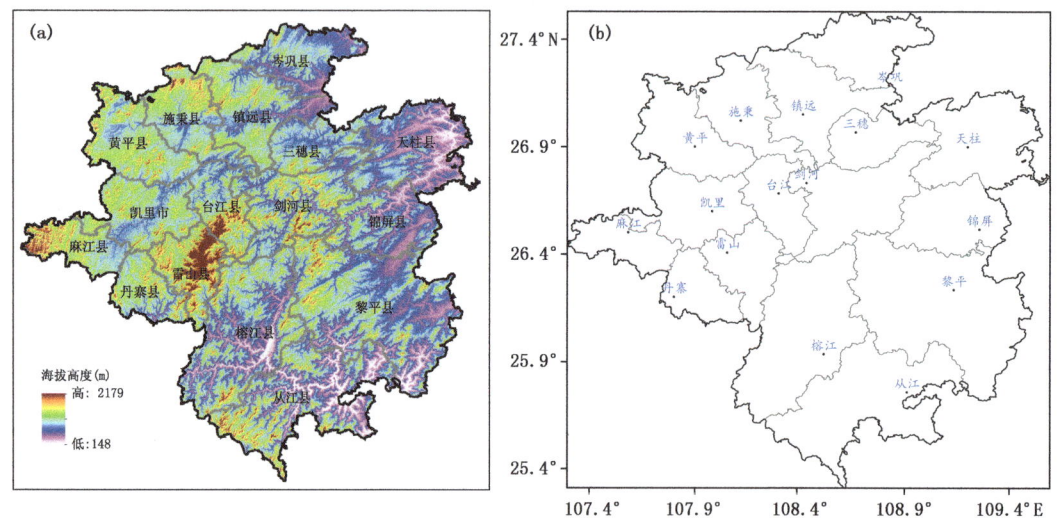

图 1.22　黔东南州:(a)地形地势;(b)站点分布

全州属中亚热带季风湿润气候,其特点是冬无严寒,夏无酷暑,四季分明,雨水充沛,立体气候明显。由于距海洋较远,且境内北部位于武陵山脉的南侧,中部有苗岭山脉横亘,水平距离不大,海拔差异较大,这种地理特点对黔东南的季风气候有着明显的制约作用。冬季受秦岭山脉和武陵山脉阻挡着北方南下的冷空气,使冬无严寒;夏季盛行偏南风,黔东南远离较远的海洋,山林多、溪流纵横,平均森林覆盖率高,造就了夏无酷暑等特点。全州年平均气温 14.6 ℃(麻江)~18.5 ℃(从江),最冷月(1 月)平均气温 3.7 ℃(麻江)~7.8 ℃(榕江),最热月(7 月)平均气温 23.3 ℃(丹寨)~27.5 ℃(从江),总体趋势是南部气温高于北部,东部气温高于西部;境内年日照时数为 1048.5 h(剑河)~1304.8 h(从江);年降雨量 1007.8 mm(施秉)~1367.5 mm(丹寨);无霜期年平均 300 d 左右,最长 324 d,最短为 267 d。

黔东南州大部地区冬季受寒潮影响较大,丹寨—麻江、黎平附近年平均寒潮次数出现 3 次以上,由于丹寨—麻江位于苗岭山脉东段的凸出地区,又是东北和西北路径冷空气的迎风坡,是贵州寒潮出现次数及降温强度大的地区。其他灾害性天气有主要有:暴雨、冰雹、雷电、干旱、秋绵雨、雨凇、凝冻、倒春寒、大雾等。

参考文献

贵州省气象局,1986.贵州省短期天气预报指导手册(第一分册)[M].北京:气象出版社:1-4.
韩晖,2005.近50年中国台风暴雨研究[D].北京:北京师范大学.
汪卫平,2003.毕节地区的天气气候与地形[J].贵州气象(5):22-24.
汪卫平,张祖强,许遐祯,项瑛,2015.中国降水集中期之特征[J].气象学报,73(6):1052-1065.
汪卫平,杨修群,张祖强,吴战平,2017.中国雨日数的气候特征及趋势变化[J].气象科学,37(3):317-328.
魏凤英,1999.现代气候统计诊断与预测技术[M].北京:气象出版社.
袁淑杰,缪启龙,邱新法,谷小平,2008.贵州高原起伏地形下日照时间的时空分布[J].应用气象学报,19(2):233-237.
张丽亚,吴涧,2014.近几十年中国小雨减少趋势及其机制的研究进展[J].暴雨灾害,33(3):202-207.
Bernstein B C, 2000. Regional and local influences on freezing drizzle, freezing rain, and ice pellet events[J]. Wea Forecasting, 15(2):485-508.
Cortinas J V, Bernstein B C, Robbins C C, et al, 2004. An analysis of freezing rain, freezing drizzle, and ice pellets across the United States and Canada: 1976-90[J]. Weather and Forecasting, 19(2):377-390.
Matsushita H, Nishio F, 2008. A simple method of discriminating between occurrences of freezing rain and ice pellets in the Kanto Plain, Japan[J]. Journal of the Meteorological Society of Japan, 86(5):633-648.
Rauber R M, Olthoff L S, Ramamurthy M K, et al, 2001. A synoptic weather pattern and sounding-based climatology of freezing precipitation in the United States East of the Rocky Mountains[J]. Journal of Applied Meteorology, 40(10):1724-1747.

第 2 章　典型气候事件过程

2.1　2002 年秋风

秋风　是夏末秋初北方冷空气南下而出现的对水稻抽穗开花不利的低温,常伴随阴雨天气。秋风对水稻的直接危害常表现为水稻空秕率显著增加,产量锐减。在贵州被称为秋风,其他一些省份又被称为寒露风。2002 年贵州省出现强秋风天气过程,全省大部地区秋风日数较常年偏多,威宁秋风总日数多达 36 d;其中 8 月 9—23 日为秋风持续时间最长的一次过程,贵州中西部大部在 12 d 以上,其中威宁站长达 15 d,此次过程为特重秋风过程。此次强秋风过程中,8 月赤道中东太平洋地区海表温度异常偏暖,西太平洋地区海表温度偏冷,西太平洋副热带高压(以下简称"副高")偏东偏南,印缅槽偏强,南海地区低压活跃,北方冷空气较强,印缅槽前及南海低压外围的偏南风与北方南下的偏北风交汇,形成静止锋并持续较长时间,导致贵州省 8 月 9—23 日气温偏低,降水偏多,从而造成此次持续时间最长的秋风过程。

2.1.1　秋风过程标准

秋风过程标准　根据《贵州气象灾害划分标准》(贵州省气业发〔1997〕18 号),贵州气候灾害的划分标准中,秋风划分标准为:8 月 1 日至 9 月 10 日期间日平均气温≤20.0 ℃(省西北部海拔 1500 m 以上的测站,日平均气温≤18.0 ℃),持续 2 d 或以上的时段(从第 3 d 起,允许有间隔一天平均气温≤20.5 ℃,海拔 1500 m 以上的测站允许有间隔一天平均气温≤18.5 ℃)为一次秋风过程(李玉柱等,2001)。

秋风过程分级标准　秋风过程持续 2~3 d 为轻级、持续 4~5 d 为中级、持续 6~8 d 为重级、持续≥9 d 为特重级。

2.1.2　2002 年强秋风过程

秋风过程演变　气候态(1981—2010 年)秋风总日数的空间分布是西部重、东部轻,自西向东逐渐减轻(李忠燕等,2014)。2002 年秋风总日数较多(如图 2.1a),全省大部地区秋风日数较常年偏多(如图 2.1b),威宁秋风总日数多达 36 d,较常年偏多 9 d,而安顺关岭、贵阳花溪、黔东南雷山偏多 10 d。从全省平均秋风日数历史序列看(李忠燕等,2014),2002 年为 1981 年以来最严重的秋风年,其中在 8 月 9—23 日为秋风持续时间最长的一次过程,为特重秋风过程,其中贵州中部、西部地区秋风持续时间均在 9 d 以上,且大部在 12 d 以上,威宁站长达 15 d (图 2.1c)。

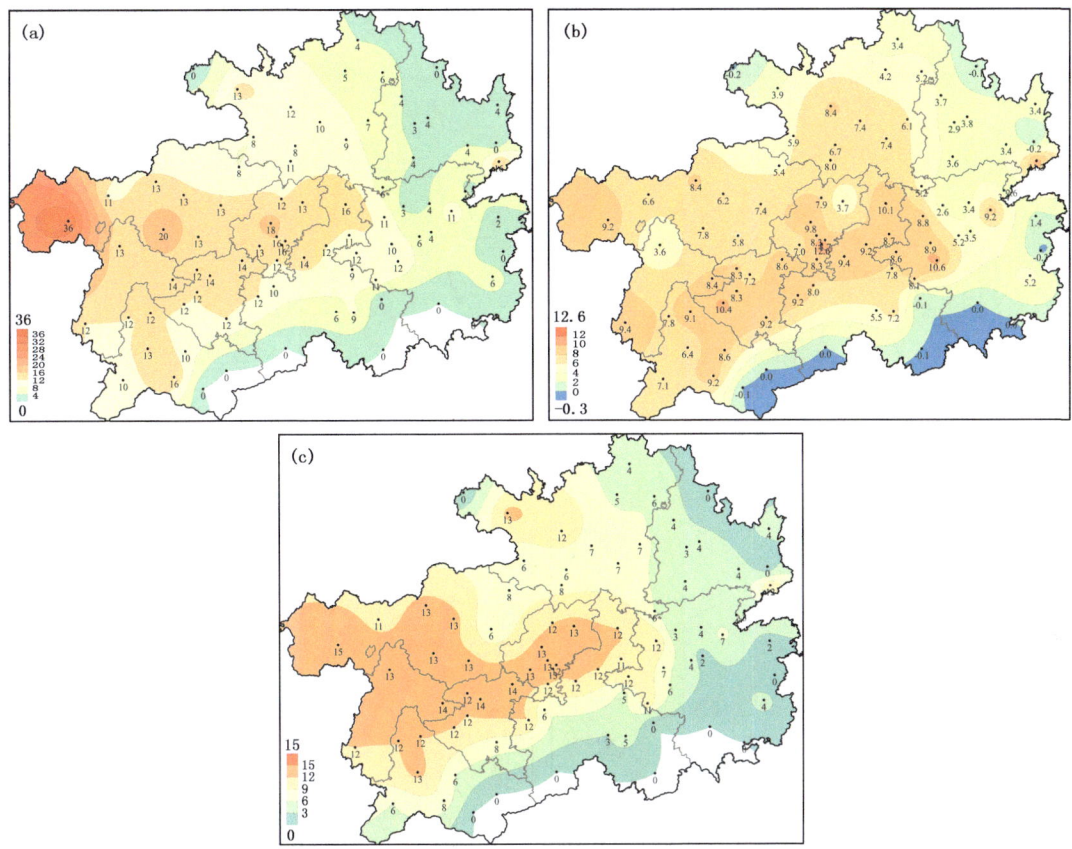

图 2.1 贵州省 2002 年秋风日数(d)空间分布：(a)秋风总日数；(b)秋风日数距平；(c)最长持续时间日数

气温 如图 2.3，2002 年 8 月 1 日—9 月 10 日全省平均气温时间序列可见，8 月 9—20 日平均气温均在 20 ℃以下，气温较常年平均值(24.1 ℃)明显偏低，为秋风持续时间最长的一次过程，而西部的毕节和威宁的这一次秋风持续时间从 8 月 9 日持续至 8 月 23 日，为全省最长。从图 2.2a 可以看到，8 月 9—23 日，贵州省中部偏西地区气温较低，尤其西部地区，其中威宁站平均气温为 14 ℃；如图 2.2b，全省平均气温均较常年偏低，省的东部、北部气温偏低更为明显，偏低 4 ℃以上。

降水 同样地，如图 2.3，2002 年 8 月 1 日—9 月 10 日全省平均降水和气温时间序列可见，8 月 9—20 日均有较明显的降水，持续 12 日，与气温较低时段相对应。取秋风时段的 8 月 9—23 日，全省各站累计降水量为 109.9～288.8 mm(图 2.2c)，除个别站为略多外全省大部均较常年特多(图 2.2d)。

2.1.3 大气环流特征

2002 年贵州省秋风较常年异常，主要表现为 2002 年 8 月 9—23 日出现持续时间长、范围广的特重级秋风过程，下面主要从大气环流方面分析这次特重秋风过程的原因。

500 hPa 由图 2.4a 可见，8 月 9—23 日，500 hPa 高度场上，欧亚大陆中高纬存在明显经向型分布，欧洲西部为高压脊，中东部为明显的低涡系统，经贝加尔湖至我国北方地区为高压

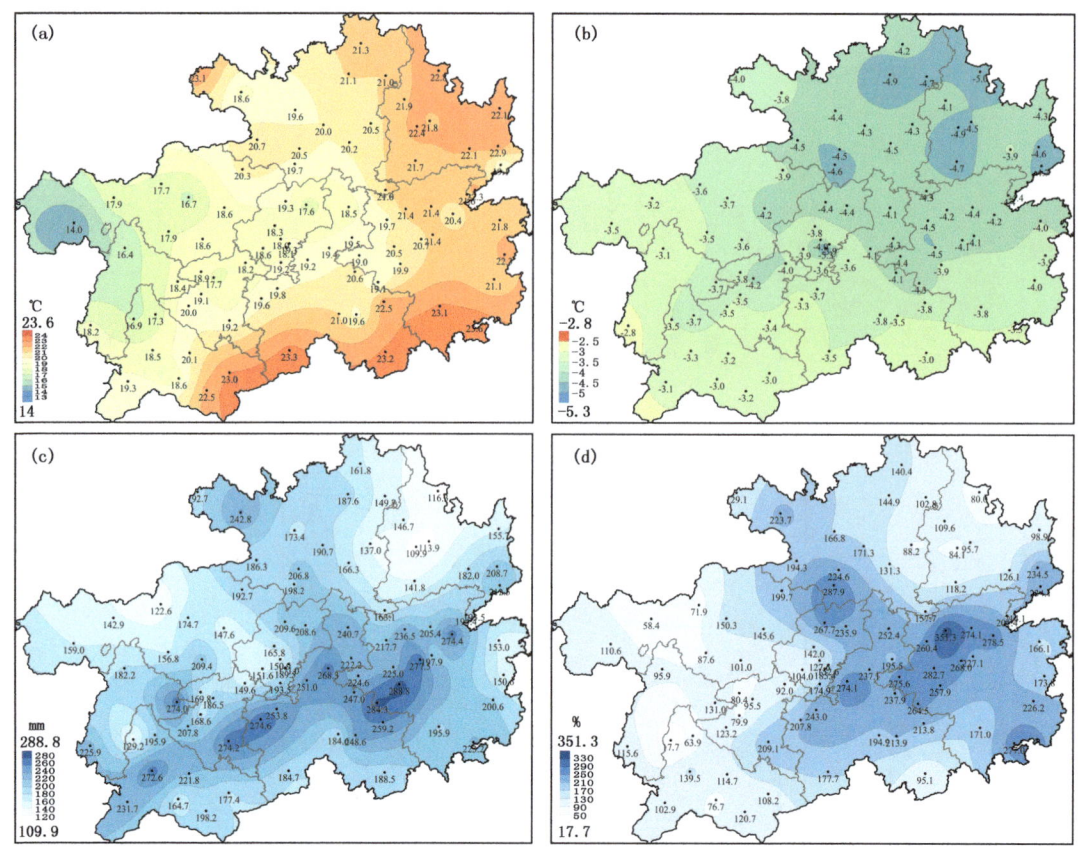

图 2.2 贵州省 2002 年秋风最长持续时间段对应的气温降水空间分布
(a)平均气温;(b)平均气温距平;(c)降水量;(d)降水距平百分率

脊,我国东北地区为明显的槽;而距平分布也可见,欧洲中东部为明显的负距平,欧洲西部、贝加尔湖至我国北方高度场偏高,我国西南地区大部、华中地区高度场偏低,西太平洋副热带高压位置较常年明显偏东,这也说明北方冷空气较为强盛、热带低值系统较为活跃,使得副高位置偏东、偏南。

850 hPa 而 850 hPa 上,中高纬地区同 500 hPa 一致,在欧洲西部、欧亚大陆东部为高压系统控制,且高度场较常年同期偏高,欧洲中东部至孟加拉湾一带为低压系统,高度场较常年同期偏低(图 2.4b);从风场来看(图 2.4d),在孟加拉湾和南海地区均存在气旋环流,气旋环流东侧偏南气流将水汽输送至贵州,为贵州带来较为丰沛的水汽。

海平面气压场 2002 年 8 月 9—23 日,欧洲西部为高压,欧洲中东部到亚洲西部为低压区,鄂霍次克海至东北太平洋地区为一高值中心的高压系统控制;从距平分布来看(图 2.4c),欧洲西部、鄂霍次克海至东北太平洋海平面气压较常年明显偏高,欧洲中东部到亚洲西部明显偏低,我国中东部地区较常年海平面气压偏高,而西南地区偏低为主。可见,地面上的气压分布表明,2002 年 8 月 9—23 日,欧亚大陆北部冷空气较强,并南下进入我国,使得我国地面气压偏高,冷空气影响我国。与此对应,地面风场上(图略),欧洲中东部为强气旋中心,孟加拉湾和南海同样存在气旋环流,而在我国中东部地区为偏北气流影响,气旋环流东侧偏南气流与北方南下的偏北气流在滇黔交汇,形成静止锋,并维持较长时间。因此,在 8 月 9—23 日,贵州省降水明显较常年偏多,气温偏低,导致贵州省出现特重级秋风过程。

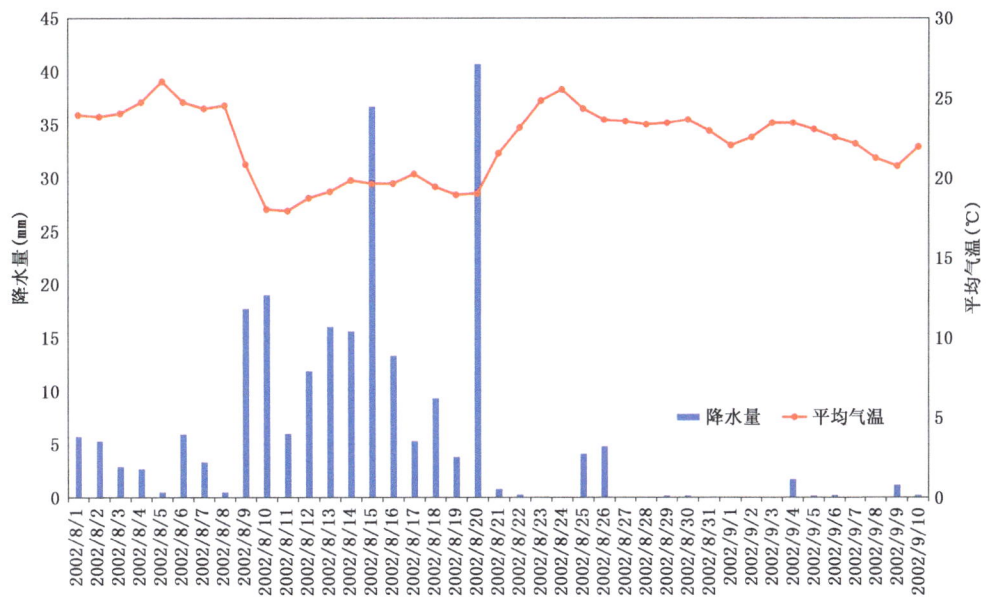

图 2.3　贵州省 2002 年 8 月 1 日—9 月 10 日平均气温(红实线)和平均降水(柱状)时间序列

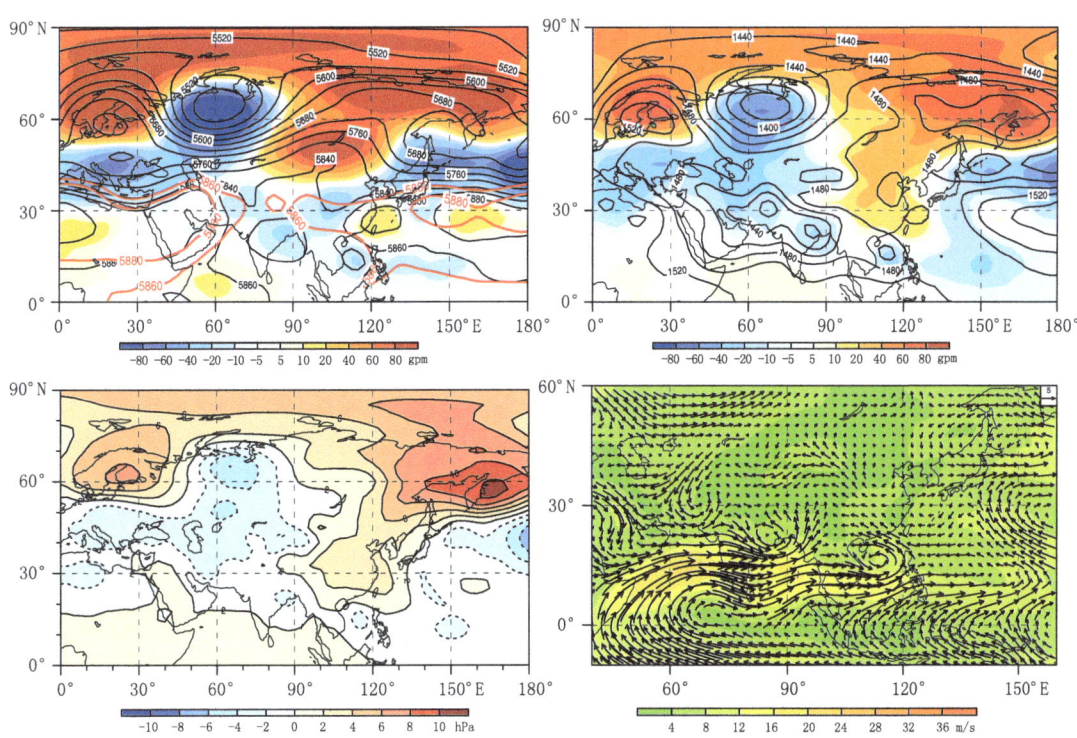

图 2.4　2002 年 8 月 9—23 日环流情况
(a)500 hPa 高度和距平;(b)850 hPa 高度和距平(黑色实线:高度场;红色实线:高度场多年平均值;
阴影部分:高度距平);(c)SLP 距平场;(d)850 hPa 风场

综上所述,2002年8月9—23日,欧亚大陆中高纬冷空气强盛,且环流存在明显经向型分布,利于冷空气南下影响贵州,西太平洋副热带高压位置较常年明显偏东,孟加拉湾一带的印缅槽、南海气旋式环流偏强,利于低纬水汽输送至贵州,为贵州带来较为丰沛的水汽。低纬地区偏南气流与北方南下冷空气在滇黔交汇,形成静止锋,维持较长时间,导致贵州省出现特重级秋风过程。

2.1.4 海温背景和8月台风活动

海温背景 从图2.5可见,8月份,赤道中东太平洋地区海表温度距平为正,即海温偏高,处于暖水状态;赤道西太平洋地区、南海地区海表温度偏低,处于冷水状态。赤道太平洋海表温度的这种异常状态,导致2002年8月西太平洋地区及南海一带热带低压(台风)偏少(吴国雄,1992),但登陆我国的台风偏多。

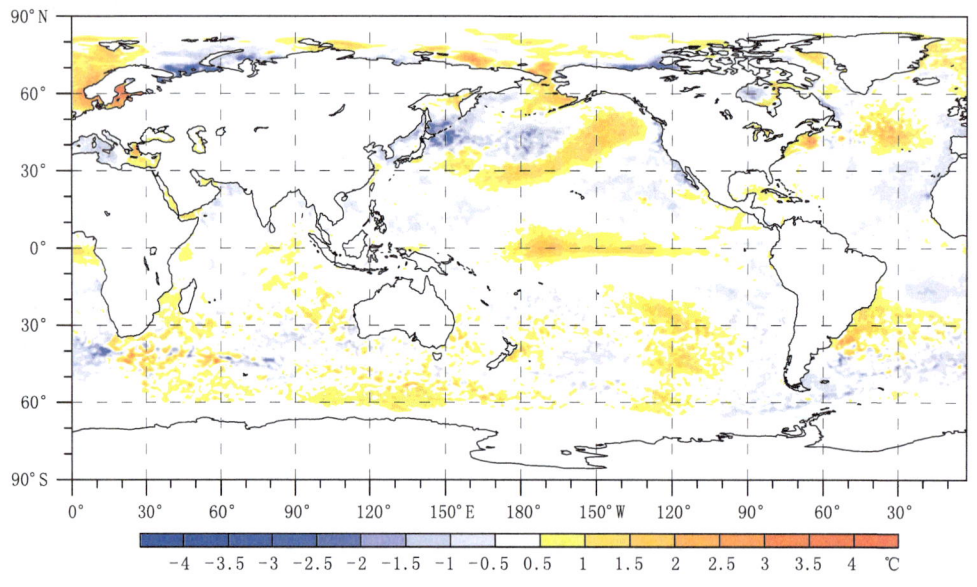

图2.5 2002年8月海表温度距平的空间分布

8月台风活动 8月是一年中台风最为活跃的月份,台风的气旋式环流能对西太平洋副热带高压、中低纬环流产生明显影响,从而影响气温和降水的时空分布。2002年8月,西北太平洋共出现4个台风(图2.6),比多年同期平均(5.74个)偏少1.74个,其中两个分别于8月5日和19日在我国汕尾附近和粤西登陆,比多年同期平均(1.91个)偏多0.09个,另外两个在8月14—19日、8月23日—9月1日期间在我国东部海面活动。台风从热带海洋带来大量水汽,在与西风带槽脊、西太平洋副热带高压相互作用时,对环流、气温和降水均产生明显影响。

2002年8月西北太平洋共出现4个台风,分别介绍如下。

台风"北冕" 2002年第12号台风,8月3日在南海北部发展为热带低压区,8月5日增强为强热带风暴并在汕尾附近登陆,其后继续向北移动,于当晚在江西省逐渐减弱为一个低压区。

台风"巴蓬" 2002年第13号台风,8月11日在关岛东南偏东海面形成,并于次日增强为热带风暴,8月13日进一步增强为强热带风暴,翌日更达至台风强度。随后四天继续在太平

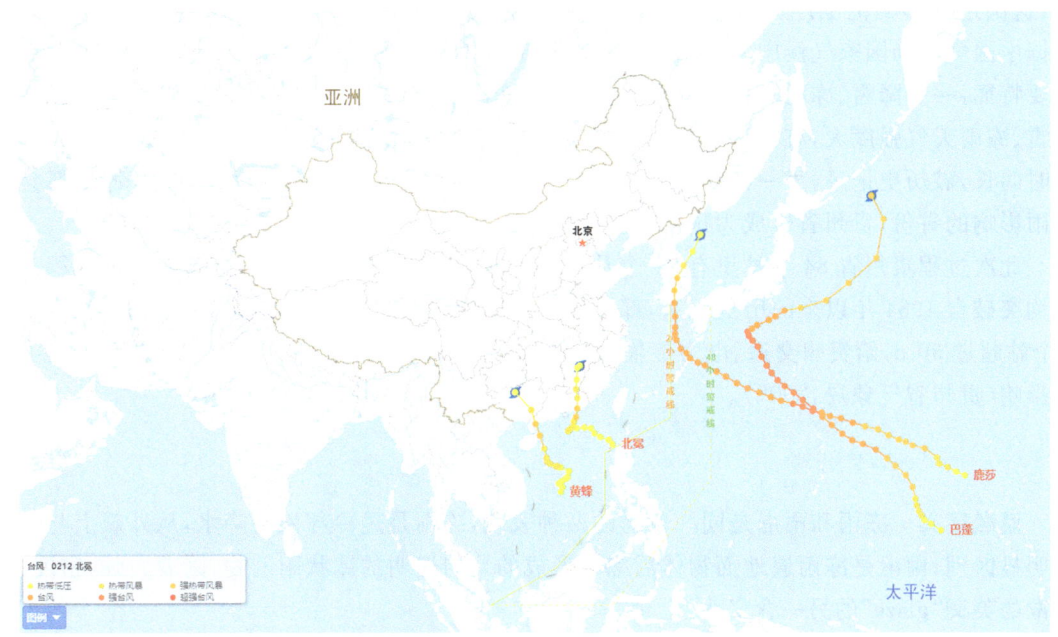

图 2.6 2002 年 8 月西北太平洋台风路径

洋上向西北推进,在 8 月 18 日突然转向东北,在 8 月 20 日减弱为强热带风暴,同日晚上转变为温带气旋。

台风"黄蜂" 2002 年第 14 号台风,8 月 15 日在西沙岛东南偏南约 280 km 处产生,向北偏西方向移动,8 月 18 日发展为热带风暴,8 月 19 日 14 时发展为强热带风暴,19 日 20 时于粤西登陆,20 日凌晨于湛江附近海面消散。

台风"鹿莎" 2002 年第 15 号台风,8 月 22 日在比基尼环礁以北、威克岛西南方向的季风槽出现的热带低气压向西北偏西移动。8 月 23 日清晨,气旋在关岛以东约 1800 km 海域增强成热带风暴并获名"鹿莎",世界时 8 月 25 日下午 18 时,日本气象厅将正位于北马里亚纳群岛东北方向洋面的系统升级成台风。8 月 31 日上午 08 时左右,台风"鹿莎"在韩国高兴郡登陆,9 月 1 日,风暴在经过韩国期间迅速减弱,清晨降级成热带低气压。

综上分析可知,由于 2002 年 8 月赤道中东太平洋地区海表温度异常偏暖,并在 Nino3.4 区最强,而赤道西太平洋地区、南海地区海表温度偏冷,这样的海表温度异常状态导致 8 月 9—23 日欧洲西海岸、鄂霍次克海至东北太平洋高空至地面为高压控制,欧洲中东部为低压控制,冷空气较强,欧亚大陆中高纬环流呈明显经向性,北方冷空气较强并南下。受台风环流影响,副热带高压偏东偏南;同时孟加拉湾地区印缅槽偏强,南海地区热带气旋环流活跃,印缅槽前及热带低压的偏南气流将海上丰沛的水汽输送至滇黔上空。低纬地区的偏南风与北方南下的偏北风交汇于滇黔一带形成静止锋并维持较长时间,导致这段时期贵州省气温偏低、降水偏多,从而造成贵州省此次持续时间最长的特重级秋风过程。

2.2 2008 年持续性雨凇过程

2008 年 1 月 13 日—2 月 2 日,中国南方经历了历史上罕见的大范围低温、雨雪和冰冻灾害,这次过程影响范围广,持续时间长,给南方的国民经济和人民生命财产造成了巨大损失。根据中国气象局国家气候中心和南方各省气象部门的统计及分析,这次低温冰冻过程有三个主要特征:一是降雪、冻雨和降雨3种天气并存,冻雨是导致南方致灾的主要原因;二是低温、雨雪、冻雨天气强度大,有8项气象要素打破同期中国历史记录;三是低温、雨雪、冰冻天气持续时间长,破历史记录(丁一汇等,2008)。冻雨是这次南方主要的致灾因子,作为每年都会受冻雨影响的省份,贵州省也成为这次低温冰冻过程受灾最严重的省份之一。

此次过程贵州省84个站里有79个县出现了冻雨,其中冻雨日数、影响范围和电线积冰厚度均突破自1984年以来的历史记录,部分地区冰冻持续时间达20 d,威宁、水城、开阳、万山等8个站超过30 d,给贵州交通、电力传输、能源供应、通信设施、农业生产和人民生活造成了严重影响(贵州省气象局,2009)。

2.2.1 低温雨凇过程

雨凇定义 冻雨和雨凇是同一事物的两种表现,冻雨是过冷却液态降水,从外观上与降雨无明显区别;雨凇是冻雨遇地面物体后冻结形成的均匀透明的冰状附着物,附着力强,密度大,雨凇的英文"glaze"的另一含义为"上釉"。

持续性低温雨雪冰冻事件的定义 在满足极端低温的基础上,还需要满足至少5个连续日的逐日最高温度低于0 ℃,同时在5个连续日中至少有4个降水日(降水量≥0.1 mm/d),并且起始三天不包含非降水日。当任一条件不满足时,持续性低温雨雪冰冻事件结束。基于区域事件识别方法,Qian等(2014)识别出2008年区域低温雨雪天气起止日期为2008年1月13日—2月2日,鉴于此,本小节以该时间段作为低温冰冻期间的分析时段,亦选取此时段作为贵州持续雨凇过程的主要研究时段。

全国雨凇日数 从全国1—2月的累计雨凇日数分布(图2.7a)来看,雨凇主要出现区域在河南东部、贵州、湖南、江西北部和福建中北部,其中以贵州和湖南南部日数最多,达到20~50 d,这一分布也与冬季多雨日区域相对应(图1.7d)。

全国单站极端连续冷日日数 在这次持续性低温雨雪天气过程中,全国多个测站达极端阈值或者超过历史极值,从全国单站极端连续冷日日数分布图(图2.7b)来看,达极端阈值或

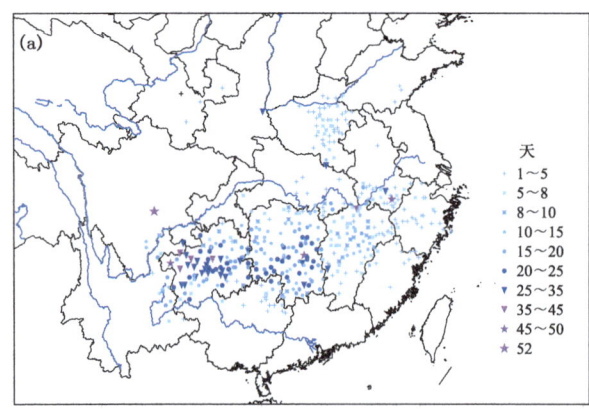 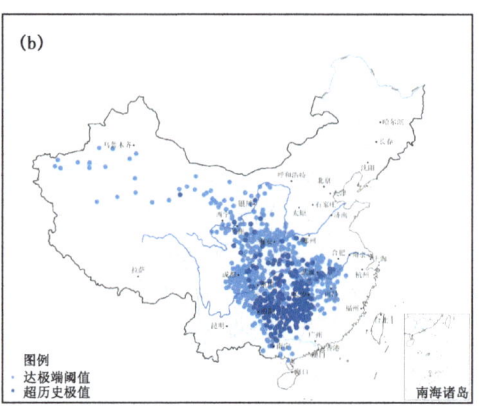

图2.7 (a)2008年1—2月雨凇日数空间分布(单位:d);
(b)2008年1月13日—2月2日中国单站极端连续冷日日数

者超过历史极值的测站主要分布于西北地区、华北西部、四川盆地;单站超过历史极值的测站主要集中在贵州东部、湖南、湖北、广西北部,此外,四川东部、陕西、河南南部等地区也有站点超过历史极值。

贵州省雨凇过程特征 由2007年冬季贵州省逐日平均气温、雨凇站数时间序列(图2.8)可见,气温变化主要分为三个阶段:1月1—12日升温阶段、1月13日—2月2日持续低温阶段、2月3—24日气温回升阶段。2007年12月1日至2008年1月12日日最低气温均在0 ℃以上,其中从1月1—12日,最高气温、最低气温、平均气温三者先是逐渐升高,日最高气温达18 ℃左右,日平均气温接近14 ℃左右,随后急剧下降,到12日平均气温已降至5 ℃以下;1月13日—2月2日,日平均气温持续处于0 ℃以下,且该时段大部分天数的日最高气温均在0 ℃及以下;从2月3日开始平均气温逐渐回升至0 ℃以上,至24日呈波动状上升至12 ℃左右。而降水(图2.8b)主要分布在三个时段:12月1—29日、1月12日—2月2日、2月17—28日,三个阴雨阶段日均降水量大多低于2 mm,最多不超7 mm。致灾阶段主要出现在逐日平均气温低于0 ℃,降水相态以冻雨为主的第二阶段。

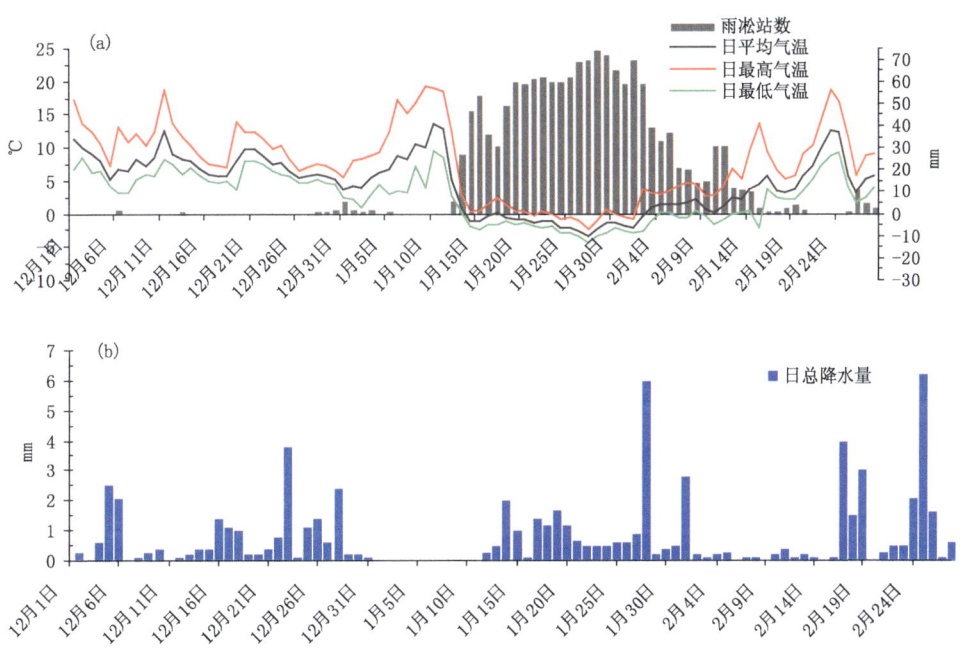

图2.8 2007年12月1日—2008年2月28日逐日要素时间序列
(a)平均气温与雨凇累计站数;(b)降水量

低温雨凇期间,贵州省平均气温空间分布(图2.9a)上,除黔西南州大部,黔南州南部,黔东南从江、榕江,铜仁的沿河、思南,遵义的赤水等位于省西南部、南部边缘、东北部边缘和西部边缘地区平均气温在0 ℃以上外,省内以开阳为中心的大部分地区平均气温均在0 ℃以下,以开阳县-4.4 ℃最低。雨凇期间全省累计降水量的空间差异较大(图2.9b),累计降水量大于25 mm的地区主要位于黔东南州、黔西南州南部,最大值为黔东南黎平的75.3 mm,累计降水量较少的区域在遵义大部、贵阳市西部、黔南州西北部,最少的遵义正安仅3.2 mm。

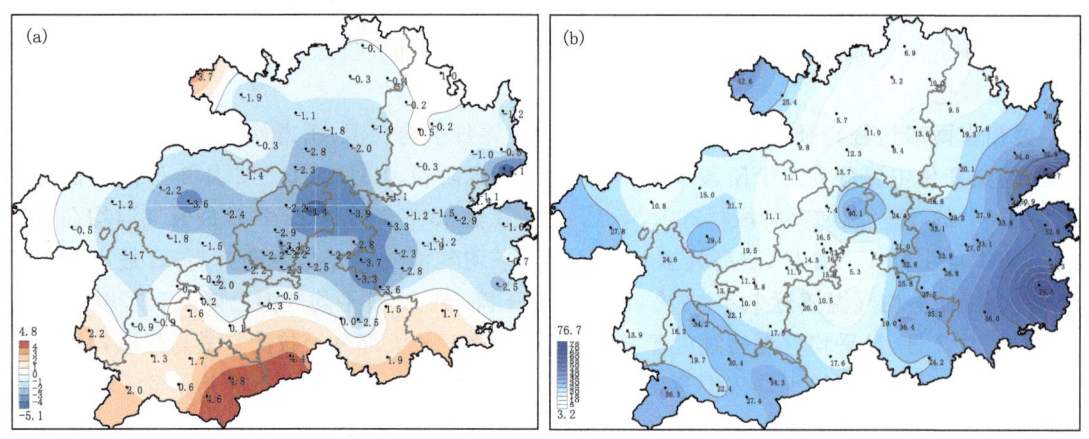

图 2.9 贵州省 2007 年 1 月 13—2 月 2 日:(a)平均气温(单位:℃),(b)累计降水量(单位:mm)

2.2.2 从全球阶段性气温距平看冷空气路径

如图 2.10a,2007 年 1 月 1—12 日,全球平均气温距平负值中心区位于欧洲南部、亚洲西部,负值中心高达−6 ℃,远低于常年同期平均值,大量强冷空气在这里堆积;而东亚地区、欧洲西部和北部、澳大利亚中西部、北美大陆为正距平,气温较常年偏高,局地偏高 6~8 ℃以上。全国平均气温的距平上,除新疆较常年同期偏低 1~2 ℃,局地偏低 2~4 ℃外,全国大部分地区平均气温较常年同期偏高 1~4 ℃,其中在青海东南部偏高 4~6 ℃。

如图 2.10b,1 月 13 日—2 月 2 日,冷空气向东、向南移动和扩展,共 21 d 的全球平均气温距平与前期相比,欧洲大部、俄罗斯北部气温正距平范围明显扩大并增强,其中欧亚大陆约 60°N 以北大部地区异常偏高 4~6 ℃以上,局地偏高 8 ℃以上。前期堆积在青藏高原以西的强冷空气,绕过青藏高原向东、向南推进,从西亚、中亚到东亚的一条东西向带状区域中,气温较常年偏低达 6~8 ℃以上。除青藏高原大部、云南和黑龙江部分地区气温偏高 0~2 ℃外,我国大范围偏低 1~8 ℃,其中新疆大部、西北地区东部、贵州、广西、湖南、江西、湖北、河南南部等地偏低 4 ℃以上,高原北部局地偏低达 8~10 ℃。

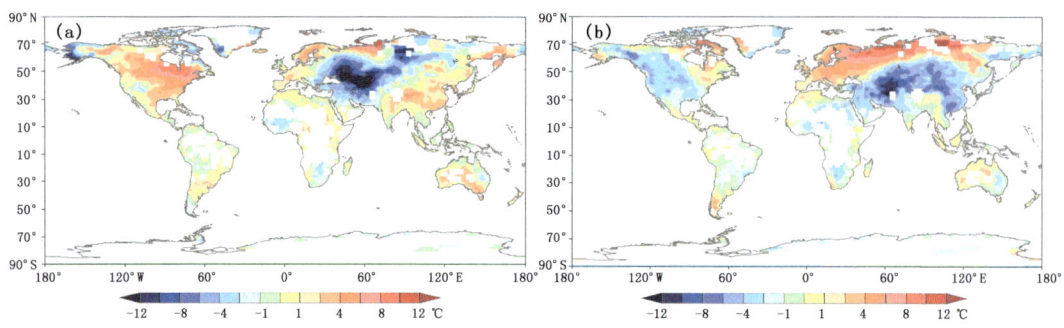

图 2.10 全球平均气温距平图:(a)1 月 1—12 日;(b)1 月 13 日—2 月 2 日

2.2.3 环流形势分析

1月1—12日500 hPa和850 hPa高度场、海平面气压及其距平场

如图2.11a,c,e为1月1—12日500 hPa、850 hPa、海平面高度场/气压场和距平场,1月上旬,在500 hPa高度场上,50°N以北的欧亚大陆中高纬度环流呈西高东低型,距平场上,欧洲大部、亚洲西部为正高度距平控制,俄罗斯中东部上空为的负高度距平控制。50°N以南的欧亚地区环流为西低东高型,中东地区为中高纬分裂出的切断低涡,印度半岛和中国大部分地区为正高度距平下的西北偏西气流和西太平洋副热带高压控制,表明西北太平洋副热带高压较常年同期显著偏强、偏西。

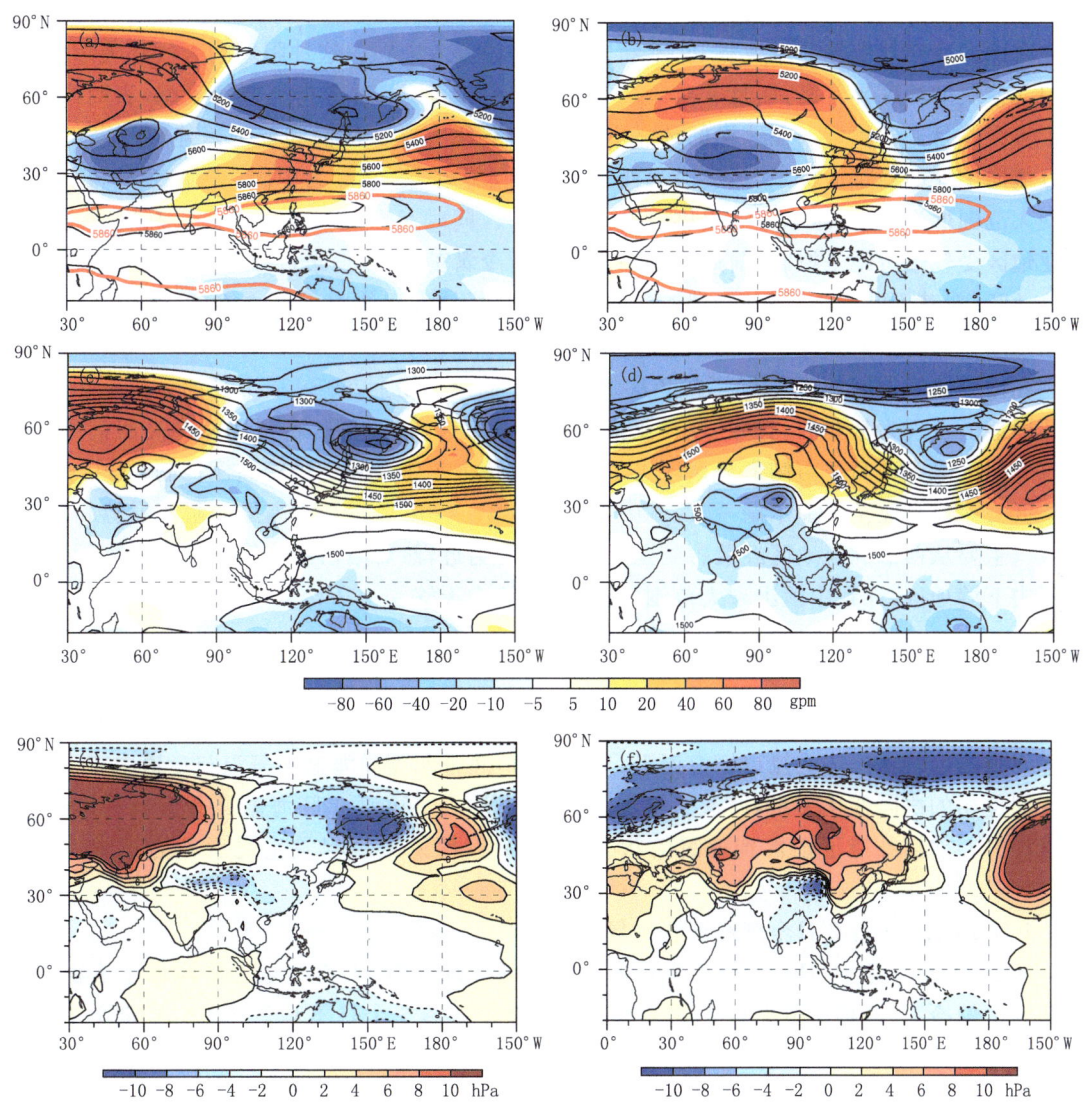

图2.11 2008年高度场及其距平场

(a)1月1—12日500 hPa距平场;(b)1月13日—2月2日500 hPa距平场;(c)1月1—12日850 hPa高度场;(d)1月13日—2月2日850 hPa高度场;(e)1月1—12日SLP距平场;(f)1月13日—2月2日SLP距平场

同期850 hPa高度场上,欧亚大陆中高纬度环流呈西高东低的形势,高压区位于欧洲大部、乌拉尔山及其附近地区,低压中心位于东亚大陆东北部。在其距平场上,正距平分布基本与高压区重合,乌拉尔山及其附近地区的阻塞形势深厚且稳定存在,东亚东北部、包含青藏高原和云南等地的我国西南地区为弱负距平控制,表明该地区低值系统的活动较常年相差不大。

1月1—12日海平面气压距平场,在欧洲大部、乌拉尔山及其附近地区、北太平洋东北部受正海平面距平控制,其中乌拉尔山地区中心正距平值超过8 hPa,对应着该地区主要受较强的冷高压控制,冷空气在此堆积,为随后冷空气不断从西伯利亚入侵我国奠定了基础。

1月13日—2月2日500 hPa和850 hPa高度场、海平面气压及其距平场

在低温冰冻期间的欧亚大气环流与前期截然不同,出现明显异常,表现为高空强西风在欧洲突然分支,北面的一支在乌拉尔山地区强烈地向北伸展,直到高纬的极地地区,然后南下,将极地寒冷的冷空气引导向东亚移动,不断以西方路径侵入中国。这种阻塞的大气环流形势,不但向北伸展的纬度异常高,而且从对流层500 hPa到850 hPa都维持类似的流型,表明这种环流形势深厚且非常稳定。在这样的环流形势下,冷空气主要从西伯利亚地区连续不断的自偏北方流向中亚的稳定低槽中,然后沿河西走廊南下入侵中国,直接为中国自西向东与自北向南出现大范围低温、雨雪冰冻天气提供了冷空气条件。同时,500 hPa与850 hPa高度上,西亚、中亚地区受较强负距平控制,前期位于中东的切断冷涡东移,使得来自西亚与中亚的低值系统十分活跃,在其不断东移过程中,把冷空气及源源不断的水汽往中国南方输送,这也是造成南方大范围冻雨的必要条件。

在低温冰冻期间的1月13日—2月2日,海平面距平场上,60°N以上高纬为负距平控制,中纬度地区表现为从非洲北部经过西亚至东亚大陆的带状正距平,表明地面冷高压南移。整个东亚地区除青藏高原南侧部分地区为负距平外,整个东亚大陆均受冷高压控制,其中正距平大值区为西伯利亚至贝加尔湖一带,其中心值高达8 hPa以上。与中高层的阻塞形势相配合,冷空气主要从西伯利亚地区经蒙古到达我国的河套附近,然后沿河西走廊南下入侵中国,直达长江中下游地区,导致中国出现大范围低温、雨雪冰冻天气。

2.2.4 海温与北极海冰背景

结合海温距平空间图(图2.12)和指数序列(图2.13a)可见,2007/2008年冬季,赤道中东太平洋为强度较强的典型拉尼娜海温型,通常而言,热带印度洋海盆的海温与赤道中东太平洋存在同位相的协同变化关系,而这一年比较特殊的是,在Nino3.4区海温显著偏低的情况下,印度洋海温前期维持了正常到偏暖的状态,只在持续性冰冻过程发生之后转为正常偏冷的状态。

1月13日—2月2日全球海温距平场

从2008年1月13日—2月2日的海温距平场可以看出,赤道中东太平洋海水表面温度持续异常偏冷,一般将赤道中东太平洋海表温度至少连续6个月不高于$-0.5\ ℃$定义为一次拉尼娜(La Niña)事件。这次拉尼娜事件与历史相比明显偏强,一出现就迅速增强,负距平中心低值达$-1.5\ ℃$。有研究表明,对于中国,拉尼娜事件发生的当年,会对冬季风和冬季天气气候产生影响,表现在当拉尼娜达到盛期的冬季,东亚冬季风偏强,出现异常的北风,亚洲中纬度大气环流的经向发展会异常强烈。由暖空气构成的高压脊可向北延伸到极区,引导那里的极冷空气频繁南下,侵入中国,造成中国北方和东部大部分地区气温偏低,长江以北地区降水

第 2 章 典型气候事件过程

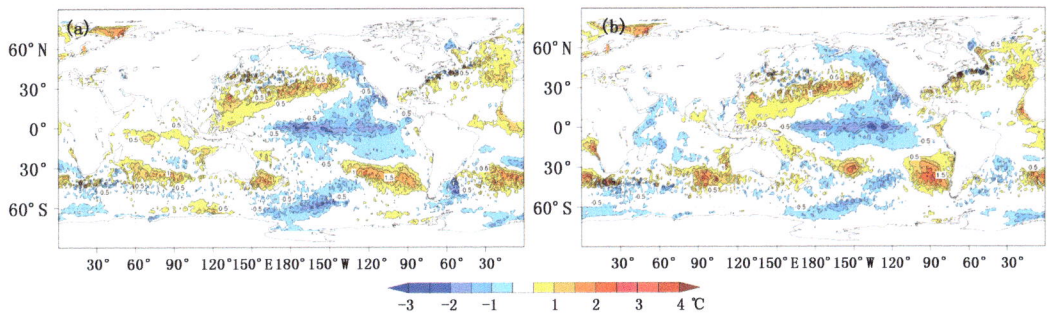

图 2.12 全球海温距平场：(a)2008 年 1 月 13—2 月 2 日，(b)2 月 3 日—3 月 3 日

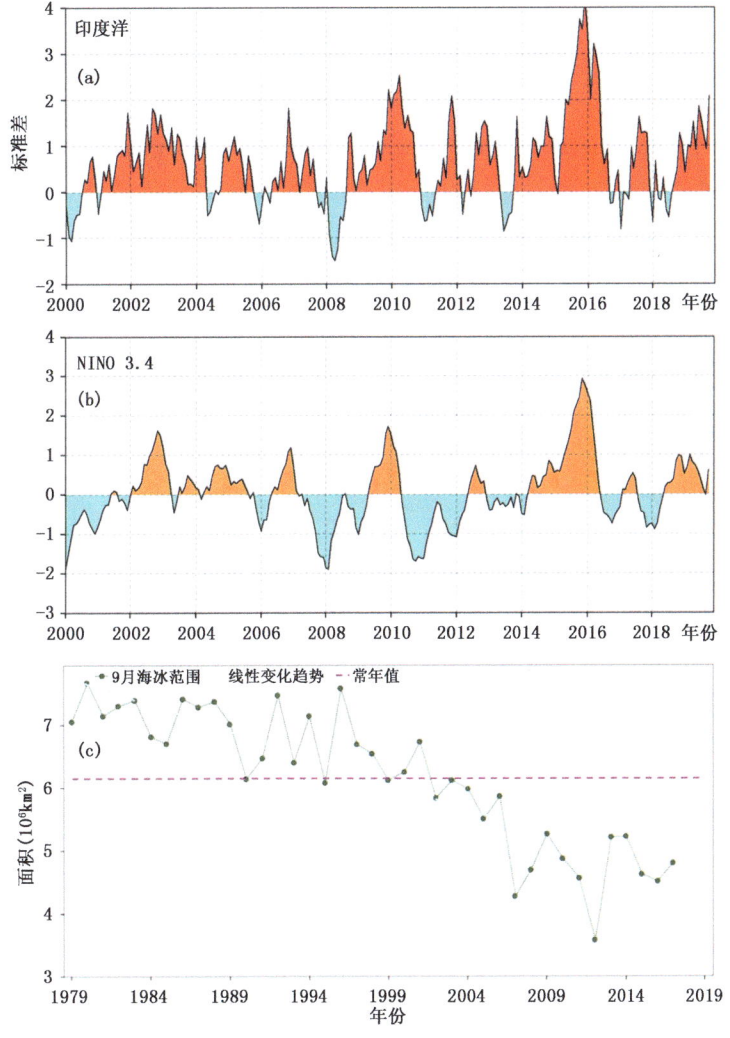

图 2.13 指数序列：(a)IOBW 海温指数；(b)Nino3.4；(c)9 月北极海冰范围的年际变化

偏多,南方降水偏少。但此次低温冰冻过程,南方降水较常年同期偏多,这一特征与以往的研究中拉尼娜事件对南方降水的影响有所不同,可能与热带印度洋海温反常的增暖,青藏高原以西的阻塞低涡的形成有直接原因,而机理还需进一步研究。

2月3日—3月3日全球海温距平场

从2月3日—3月3日全球海温距平可以看出,赤道中东太平洋海温仍然维持负距平,但与前一阶段相比,负距平中心东移了,低于－0.5 ℃范围缩小,但拉尼娜事件仍然持续。热带印度洋海盆的海温较前一阶段出现了快速而明显的转变,由正常到偏暖、海温正距平中心大于1 ℃,转为正常到偏冷、海温负距平最大达到－1 ℃以上。

此次低温冰冻灾害过程就是以拉尼娜事件为背景,它为中国的雨雪冰冻天气提供了侵袭中国的前提条件。其实无论是拉尼娜事件还是厄尔尼诺事件,一旦发生,就会通过海气相互作用对全球天气气候产生明显的影响。

北极海冰实况及影响

研究表明(武炳义等,2011;Francis et al,2009),9月份北极海冰范围与后期冬季大尺度大气环流异常相联系,海冰的减少能够加强西伯利亚高压,使得远东地区冬季早期显著冷异常和冬季晚期从欧洲至远东地区纬向分布的冷异常。2007年9月的北极海冰面积降到历史以来最低值(图2.13c),有利于当年冬季西伯利亚高压增强,强冷空气的堆积南下,是2008年初的低温雨雪冰冻过程的重要影响因子之一。

2.3 2009年夏季至2010年春季连旱

2009—2010年贵州发生了有气象记录以来最严重的干旱。从2009年7月18日至2010年4月6日,长达263 d的四季连旱,总体呈现持续时间长、影响范围大、灾害危害程度重的特点。干旱期间500 hPa环流场欧亚中高纬地区呈现北低南高,以纬向环流为主,冷空气偏北。从副热带高压(以下简称副高)指数上看,2009年8月至翌年3月都较常年偏强,面积持续偏大,西伸脊点在2010年1月之前明显偏西,北界在2010年1月之后明显偏北。由于孟加拉湾地区受到反气旋环流影响,水汽通道受阻,整层水汽总体表现较差,整层西风和南风水汽输送明显偏弱,与此同时,东亚大槽和北支锋区弱,冷空气渗入不到西南地区。另外,贵州受副高控制处于OLR高值的下沉区,孟加拉湾南支槽不活跃,造成贵州降水持续偏少。此次干旱历经夏秋冬春四季,全省9个市(州)均不同程度遭受旱灾。

2.3.1 过程演变与要素特征

干旱定义 利用贵州84站1961—2010年逐日、月平均气温和降水量资料,根据《贵州省干旱标准:DB 52/T 1030—2015》,定义本次全省性干旱过程各阶段的干旱强度(表2.1)。

过程演变 根据表2.1判定,2009年7月18日全省轻旱站数达到了25站,大于全省总站数的30%,因此确定这一天,全省开始进入干旱时段;在2010年4月7日特旱以上站数28站,小于全省总站数的35%,之后干旱范围缩小,干旱等级降低。所以本小节研究时段为2009年7月18日至2010年4月6日。2009年7月18日轻旱站数达到25站,因此本节认定这一天为干旱初始日;8月26日轻旱以上站数35站,其中中旱以上28站,进入中级夏旱;11月8日重旱以上29站,进入重级秋旱;12月1日中旱以上55站,其中重旱以上27站,进入重级冬

表 2.1 贵州省区域性干旱强度分级标准

干旱强度等级	分级标准(符合所列标准之一即可)
特重旱	①特重级旱的站数≥35% ②重级旱以上合计站数≥40%,其中特重级旱站数≥30%
重旱	①重级旱以上合计站数≥35% ②中级旱以上站数≥40%,其中重级旱以上站数≥30% ③重级旱以上合计站数≥30%,其中特重级旱的站数≥25%
中旱	①中级旱以上合计站数≥35% ②轻级旱以上合计站数≥40%,其中中级旱合计站数≥30% ③中级旱以上合计站数≥30%,其中重级旱以上合计站数≥25%
轻旱	①轻级旱以上合计站数≥30% ②中级旱以上合计站数≥25%
无旱	轻级旱以上合计站数<30%

旱;2010 年 1 月 21 日中旱以上 55 站,其中重旱以上 25 站,进入重级冬旱;2 月 25 日重旱以上站数 66 站,其中特重级干旱以上 26 站,进入特重级冬旱;特重级旱情持续到春季的 4 月 6 日,由特重级冬旱到特重级春旱,4 月 7 日特重级春旱解除(图 2.14)。

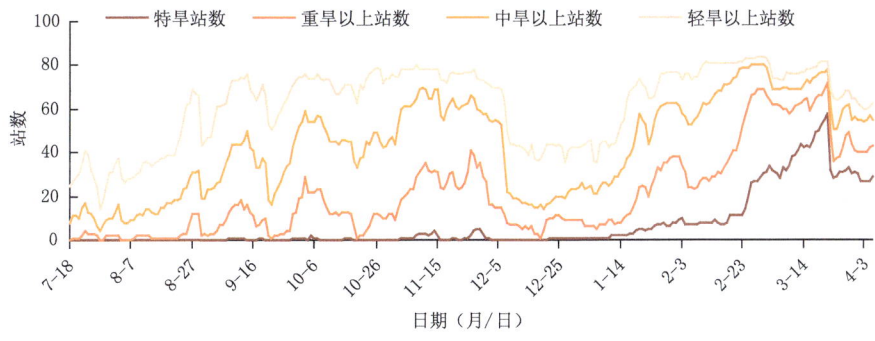

图 2.14 贵州省 2009 年 7 月 18 日—2010 年 4 月 6 日逐日各等级干旱站数

从达到中旱以上天数上看(图 2.15a),在整个干旱期间贵州省的西南地区旱情最为严重,望谟中旱以上的天数达到了 231 d,贵阳和黔南局部出现了 200 d 以上;到 11 月 8 日,全省除东北角及赤水、荔波和贵定外,都进入了中旱到重旱阶段,重旱的地区主要集中在省西南部、遵义大部和贵阳北部(图 2.15b);由于冬季属季节性少雨期,重级秋旱持续到冬季,演变成重级冬旱;3 月 1 日,进入春季后,旱情持续,重旱和特旱的范围进一步扩大,达到了特旱站点最多的一天,全省有 69 站达到特旱,维持特重春旱(图 2.15c);4 月 6 日,遵义和铜仁解除旱情,特旱的主要区域都集中在西部和南部,重旱的范围也有所缩小(图 2.15d),4 月 7 日全省解除特旱,至 6 月 17 日本次连旱完全解除(图略)。

气象要素特征 根据过程演变分析,本节研究时段为 2009 年 7 月 18 日至 2010 年 4 月 6 日。

降水 2009 年 7 月 18 日至 2010 年 4 月 6 日全省平均总降水量仅 385.8 mm,比常年同期平均值的 628.3 mm 偏少 38.6%,为历史最低值。总共 26 旬里降水量有 21 个旬偏少,占总数的 80.8%,其中有 17 个旬较常年偏少 3 成以上,有 12 个旬偏少 5 成以上,2 月下旬偏少达 1

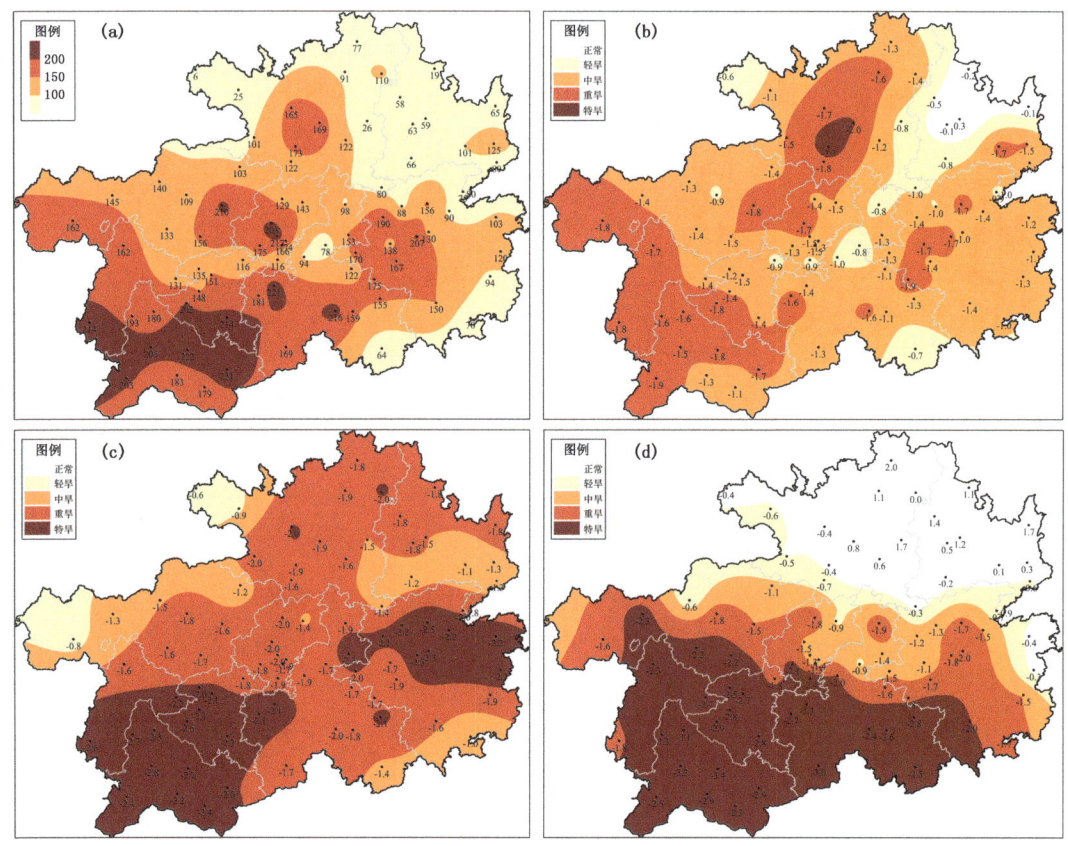

图 2.15 (a)2009 年 7 月 18 日至 2010 年 4 月 6 日中旱以上日数(单位:d);(b)2009 年 11 月 8 日干旱等级;(c)2010 年 3 月 1 日干旱等级;(d)2010 年 4 月 6 日干旱等级

倍(图 2.16a)。

气温 2009 年 7 月 18 日至 2010 年 4 月 6 日平均气温 14.3 ℃,比常年同期的 13.5 ℃偏高 0.8 ℃。总共 26 旬里旬平均气温较常年偏高的旬达 16 个,占总数的 61.5%,其中有 13 个旬偏高 1 ℃以上,8 个旬偏高 2 ℃以上,2 月下旬偏高了 6.4 ℃(图 2.16b)。

从以上降水和气温特征分析可见,2009 年夏季至 2010 年春季,贵州四季降水持续偏少,气温持续偏高,导致一次长达 263 天的特重级四季连旱。

2.3.2 海温背景

Nino3.4 指数 由图 2.17 可见,2009—2010 年,有 11 个月海温距平指数≥0.5 ℃,最高值出现在 12 月,达到了 1.8 ℃,进入五月份之后指数迅速回落,从 0.5 ℃以上迅速降到 0 ℃以下。在该指数大于 0.5 ℃的 2009 年 5 月 18 日至 2010 年 5 月 2 日期间,也正是贵州旱情发展形成并持续的阶段。

厄尔尼诺(El Nino) 热带西太平洋上空对流层低层反气旋环流从 2009 年秋一直维持到 2010 年春季,对于我国西南地区的持续性干旱有着重要的影响。从图 2.18 中可以看出,2009 年 8 月以来,除赤道中东太平洋以外,热带印度洋的海表温度也呈快速增暖状态,在冬季达到

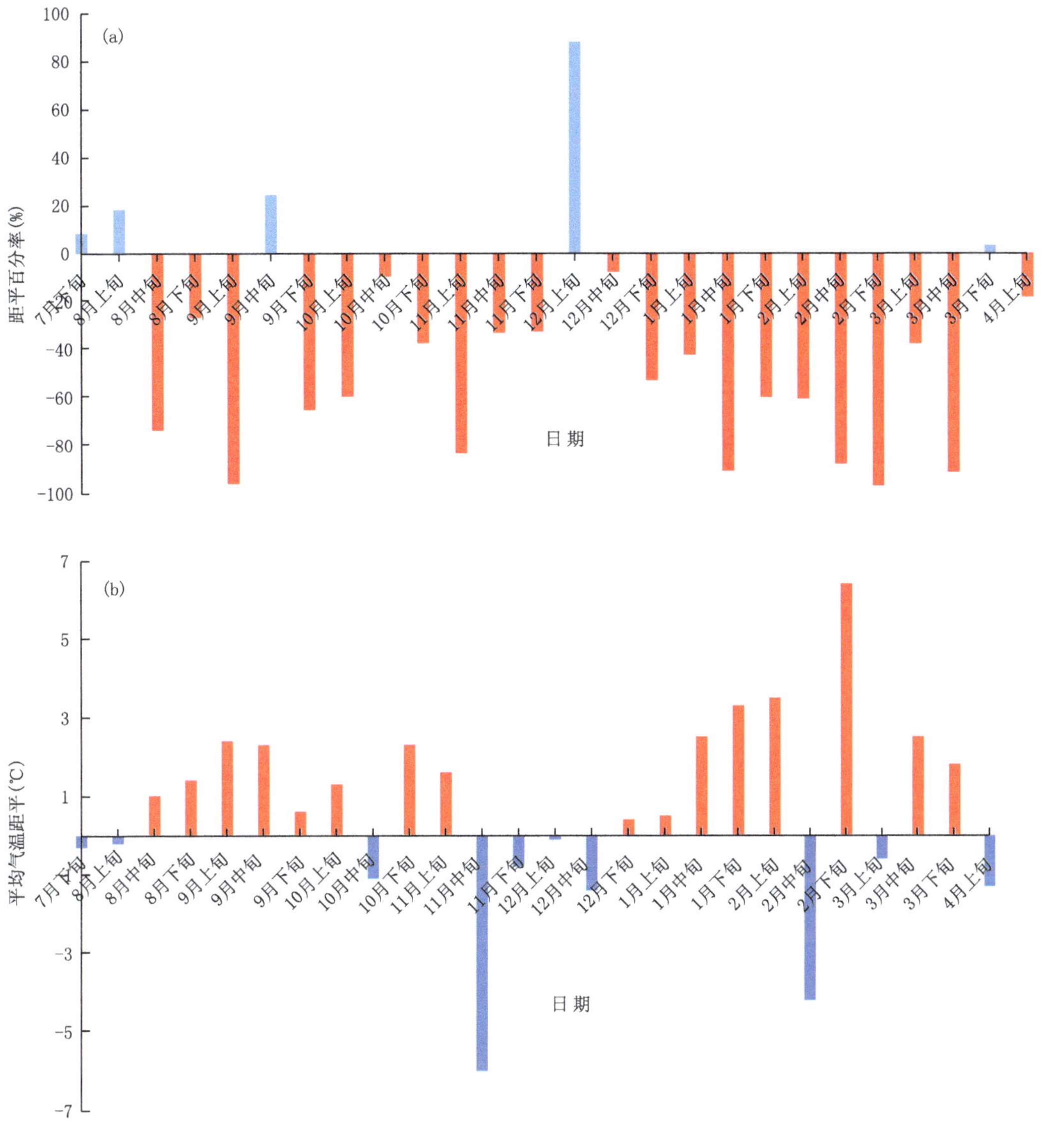

图 2.16 2009年7月下旬—2010年4月上旬:(a)降水量距平百分率;(b)气温距平

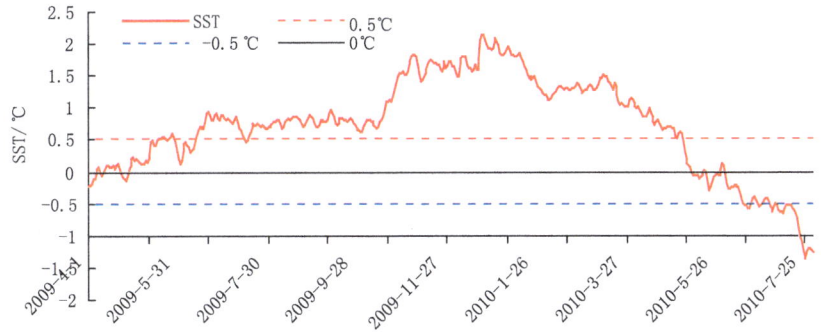

图 2.17 2009年3月至2011年2月 NiNo3.4 指数变化

最大正距平1.5 ℃。印度洋海表面异常增温,使得西太平洋反气旋环流比常年增强许多,阻碍了本应该输送到我国西南地区的暖湿气流,从而造成西南地区的干旱。研究表明在厄尔尼诺事件成熟之后,热带西太平洋上空会出现反气旋性环流的异常,西南地区受到这种异常环流的影响,水汽输送被切断(Wang et al,2003)。从图2.18b,c中可以看出,这次厄尔尼诺事件在2009年秋季快速发展加强,冬季成熟,之后逐渐衰减,2010年春季正处于本次厄尔尼诺事件的衰减期。依据前人的研究结果(张人禾等,1998),在2009年冬季和2010年春季热带西太平洋上空对流层下层将出现反气旋环流异常,与上述文献分析结果一致。相关研究表明(黄荣辉等,2012),热带印度洋冬、春季海表温度与我国西南和中印半岛上空的冬、春降水呈现很好的负相关。当热带印度洋冬、春季海表温度偏高时,我国南海、孟加拉湾和中印半岛上空低层反

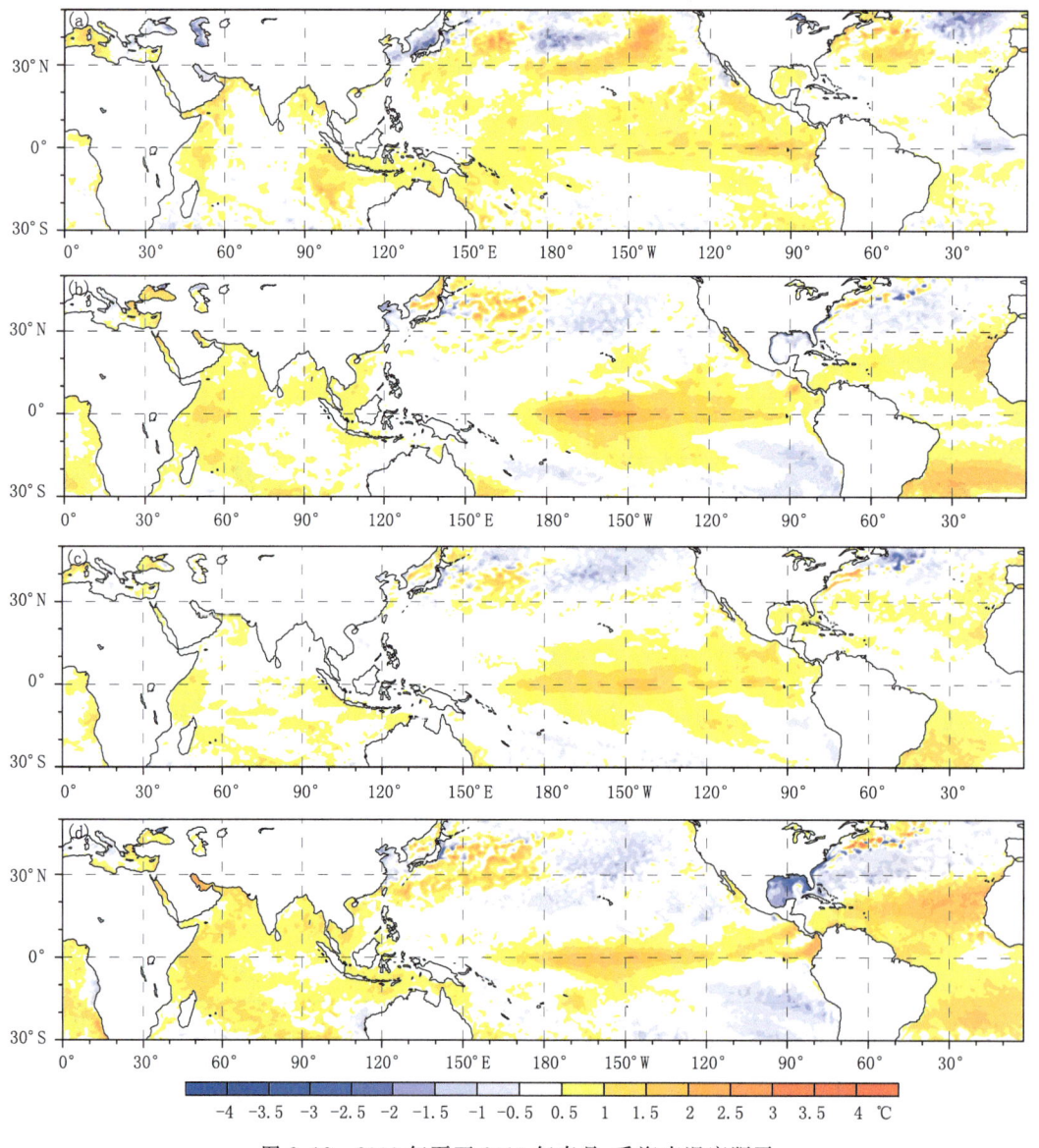

图2.18 2009年夏至2010年春月、季海表温度距平
(a)2009年8月;(b)2009年秋季;(c)2009/2010年冬季;(d)2010年3月

气旋异常环流偏强;反之,低层气旋环流异常偏弱。

2.3.3 环流特征

500 hPa 环流 季节性干旱与大尺度的环流背景有着紧密的联系(池再香等,2012)。2009年夏季以来,由于副高持续偏大偏强,南支槽明显偏弱,导致水汽输送很差(姚正兰等,2011)。与此同时,冷空气活动的路径偏东,到达不了云贵地区,冷暖空气很难在云贵汇合,造成降水偏少(徐辉,2010)。

2009年8月,西太平洋副热带高压控制我国南方大部地区,该区域500 hPa高度场都是正距平,高空槽不活跃,冷空气强度偏弱(图2.19a)。秋季,欧亚地区为西高东低的距平形势,乌拉尔山为弱脊区,我国的青藏高原也为一弱脊,西太平洋副高偏大偏强,副高面积和强度为1951年以来排位第五位,高原以东大部分在5 gpm的正距平(图2.19b)。冬季,副高位置略有南调,贝加尔湖地区为负距平,冷空气活跃起来,但总体势力较弱,冷空气路径偏东。南支槽地区也表现为正距平,南支槽较常年偏弱,不利于孟加拉湾的水汽输送,造成西南地区降水少,气温高,蒸发量大,干旱情况加剧(图2.19c)。3月,我国除东北外,基本都在10~20 gpm的正距平范围内,东亚大槽表现弱,环流平直,北支锋区不活跃,不利于降水的形成,所以进入春季后,干旱持续发展(图2.19d)。

西太平洋副热带高压 本节统计了贵州干旱期间副高的5项指数(表2.2)。副高强度指数从2009年8月至翌年3月都较常年偏强,仅在11月略有调整;面积指数都是正距平,说明副高持续偏大;西伸脊点指数仅在1月和2月有所回落,其余月份显著偏西;脊线指数在2009

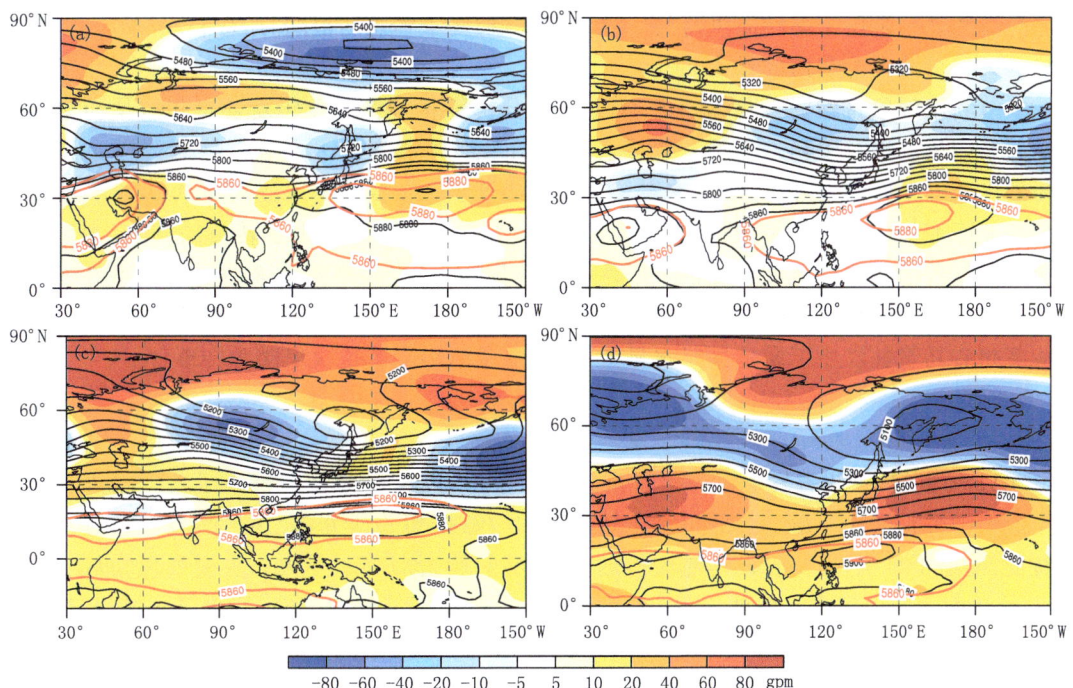

图2.19 2009年夏至2010年春500 hPa月、季位势高度距平
(a)2009年8月;(b)2009年秋季;(c)2009/2010年冬季;(d)2010年3月
(黑实线:高度场;红实线:气候态;阴影:高度距平)

年 8—12 月为 0 或负,2010 年以后为正,表明 2010 年以后副高位置略有北抬;北界指数从 10—12 月为负距平,其余时间段内都是正距平,说明北界位置总体偏北,尤其在 3 月份到了高峰。受到强大的副高控制,贵州受到下沉气流影响,这种环流形势下,对我国西南地区的影响是气温较常年偏高,降水量较常年偏少,易造成干旱。此次干旱贵州全省受灾总人口 1868.9 万人,饮水困难人口 557 万人;农作物受灾面积 163.9 万 hm^2,其中成灾 105.6 万 hm^2,绝收 49.47 万 hm^2;因灾造成直接经济损失 132.3 亿元,其中农业直接经济损失 92.51 亿元,工业、基础设施等损失 39.79 亿元。灾害还造成 267 万头大牲畜饮水困难。

表 2.2　2009 年 8 月至 2010 年 3 月各月西太副高特征指数及其距平

副高指数	2009 年 8 月		2009 年 9 月		2009 年 10 月		2009 年 11 月		2009 年 12 月		2010 年 1 月		2010 年 2 月		2010 年 3 月	
	原始值	距平	原始值	距平	原始值	距平	原始值	距平	原始值	距平	原始值	距平	原始值	距平	原始值	距平
强度指数	73	+38	83	+45	56	+24	24	−2	29	+9	23	+9	36	+23	43	+28
面积指数	38	+17	36	+15	28	+10	19	+4	19	+7	17	+9	15	+7	20	+11
西伸脊点	96	−23	96	−15	100	−7	100	−10	100	−7	105	+2	90	+3	90	−4
副高脊线	27	0	25	0	18	−2	19	−1	15	−1	14	+3	12	+2	16	+5
北界位置	33	+1	31	+1	22	−3	23	−1	16	−1	18	+5	17	+5	21	+7

2.4　2011 年夏初旱涝急转分析

旱涝急转　是指干旱转向洪涝的一种自然现象,属于客观的范畴,通常表现为从一段持续干旱的天气突然转为易涝的暴雨天气。

本节利用气象台站资料及 NCEP/NCAR 再分析资料,对 2011 年夏初贵州省旱涝急转事件及其影响机制进行了初步分析。结果表明前期 5 月降水偏少,6 月初一次强降雨过程使得贵州省迅速由旱转涝,伴随严重的灾害。这次过程和前期高度场上东亚大槽东移、西太平洋副热带高亚西伸加强有密切关联;在海平面气压场上,东亚地区距平由正转负的调整,为贵州省这次降水过程的暖湿气流汇合提供了条件;而前期赤道中东太平洋较强的拉尼娜事件强度逐渐减弱,使得副高突然西伸且持续,对冷暖空气在我国长江中下游地区交汇提供了有利条件,造成贵州省乃至长江中下游地区降水异常偏多且持续,形成了这次旱涝急转事件。

2.4.1　过程演变与要素特征

2011 年夏初,贵州省发生了一次旱涝急转现象,给人民生命财产带来了重大损失。此次过程是伴随着长江中下游地区的旱涝急转出现的。根据相关研究,此次旱涝急转具有三个显著特征:前期干旱维持时间长、旱涝转折迅速且剧烈、转折后降水量大。主要表现为从 1 月到 5 月,长江中下游地区降水整体偏少,出现严重干旱现象;6 月初,伴随一场强降水过程,长江中下游迅速由旱转涝,整个过渡时间不到一周,转变十分迅速剧烈(封国林等,2012)。图 2.20 为贵州省 1—9 月逐旬降水量及其距平的时间序列分布图,从图中也可看出发生在 6 月上旬的旱涝急转事件。

王胜等(2009)结合淮河流域旱涝规律和降水记录提出了一种旱涝急转标准:即前期淮河流域降水持续偏少且半数以上台站连续两旬降水距平百分率偏少 50% 以上,而后出现一次强

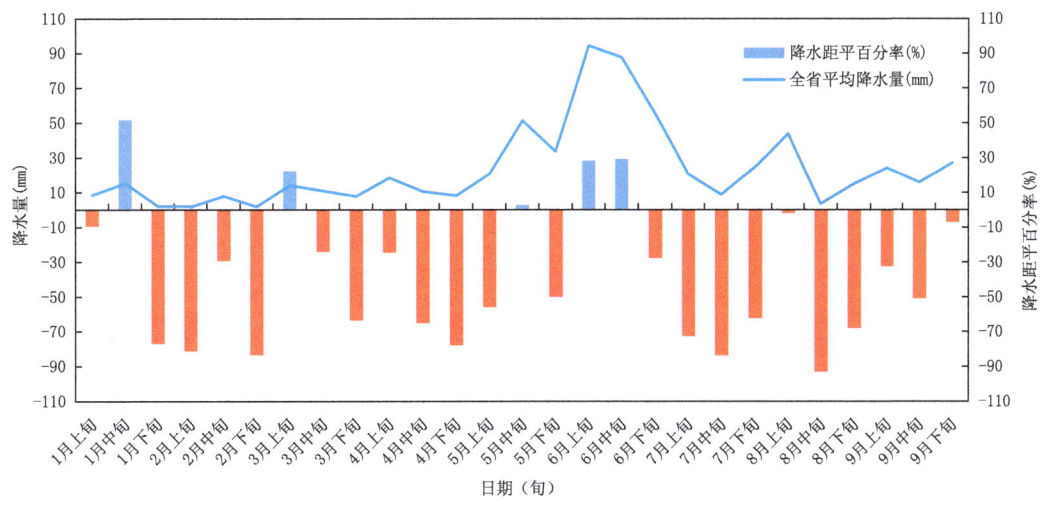

图 2.20　2011 年 1—9 月旬降水量及其距平百分率时间序列
（左轴为降水，mm；右轴为距平百分率，%）

降水使得半数以上站点降水距平百分率偏多 50% 以上。

要素特征：

根据上述定义，贵州省全省平均的降水序列 5 月份降水距平百分率几乎均为负，而在 6 月 3—7 日间贵州省发生了一次强降水过程，改变了贵州省原本干旱的状态（图 2.21），降水距平百分率由负转正，是有旱涝急转的可能。

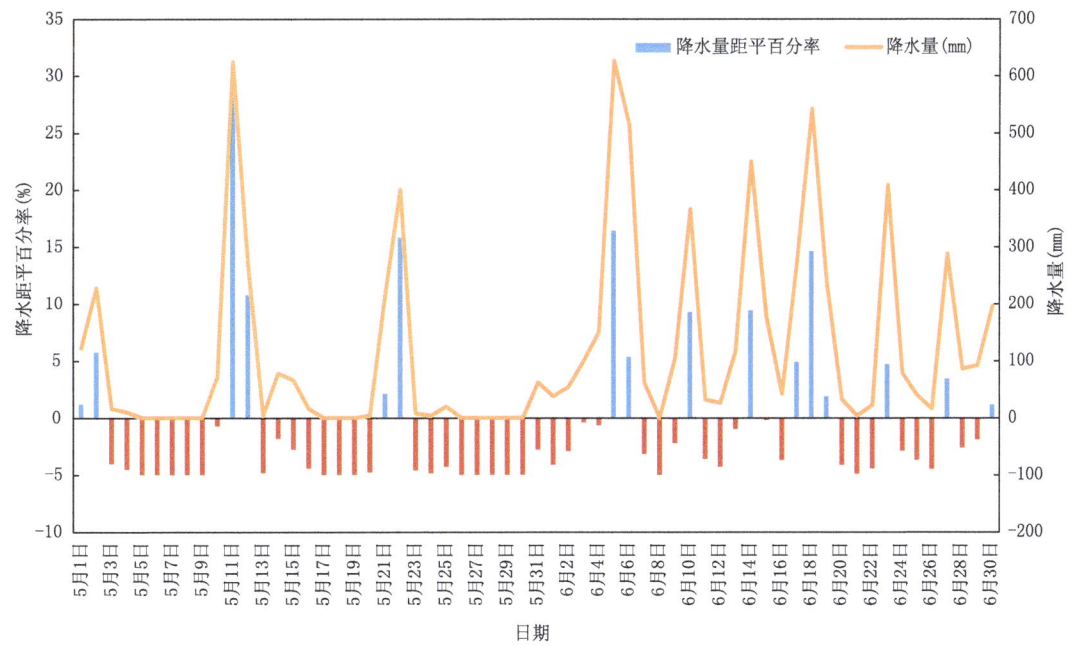

图 2.21　2011 年 5 月 1 日—6 月 30 日降水量及其距平百分率时间序列
（左轴为降水距平百分率，%；右轴为降水量，mm）

过程演变：

2011年贵州省6月3日之前2旬降水量(图2.22a)表现为大部分地区较小,基本少于100 mm,对应的降水距平百分率(图2.22c)表现为除丹寨站外,其余各站均偏少两成以上;在省的中部、西部、北部地区降水距平百分率均小于－50%,而在6月3—7日的强降水过程中(图2.22b),黔西南州、安顺、黔南州大部、贵阳市、黔东南州北部、铜仁市和遵义地区南部均出现了50 mm以上的降水,特别是黔西南州的贞丰和兴仁以及省的东部地区出现了大于100 mm的降水。这种集中的强降水改变了省内前期干旱的格局,导致省的中、东及西南部分地区降水距平百分率均超过50%(图2.22d),特别是上述降水量大于100 mm地区的降水距平百分率甚至达到100%以上,超过半数以上的站点达到旱涝急转标准,因此得出结论,2011年6月初除贵州省的西部及北部边缘地区外,大部分地区形成了一次显著的旱涝急转事件。

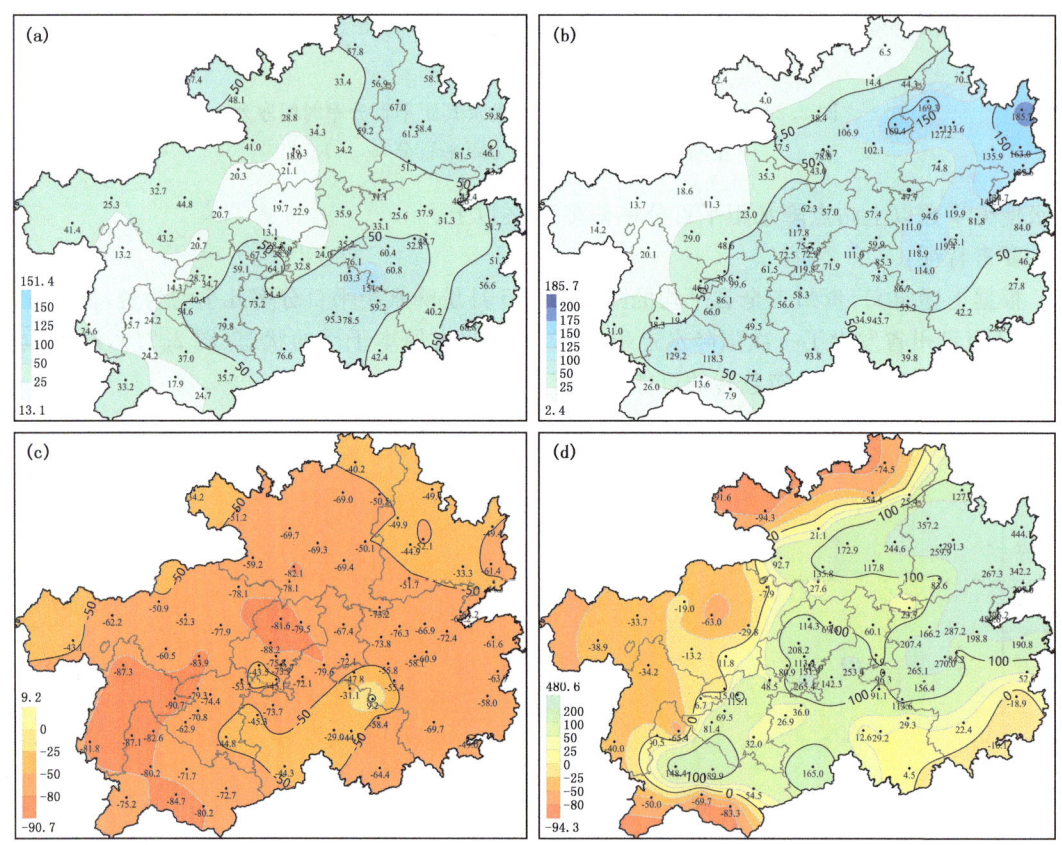

图2.22 2011年:(a)旱涝急转发生前2旬降水量(mm);(b)集中降水时段降水量(mm);
(c)旱涝急转发生前2旬降水距平百分率(%);(d)集中降水时段降水距平百分率(%)

为进一步描述此次旱涝急转事件,引入气象干旱综合指数MCI(meteorological drought composite index),它的定义为:

$$MCI = Ka(a \times SPIW_{60} + b \times MI_{30} + c \times SPI_{90} + d \times SPI_{150})$$

式中:MCI为气象干旱综合指数;Ka为季节调节系数,不同地区各自确定;$SPIW_{60}$为近60 d标准化权重降水指数;MI_{30}为近30 d湿润度指数;SPI_{90},SPI_{150}分别为90 d和150 d标准化降水指数,用逐日降水资料和日平均气温资料进行求解,具体计算方法参考国标;a,b,c,d 为各项的权重系数,应根据当地气候状况和季节变化进行调整。计算出干旱指数后,对干旱进行等级划分如表2.3。

表 2.3 气象干旱综合指数等级划分标准

等级	类型	MCI	干旱影响程度
1	无旱	>-0.5	地表湿润,作物水分供应充足;地表水资源充足,能满足人们生产生活需要。
2	轻旱	$-1.0\sim-0.5$	地表空气干燥,土壤出现水分轻度不足,作物轻微缺水,叶色不正;水资源出现短缺,但对人们生产、生活影响不大。
3	中旱	$-1.5\sim-1.0$	土壤表面干燥,土壤出现水分不足,作物叶片出现萎蔫现象;水资源短缺,对人们生产生活产生影响。
4	重旱	$-2.0\sim-1.5$	土壤水分持续严重不足,出现干土层,作物出现枯死现象,产量下降;河流出现断流,水资源严重不足,对人们生产、生活产生较重影响。
5	特旱	$\leqslant-2.0$	土壤水分持续严重不足,出现较厚干土层,作物出现大面积枯死,产量严重下降,甚至绝收;多条河流出现断流,水资源严重不足,对人们生产、生活产生严重影响。

通过计算贵州省各站气象综合干旱指数(MCI),图2.23为2011年1—9月逐日干旱站数时间序列。从图2.23中可知,从1月至5月下旬贵州省干旱站数在逐渐增加,最多时轻旱以上站数达到了80余站,但在6月上旬出现骤减,旱情得到缓解。结合图2.24可知,在旱涝急转发生之前,全省除南部地区外,其余地区处于干旱的状态,且大部分地区为特旱(图2.24a),但是在6月3—7日的集中降水期过后,全省大部分地区的干旱程度得到明显缓解,省的中东部一带干旱消失,北部及西部的干旱等级下降明显(图2.24b)。因此,这也在一定程度上反映出此次旱涝急转事件的状况。

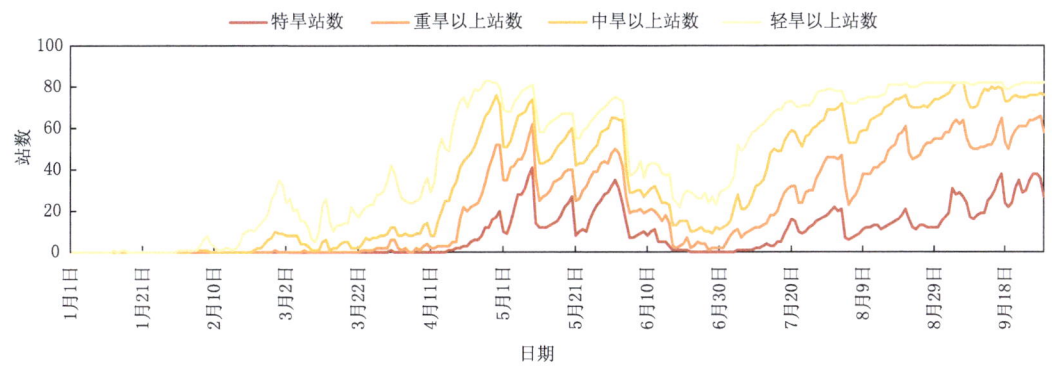

图 2.23 贵州省2011年1月1日—9月30日逐日干旱站数时间序列

2.4.2 环流演变

通过分析旱涝急转发生前、后时期的大气环流异常因素,对其降水异常变化成因及机制进行简要分析。

急转期前2旬(5月14日—6月2日)及急转集中降水时段(6月3日—6月7日)内的500 hPa 高度场距平分布如图2.25所示:

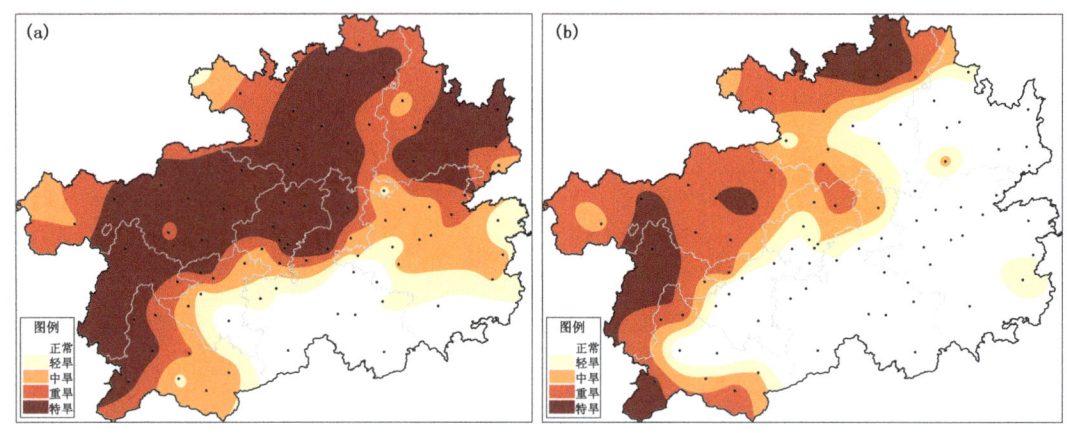

图 2.24　2011 年:(a)旱涝急转发生前贵州省干旱站数分布;(b)急转发生后贵州省干旱站数分布

(1)5 月 14 日—6 月 2 日东亚大槽位于 120°N 附近,大槽异常偏西、偏强,贵州位于槽后,受西北气流控制;而西太平洋副高位于 130°N 的洋面上,副高偏东偏弱(图 2.25a)。封国林等(2012)通过研究 500 hPa 高度场异常型稳定量分布发现西伯利亚地区有一高压中心存在,且势力强大,在我国长江中下游地区无法形成冷暖交汇的局面。冷空气异常活跃,不断有冷空气入侵,是造成这一时期持续性干旱的原因之一。而在太平洋上,副热带高压对应地区变化略有偏强。北太平洋区为负值中心。南海季风偏弱,不利于长江中下游地区降水。

(2)在 6 月 3—7 日 500 hPa 高度场距平分布如图 2.25b 所示,东亚大槽明显东移至 130°N 的日本—中国东部沿海一带;西太平洋副高加强,并突然西伸至 105°N 附近,使得副高外围反气旋式环流可以将水汽可以输送至贵州地区,南海季风由弱转强,配合水汽输送产生降水。

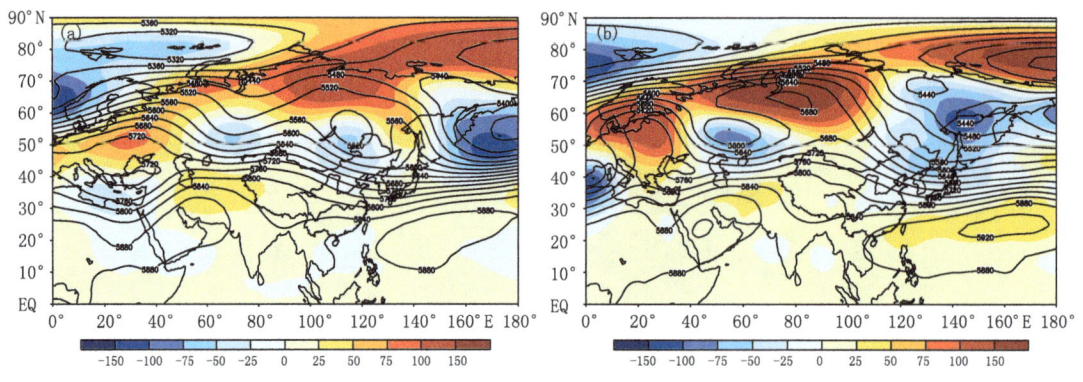

图 2.25　2011 年 500 hPa 高度及距平场(等值线:高度场;阴影:距平;单位:gpm)
(a)旱涝急转发生前 2 旬;(b)集中降水时段

急转期前 2 旬(5 月 14 日—6 月 2 日)及急转集中降水时段(6 月 3 日—6 月 7 日)内的海平面气压场距平分布如图 2.26 所示:

(1)急转发生前 2 旬(图 2.26a),与气候态相比东亚地区几乎均为正距平区,而乌拉尔山东部为负距平区,这种北低南高的配置,不利于冷空气南下;在海陆差异方面来看,南海地区为负距平区,陆地为正距平区,海陆热力差异较小,也不利于来自海上的水汽输送到大陆地区。因此这种干热的配置,使得贵州省 5 月 14 日—6 月 2 日不利于发生降水。

(2) 急转发生时(图 2.26b),海平面气压场的配置发生了明显的改变,整个东亚地区几乎全都转为负距平区,夏威夷高压地区为正距平区,使得海陆气压差增加,利于海上水汽输送至我国南方地区;与此同时北半球高纬度地区为正距平控制,这种北正南负的距平场配置,利于冷空气南下与海洋上的暖湿气流汇合产生降水。

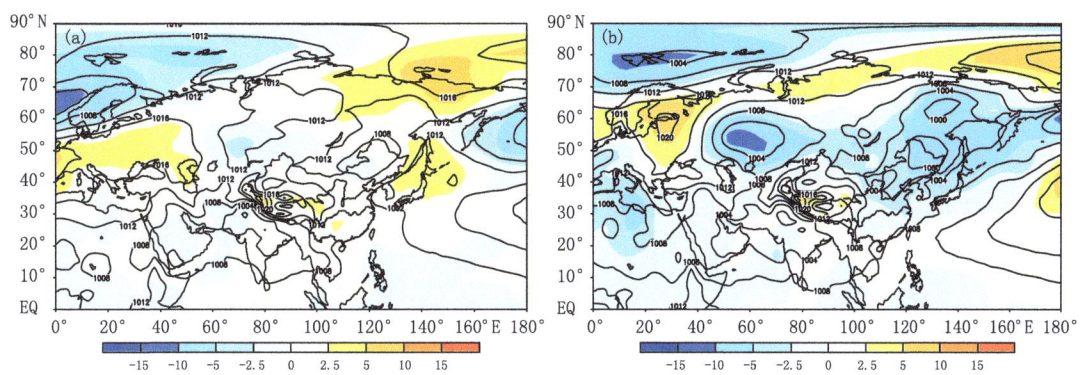

图 2.26　2011 年海平面气压及距平场:(a)旱涝急转发生前 2 旬;(b)集中降水时段
(等值线:气压值,hPa;阴影:距平,gpm)

2.4.3　海温背景

图 2.27 为 2011 年前冬、春季及 6 月份海温距平分布情况,前冬赤道中、东太平洋为较大范围的显著负距平分布,而赤道西太平洋为正距平分布,是典型的 La Niña 年。赤道太平洋海温这一东低西高的分布特征,有利于西太平洋区域沃克环流(Walker circulation)的上升气流加强,导致纬向环流的增强;西太平洋上空沃克环流上升支的加强,迫使整层气压降低,西太平洋副高偏东,不利于其向西发展。太平洋海温的正异常区域主要位于南北纬 30°的附近区域(图 2.27a);而在春季的转换中可以发现,赤道东太平洋负距平区域程度减弱,范围缩小,说明 La Niña 事件减弱。南北纬 30°附近海域的海温正异常也减弱,但依然存在(图 2.27b);由前冬到春季,赤道附近印度洋海温负距平向北延伸至印度半岛两侧,使得北印度洋几乎均为负距平区,而南半球正距平扩大。到了 6 月,赤道东太平洋转为正距平,原本的负距平减小,说明原本 La Niña 事件消失(图 2.27c)(封国林等,2012)。

2.4.4　成因解析

根据封国林等(2012)提出的 2011 年旱涝急转概念模型,这次事件的成因为:2011 年前冬至春季,赤道中东太平洋海温发生较常年剧烈降温的强拉尼娜事件,西太平洋地区海温则较常年偏高,造成沃克环流较常年加强,使得赤道西太平洋上空上升气流加强,抑制高空副热带高压的西伸发展。另外,这一上升气流的加强,导致海平面气压降低,东亚大槽偏西偏强,同时,通过低纬间纬向沃克环流及次级环流的作用,使得低纬度之间对拉尼娜现象的响应,激发出各种异常。印度洋上空哈得来环流(Hadley cell)则明显偏弱,北半球哈得来环流在近地面层形

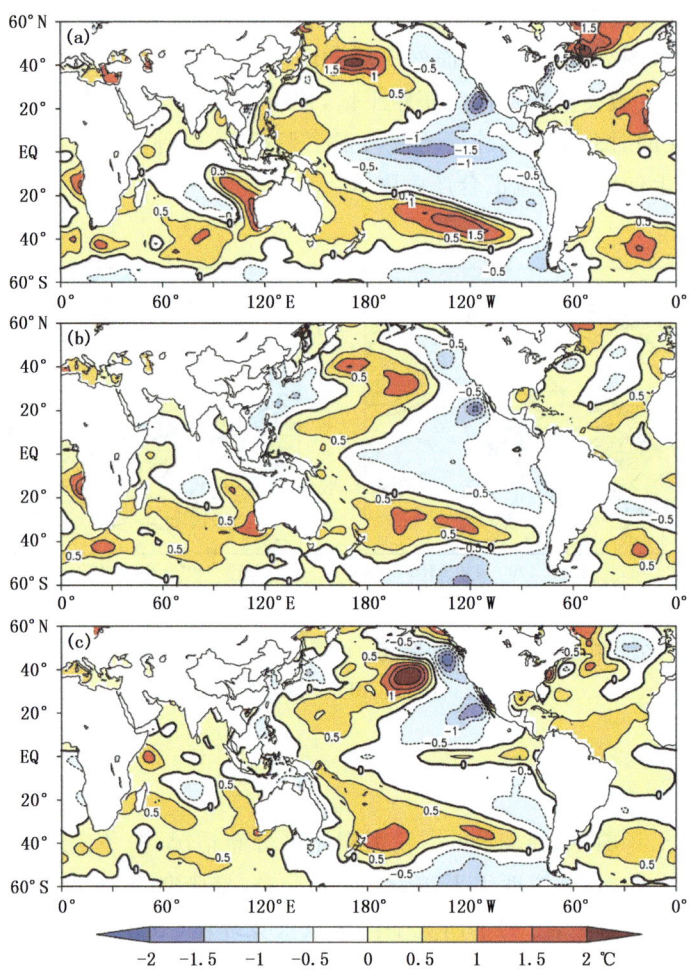

图 2.27 2011 年海温距平(SSTA)分布图(单位:℃)(封国林等,2012)
(a)前冬;(b)春季;(c)6 月

成偏北风,不利于低空孟加拉湾水汽向北输送。在上述因素的配置下,导致我国北方地区偏北气流盛行,而东南暖湿气流相对较弱,再加上冷暖空气配合不利,无法达到理想的降雨条件,出现持续少雨的干旱天气(图 2.28a)。

进入 6 月随着拉尼娜的减弱,沃克环流减弱,西太平洋地区转为受持续性的强下沉运动控制,副高西伸,哈得来环流有所增强,北半球哈得来环流消失,南半球低层偏南风强盛,形成越赤道气流,加强孟加拉湾水汽向北输送。二者作用下导致地位水汽输送由弱转强,形成一支由孟加拉湾至长江中下游地区的水汽输送带,并与中高纬向南传播的冷空气在长江中下游地区交汇,形成持续的大范围强降水,导致由旱转涝的急剧转折(图 2.28b)。

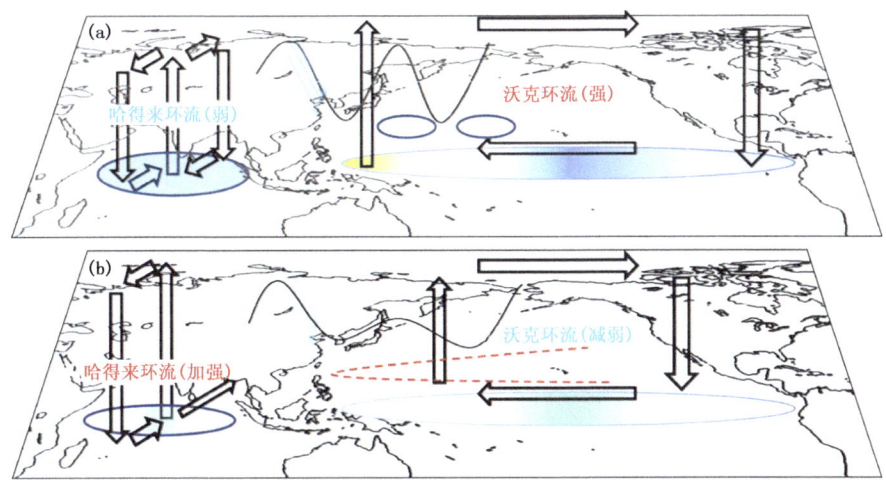

图 2.28 旱涝急转前后概念模型:(a)急转前;(b)急转后(封国林等,2012)

参考文献

池再香,杜正静,陈忠明,等,2012.2009—2010 年贵州秋、冬、春干旱气象要素与环流特征分析[J].高原气象,31(1):176-184.

丁一汇,王遵娅,宋亚芳,等,2008.中国南方 2008 年 1 月罕见低温雨雪冰冻灾害发生的原因及其与气候变暖的关系[J].气象学报,66(5):808-825.

封国林,杨涵洧,张世轩,等,2012.2011 年春末夏初长江中下游地区旱涝急转成因初探[J].大气科学,36(5):1009-1021.

贵州省气象局,2009.2008 年贵州特大凝冻灾害[M].北京:气象出版社.

黄荣辉,刘永,王林,等,2012.2009 年秋至 2010 年春我国西南地区严重干旱的成因分析[J].大气科学,36(3):443-457.

李玉柱,许炳南,2001.贵州短期气候预测技术[M].北京:气象出版社.

李忠燕,吴战平,2014.贵州省近 30a 秋风的气候特征分析[J].贵州气象,38(1):5-9.

王胜,田红,丁小俊,等,2009.淮河流域主汛期降水气候特征及旱涝急转现象[J].中国农业科学,30(1):31-34.

武炳义,苏京志,张人禾,2011.秋-冬季节北极海冰对冬季西伯利亚高压的影响[J].科学通报,56(27):2335-2343.

吴国雄,1992.海温异常对台风形成的影响[J].大气科学,16(3):322-332.

徐辉,2010.2010 年 1 月大气环流和天气分析[J].气象,36(4):137-141.

姚正兰,王君军,2011.遵义市 2009—2010 年秋冬春连旱事实及形成原因初析[J].地球科学进展,26(10):1109-1115.

张人禾,黄荣辉,1998.El Nino 事件发生和消亡中热带太平洋纬向风应力的动力作用[J].资料诊断和理论分析.大气科学,22(4):587-599.

Francis J A, Chan W, Leathers D J, et al, 2009. Winter Northern Hemisphere weather patterns remember su-mmer Arctic sea-ice extent[J]. Geophys Res Lett,36:L07503.

Qian X, Miao Q L, Zhai P M, et al, 2014. Cold-wet spells in mainland China during 1951—2011[J]. Nat Hazards,74(2): 931-946.

Wang B, Wu R G, Li T, 2003. Atmosphere-warm ocean interaction and its impacts on Asian-Australian monsoon variation[J]. J Climate,16(8):1195-1211.

第3章 气候要素特征

贵州省地处我国西南腹地,全省地貌包括高原、山地、丘陵和盆地等类型,地势西高东低,素有"八山一水一分田"之说,是全国唯一没有平原支撑的省份。贵州省属亚热带湿润季风气候,复杂的地形特点使得其立体气候特征明显:四季分明、冬无严寒、夏无酷暑,气候温和,日照少,雨日多,湿度大(罗喜平等,2008;贵州省统计局,2015)。本章主要阐述贵州省气温、降水量、日照、相对湿度、风、云量等气候要素的时空分布特征。空间分布图所用资料为1981—2010年(以下简称"常年",同气候态)的气象观测资料,时序图所用资料为1961—2018年的气象观测资料。

3.1 气温

3.1.1 年平均气温

贵州省常年气候平均气温为15.6 ℃,自南自东向西部逐渐降低。省西部大部及省中部部分地区在14.0 ℃以下,其中威宁的年平均气温仅为10.8 ℃;省南部边缘地区在18.0 ℃以上,其中罗甸的年平均气温达19.8 ℃;省东部大部地区平均气温为16.0～18.0 ℃,其余大部分地区为14.0～16.0 ℃(图3.1)。常年年平均最高气温为20.1 ℃,常年年平均最低气温为12.5 ℃,空间分布与年平均气温基本一致(图略)。

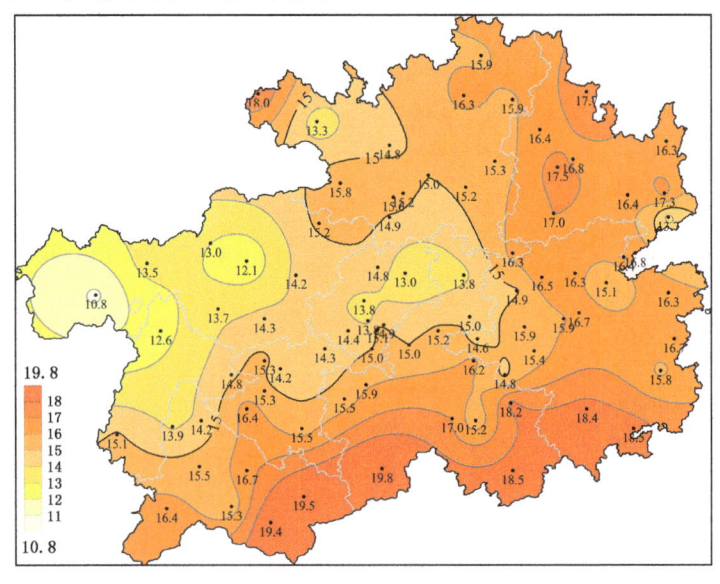

图3.1 贵州省1981—2010年年平均气温空间分布图(单位:℃)

3.1.2 四季平均气温

贵州省位于云贵高原之上,冬暖夏凉,四季气温的分布特征差异明显,总体呈现东高西低、南高北低的分布特征。

春季(图3.2a),贵州省大部分地区平均气温为14.0～18.0 ℃,省西北部平均气温低于14.0 ℃,其中威宁站春季平均气温仅为11.4 ℃,省南部边缘地区及赤水河谷平均气温在18.0 ℃以上,其中册亨、望谟、罗甸三站平均气温超20.0 ℃。

夏季(图3.2b),贵州省东部及南部大部分地区平均气温超过24.0 ℃,"中国避暑之都"贵阳平均气温低于23.0 ℃,拥有"凉都"美誉的六盘水平均气温在20.0 ℃左右。省东西部受地势影响,夏季温度差异较大,沿河平均气温达26.9 ℃,威宁平均气温仅为17.1 ℃。

秋季(图3.2c),贵州省平均气温空间分布特征整体与春季相似,平均气温为11.1 ℃(威宁)～20.5 ℃(罗甸)。

冬季(图3.2d),贵州省除南部边缘地区和赤水河谷地区以外,大部分地区平均气温在8.0 ℃以内,其中,西部以及中部部分高海拔地区平均气温低于5.0 ℃。

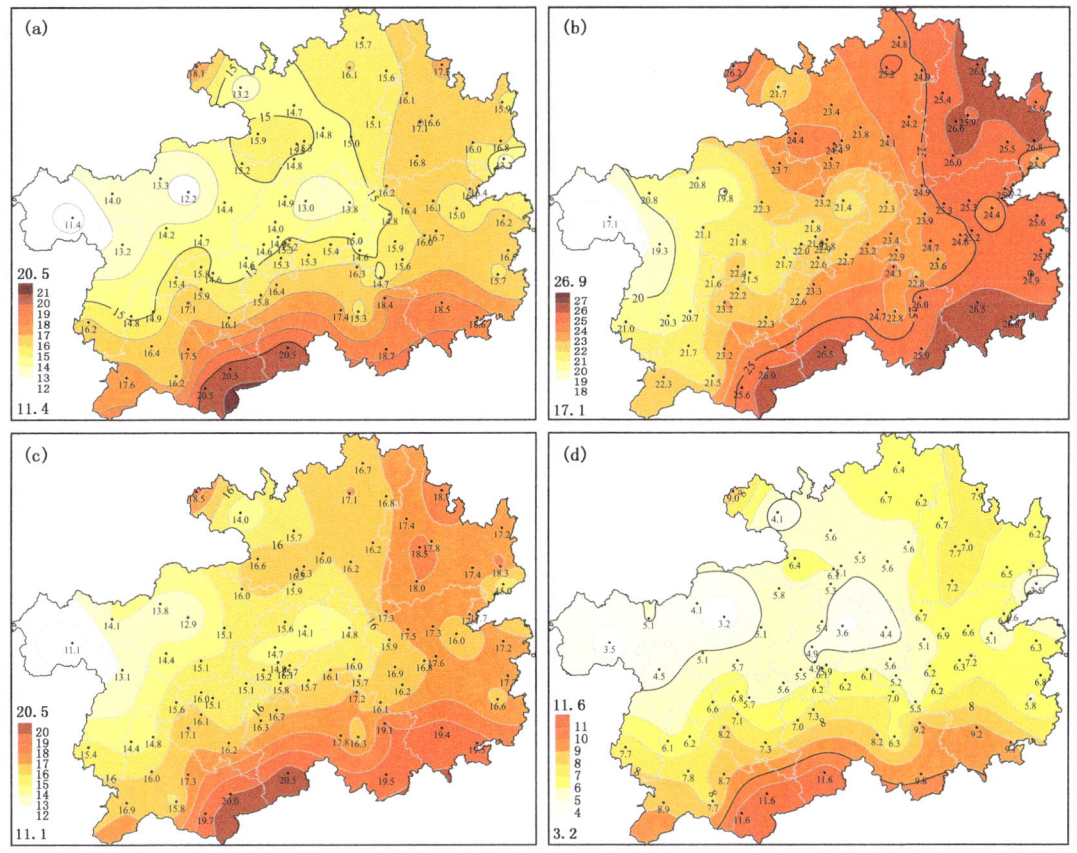

图3.2 贵州省1981—2010年四季平均气温空间分布(单位:℃)
(a)春;(b)夏;(c)秋;(d)冬

3.1.3 极端最高/最低气温

贵州省除中部和西部部分地区外,1981—2010年期间的极端最高气温值普遍在36.0 ℃以上,均出现在夏季,超过40.0 ℃的地区主要为册亨、赤水及铜仁东部地区,其中赤水的极端最高气温高达42.3 ℃(图3.3a),出现在2006年8月18日。2006年8月,赤水有12 d的日最高温超过40.0 ℃,是历史上罕见的酷暑。

贵州省各地极端最低气温均出现在冬季,总体呈中部低南北高的特征,大部分地区最低气温极值为−8.0～−3.0 ℃,最西端的威宁和水城在1999年1月12日曾出现过−11.4 ℃和−12.6 ℃,是在1981—2010年期间出现过的气温最低值;位于北部的赤水和南部的罗甸其极端最低气温分别为−1.2 ℃和−1.8 ℃,与其他地区相比较高(图3.3b)。

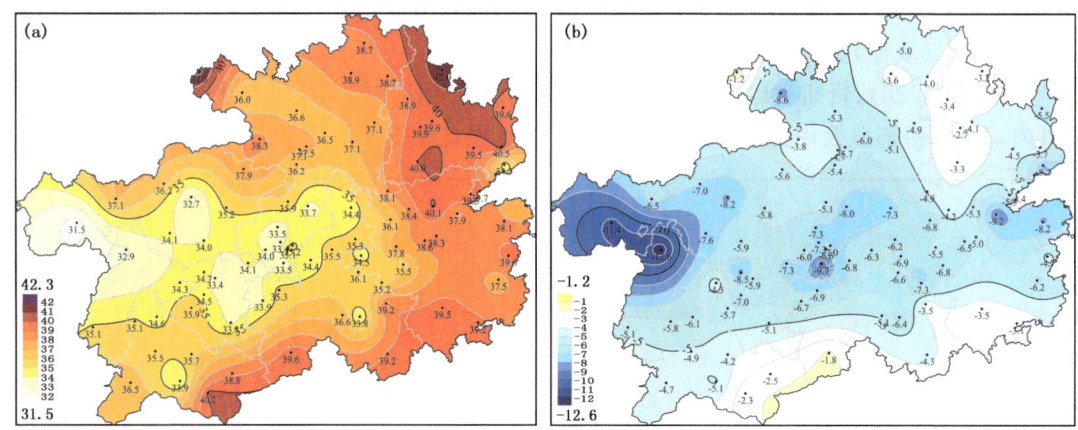

图3.3 贵州省1981—2010年极端气温空间分布(单位:℃)
(a)最高气温;(b)最低气温

3.1.4 气温日/年较差

气温日较差是指日最高气温与日最低气温之差,其值的大小可反映地理纬度和地形特征。贵州省1981—2010年年平均气温日较差范围在5.9～9.3 ℃,受云贵高原地形影响,西北部和西南部气温日较差较大,在8.0 ℃以上,遵义地区纬度较高,地势较为平缓,气温日较差也相对较小,在7.0 ℃左右(图3.4)。

气温年较差是指一年中最高月平均气温与最低月平均气温之差,能客观表示地区的冬夏冷热差异程度。贵州省气温年较差呈现由西到东递增的规律,变化范围为15.7～22.6 ℃(图3.5)。

3.1.5 年/四季平均气温年际变化

贵州省四季分明,冬季(12月—翌年2月)气温最低,1月平均气温为5.2 ℃,夏季(6—8月)气温最高,7月平均气温为24.3 ℃(图3.6)。在全球变暖背景下,贵州省1961—2018年平均气温呈显著上升趋势(未通过95%的信度检验),增暖幅度约0.12 ℃/(10a),其中20世纪90年代到21世纪初气温增幅明显。全省多年平均气温为15.6 ℃,2015年年平均气温最高,达16.5 ℃,1984年年平均气温最低,为14.7 ℃(图3.7)。贵州省四季平均气温变化中,增温

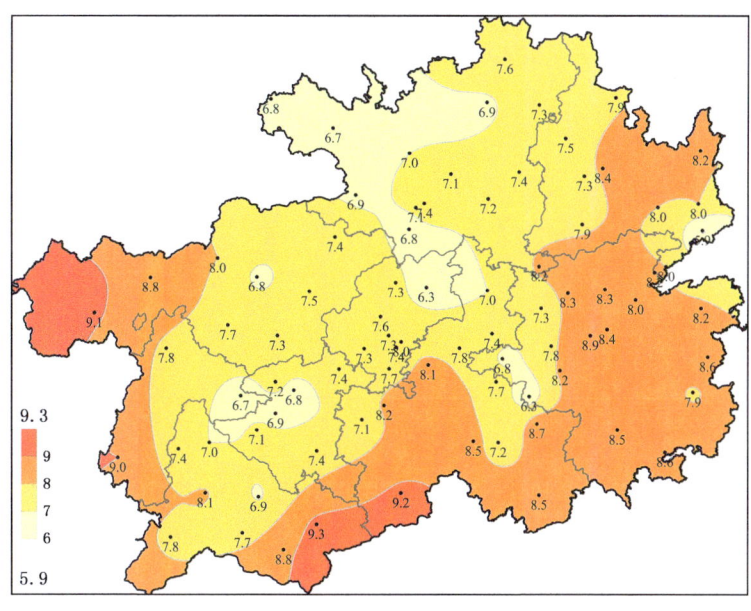

图3.4 贵州省1981—2010年年平均气温日较差分布图(单位:℃)

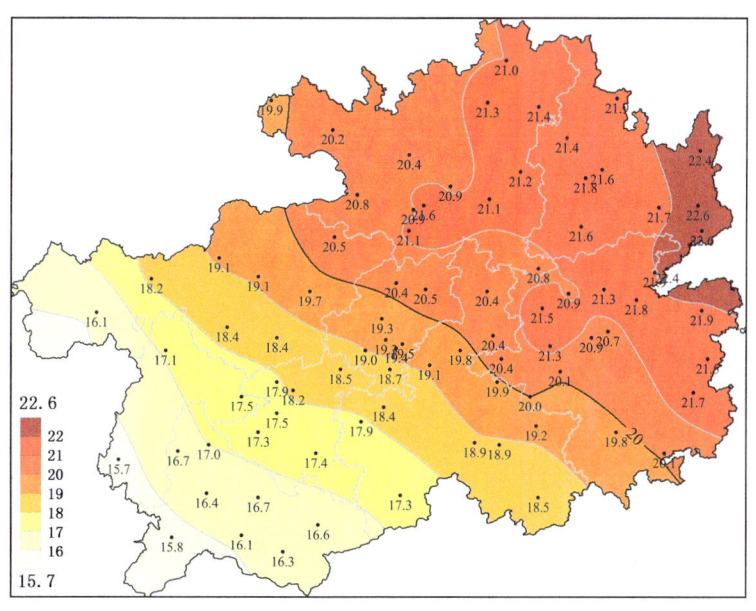

图3.5 贵州省1981—2010年气温年较差分布图(单位:℃)

趋势最为明显的是秋季(未通过95%的信度检验),平均增温率为0.15 ℃/(10a),其次是冬季和春季,平均增温率分别为0.13 ℃/(10a)和0.11 ℃/(10a),夏季增温率最低,约为0.07 ℃/(10a)(图3.8)。(四季趋势均未通过95%的信度检验)

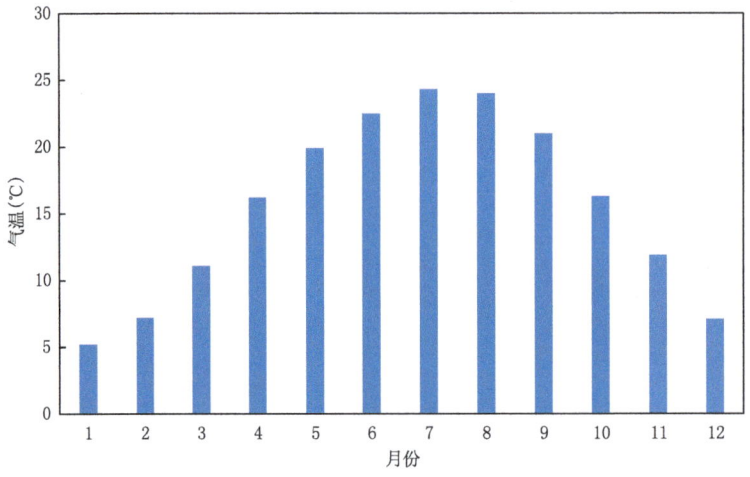

图 3.6　贵州省 1981—2010 年逐月平均气温时间序列图（单位：℃）

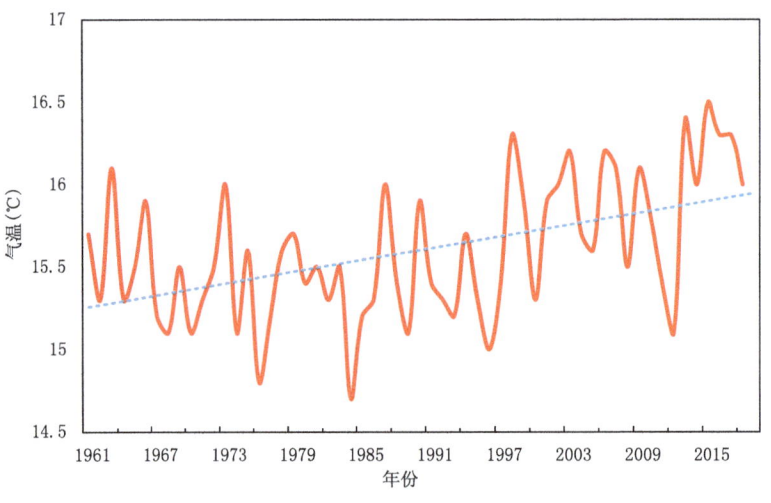

图 3.7　贵州省 1961—2018 年年平均气温年际变化图（单位：℃）

3.1.6　年/四季平均气温距平

与常年平均气温相比较，贵州省 1961—2018 年期间的平均温度距平也呈上升趋势，20 世纪 90 年代以后气温负距平年份较少，气候偏暖，2000 年以后的 18 年中只有 3 年是气温负距平，其中有 8 年气温距平大于等于 0.5 ℃，2013 年气温正距平达 0.9 ℃，表明贵州省气候呈现变暖趋势（通过 95% 的信度检验）（图 3.9）。四季距平变化中，四个季节均呈现较为明显的气温上升趋势（夏秋两季均通过 95% 的信度检验，冬春两季均未通过 95% 的信度检验），说明贵州省四季均在升温，气候变暖明显（图 3.10）。

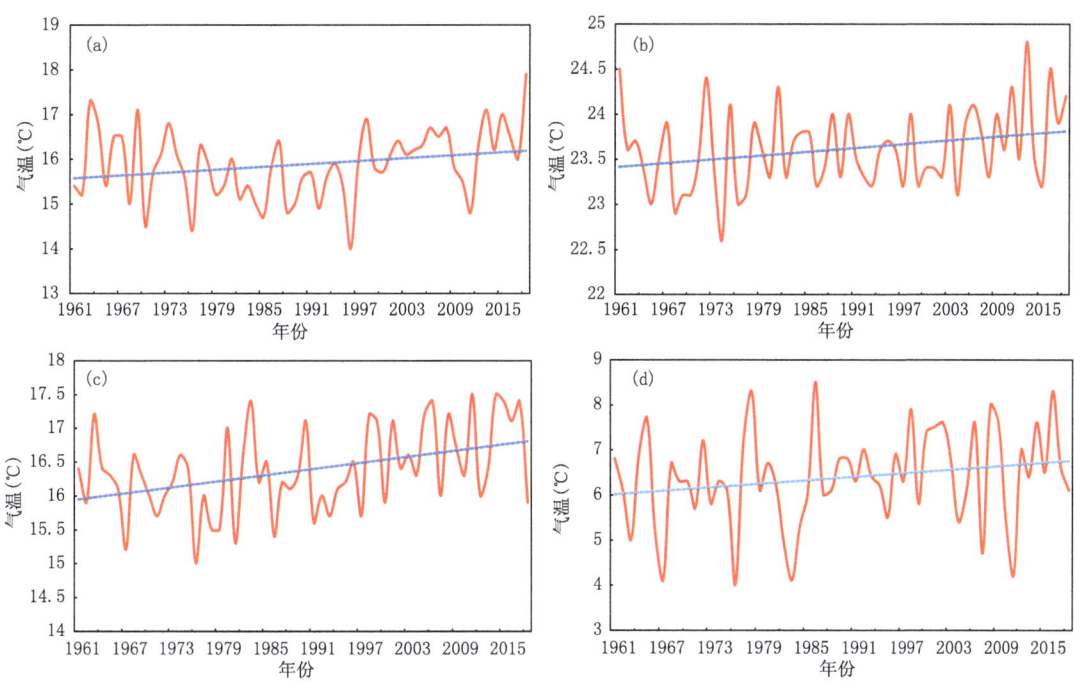

图3.8 贵州省1961—2018年四季平均气温年际变化(单位:℃)
(a)春;(b)夏;(c)秋;(d)冬

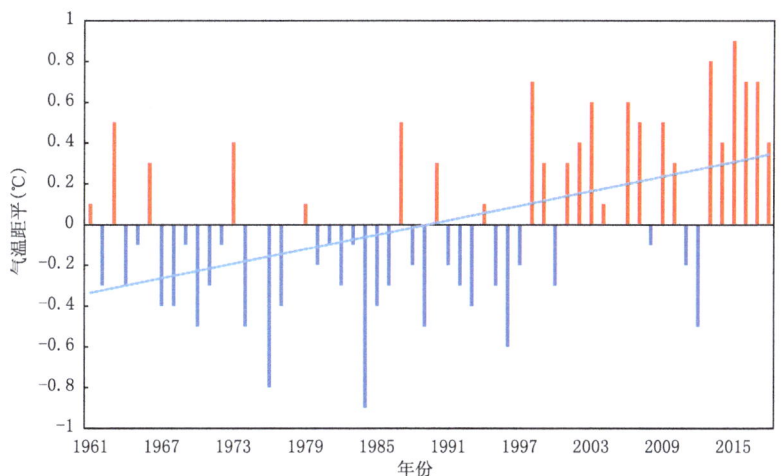

图3.9 贵州省1961—2018年平均气温距平及线性趋势图(单位:℃)

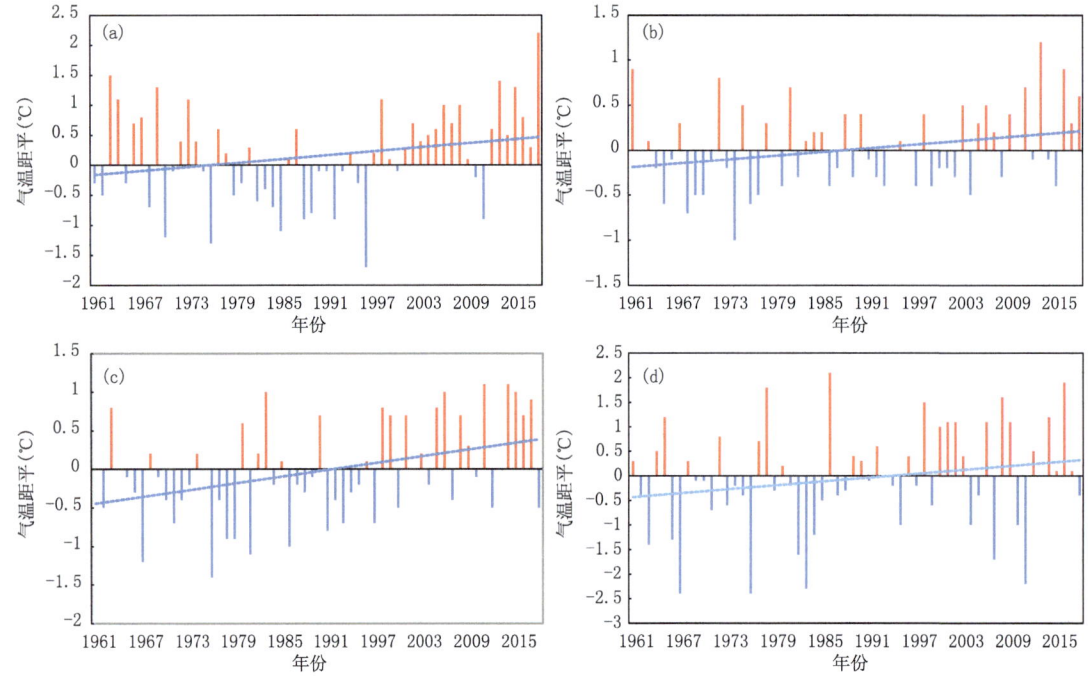

图 3.10 贵州省 1961—2018 年四季平均气温距平变化(单位:℃)
(a)春;(b)夏;(c)秋;(d)冬

3.2 降水量

3.2.1 年降水量

贵州省常年年均降水量为 1176.8 mm,总体分布是南多北少。省的西南地区降水量最多,大部分地区降水量在 1300 mm 以上,以晴隆的 1492.1 mm 最多;遵义市西部、黔东南州北部部分地区低于 1050 mm,毕节市西北部地区降水量最少,在 900 mm 以下,省的中南地区及东部边缘年降水量均值也大于 1300 mm,其余地区年降水量均值为 1050~1300 mm(图 3.11)。

3.2.2 四季降水量

贵州省季节降水分布不均匀,三个范围较大的多雨区主要分布在乌蒙山、雷公山和梵净山南麓,全年降水量的 50% 左右集中在夏季。

春季(图 3.12a),贵州省降水量由西至东递增,铜仁地区、黔东南州及黔南州大部降水量超过 300 mm,其中以黎平的 414.5 mm 最多;毕节地区大部、六盘水大部和黔西南州西部地区降水量不足 250 mm,其中以威宁的 150.2 mm 最少。

夏季(图 3.12b),贵州省南部及北部大部分地区降水量超过 480 mm,其中六枝(838.7 mm)、晴隆(828.4 mm)、兴义(825.6 mm)三站夏季降水量超 800 mm。毕节地区北部、遵义地区南部和黔东南州北部降水相对较少,低于 480 mm,其中以施秉的 394.2 mm 最少。

第3章 气候要素特征

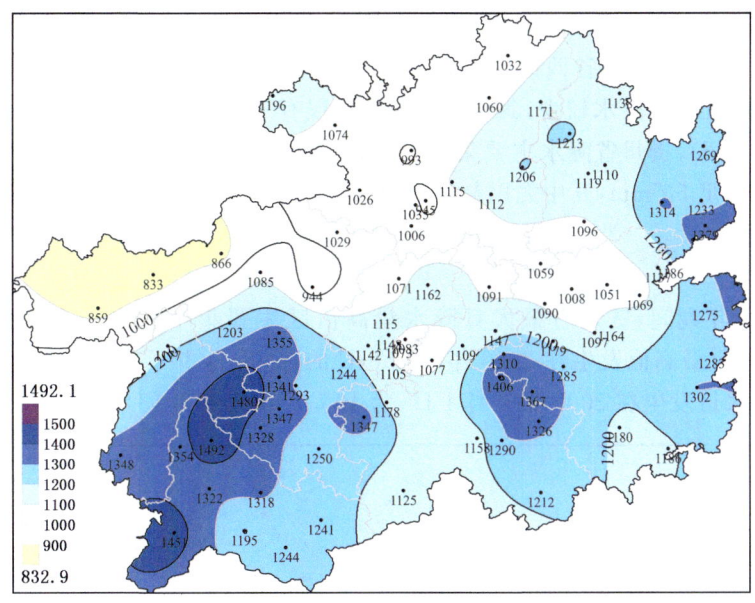

图3.11 贵州省1981—2010年年均降水量空间分布图(单位:mm)

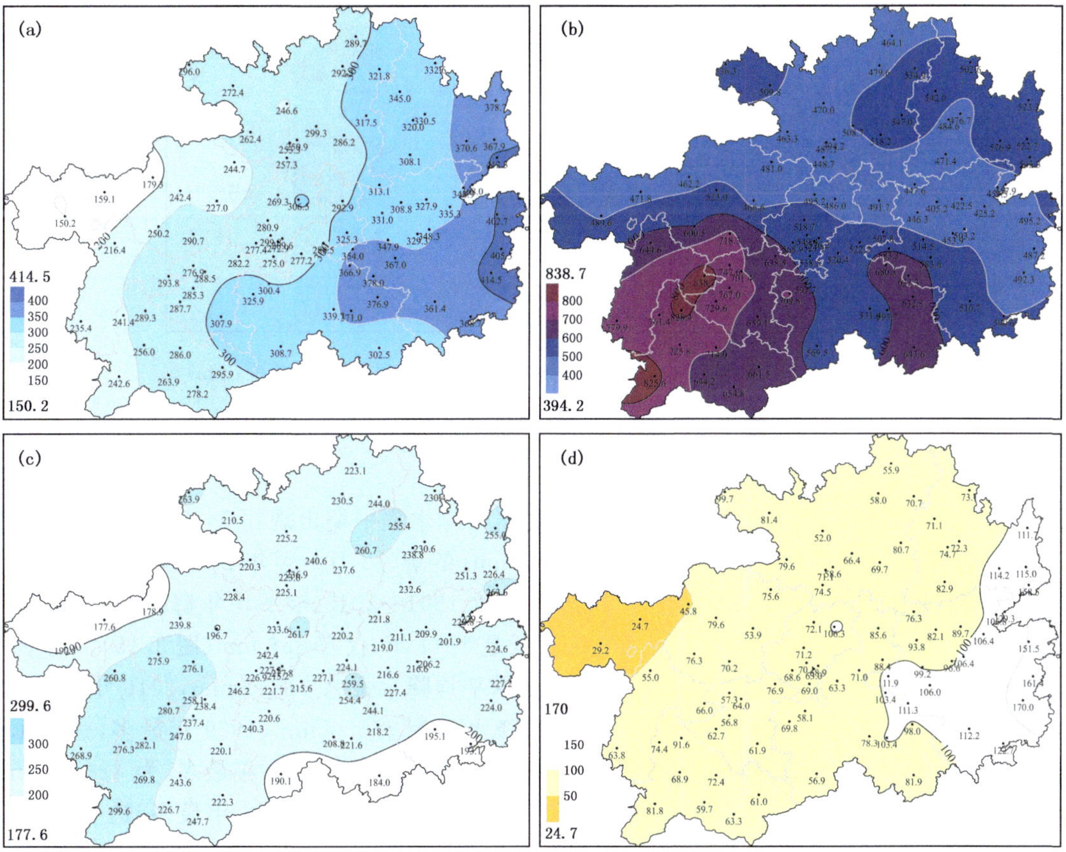

图3.12 贵州省1981—2010年四季平均降水量空间分布图(单位:mm)
(a)春;(b)夏;(c)秋;(d)冬

秋季(图 3.12c),全省降水分布较为均匀,大部分地区降水量为 195~255 mm,赤水、凤冈、德江、开阳、麻江、都匀和省西南部大部分地区降水量超过 255 mm,其中以兴义的 299.6 mm 最多,毕节地区北部降水较少,其中赫章降水量仅有 177.6 mm。

冬季(图 3.12d),贵州省降水主要集中在东部,其中以黎平的 170.0 mm 最多,毕节地区西部降水较少,不足 50 mm,其中尤以赫章最少,仅为 24.7 mm。

3.2.3 最大日降水量

1981—2010 年期间,贵州省最大日降水量高值区主要集中在东部和中南部,超过 200 mm,最大日降水量最高值发生在 2000 年 6 月 8 日的都匀,为 307.4 mm;赫章全省降水量最少,其最大日降水量发生在 2005 年 9 月 1 日,为 105.7 mm(图 3.13)。

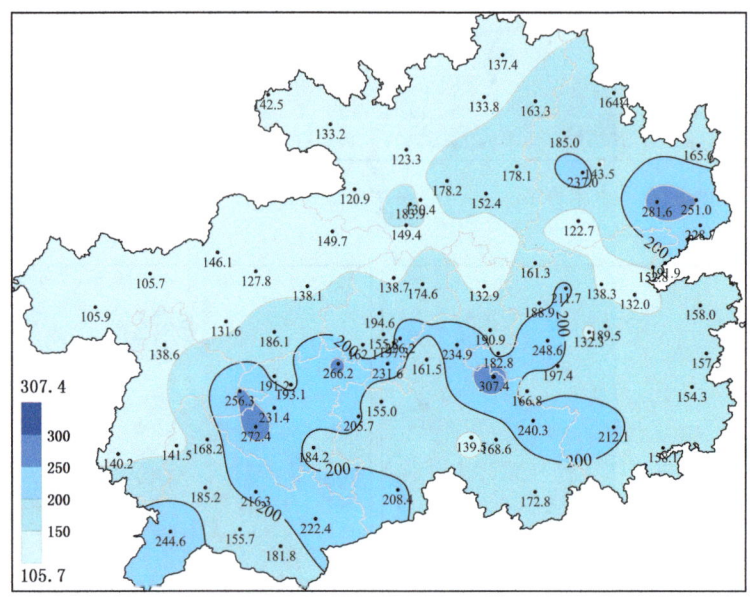

图 3.13　贵州省 1981—2010 年最大日降水量空间分布图(单位:mm)

3.2.4　年/四季降水量年际变化

贵州省雨热同期,四季降水量差异较大。贵州省降水集中期出现在 5—7 月,月平均降水量超过 150 mm,6 月平均降水量最多,达 218.3 mm;冬季(12 月—翌年 2 月)降水量最少,12 月月平均降水量仅有 22.8 mm(图 3.14)。贵州省 1961—2018 年平均年降水量为 1199.3 mm,年降水量最多是 1967 年(1415.1 mm),最低是 2011 年,仅有 856 mm(图 3.15)。四季平均降水量排序为:夏季＞春季＞秋季＞冬季。春季平均降水量为 318.5 mm,2016 年最多,达 407.5 mm,2011 年最少,为 175 mm;夏季平均降水量为 555.0 mm,1979 年最多,达 761.9 mm,1972 年最少,为 284.5 mm;秋季平均降水量为 248.3 mm,1972 年最多,为 424.1 mm,2009 年最少,为 126.7 mm;冬季平均降水量仅为 78.7 mm,其中 1994 年最多,达 130 mm,2009 年仅为 38.4 mm,58 年内最低(图 3.16)。

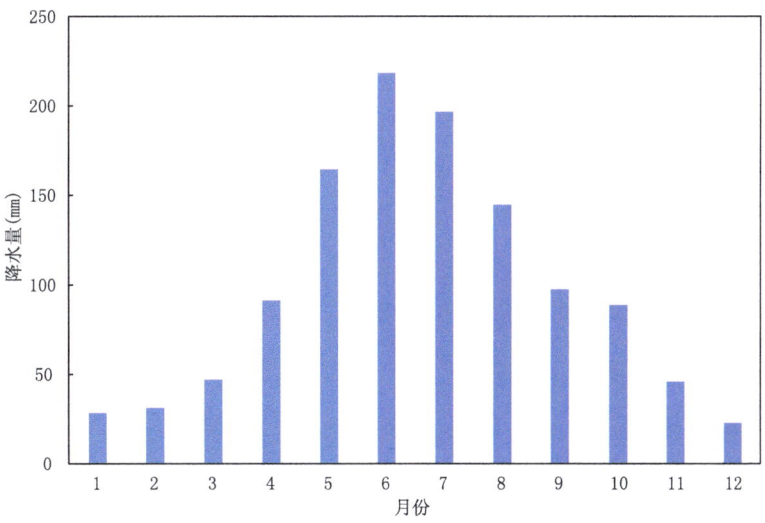

图 3.14　贵州省 1981—2010 年逐月平均降水量时间序列（单位：mm）

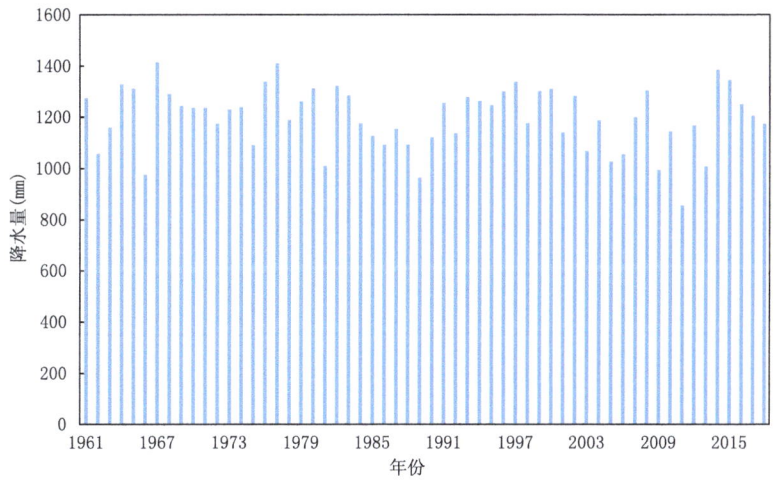

图 3.15　贵州省 1961—2018 年年均降水量年际变化（单位：mm）

3.2.5　年/四季降水量距平百分率

贵州省 1961—2018 年降水量总体趋势略有下降（未通过 95% 的信度检验），降水量最多的 1997 年降水量距平百分率比常年偏多 20%，降水量最少的 2011 年降水量距平百分率比常年偏少 27.4%（图 3.17）。四季距平变化中，夏季和冬季的降水量趋势变化不明显（未通过 95% 的信度检验），春季和秋季的降水量减少明显，其中秋季通过 95% 的信度检验（图 3.18）。

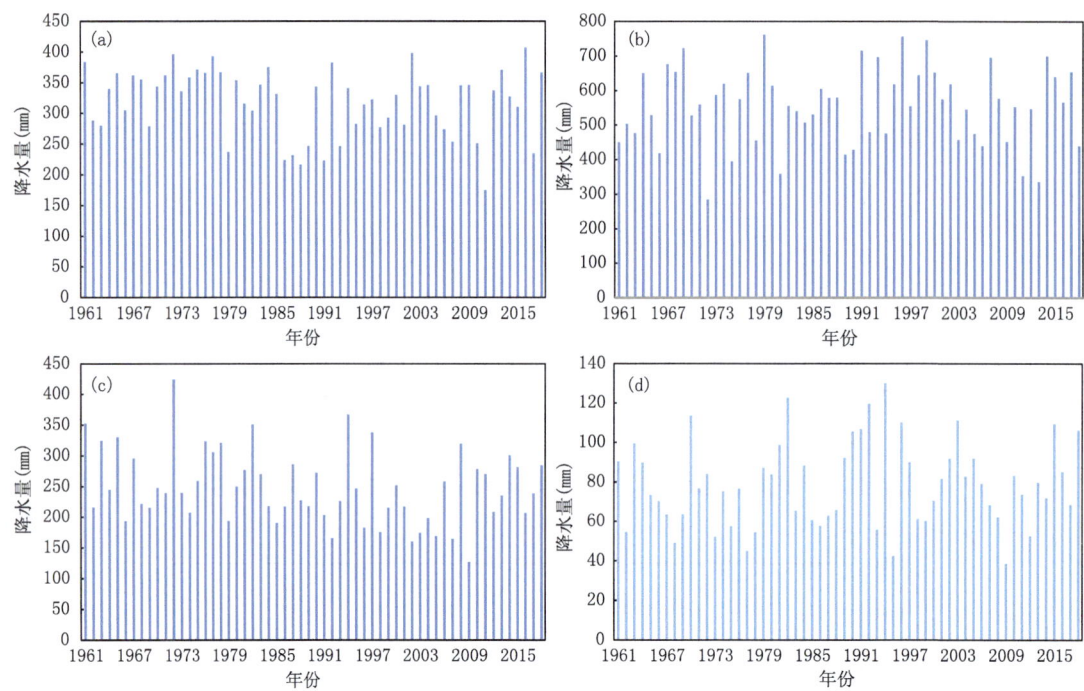

图 3.16 贵州省 1961—2018 年四季降水量年际变化(单位:mm)
(a)春;(b)夏;(c)秋;(d)冬

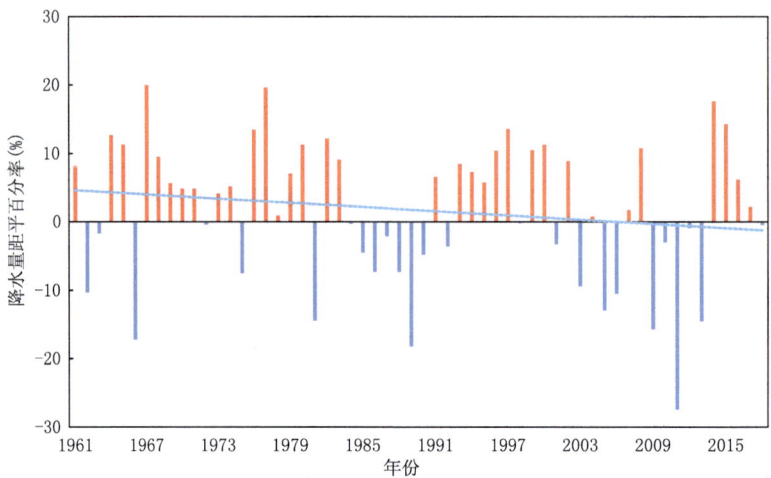

图 3.17 贵州省 1961—2018 年年降水量距平百分率变化(单位:%)

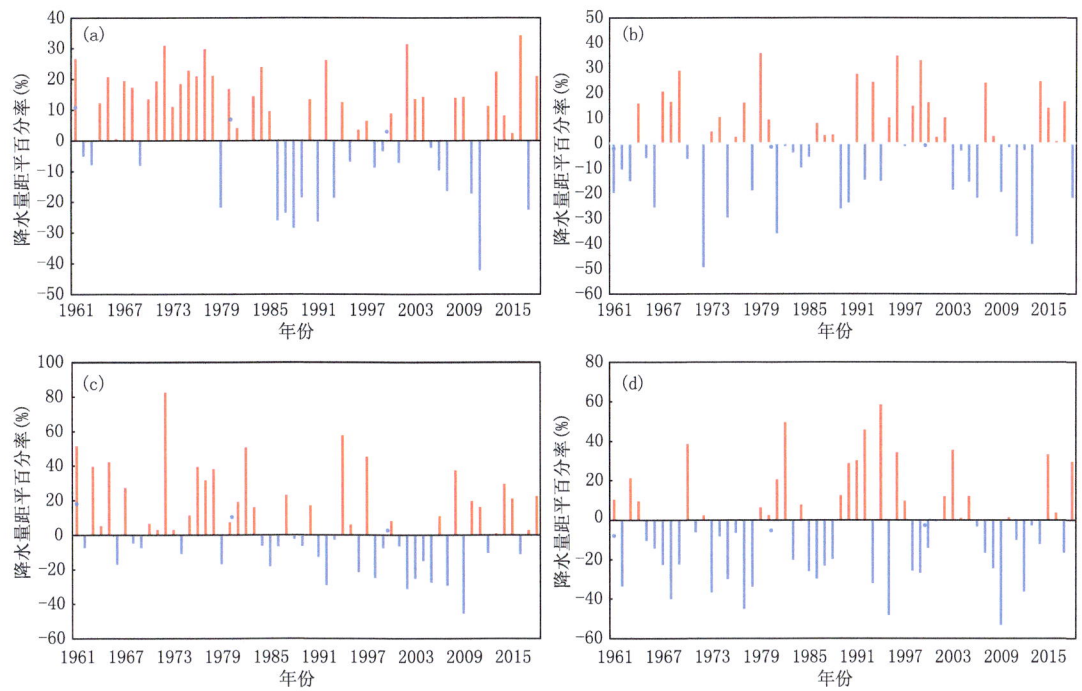

图 3.18 贵州省 1961—2018 年四季降水量距平百分率变化(单位:%)
(a)春;(b)夏;(c)秋;(d)冬

3.2.6 年/四季降水日数

"天无三日晴"的贵州省每个月的常年平均降水日数均在 11 d 以上,呈非正态分布,6 月和 7 月的常年平均降水日数全年最多,达 17.4 d,12 月最少,为 11.2 d;10 月(15.5 d)的降水日数要多于 8 月(13.9 d)和 9 月(12.1 d)(图 3.19)。贵州省常年年平均降水日数约 180 d,1968 年降水日数达 207.4 d,为常年最多值,2011 年降水日数仅有 148.5 d,为常年最少值(图 3.20)。四季的降水日数相差不大,春夏季略多于秋冬季(图 3.21)。

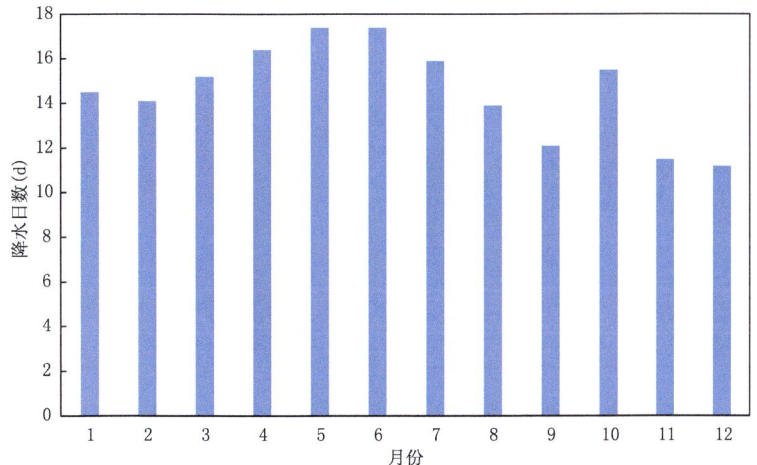

图 3.19 贵州省 1981—2010 年逐月平均降水日数时间序列图(单位:d)

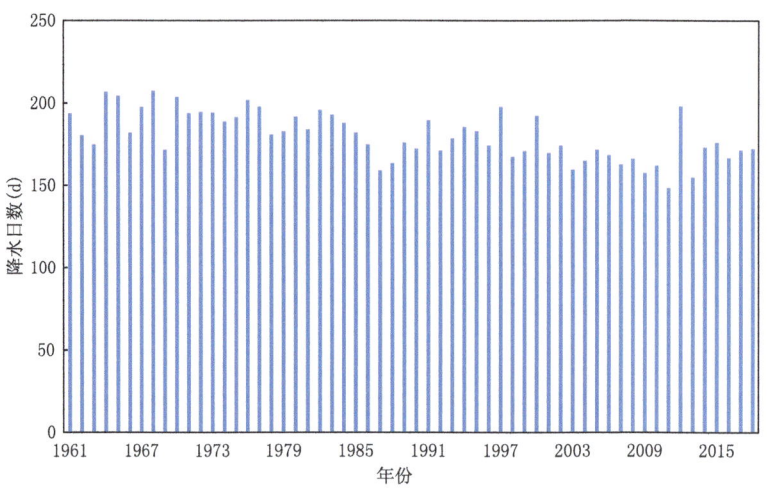

图 3.20 贵州省 1961—2018 年降水日数变化(单位:d)

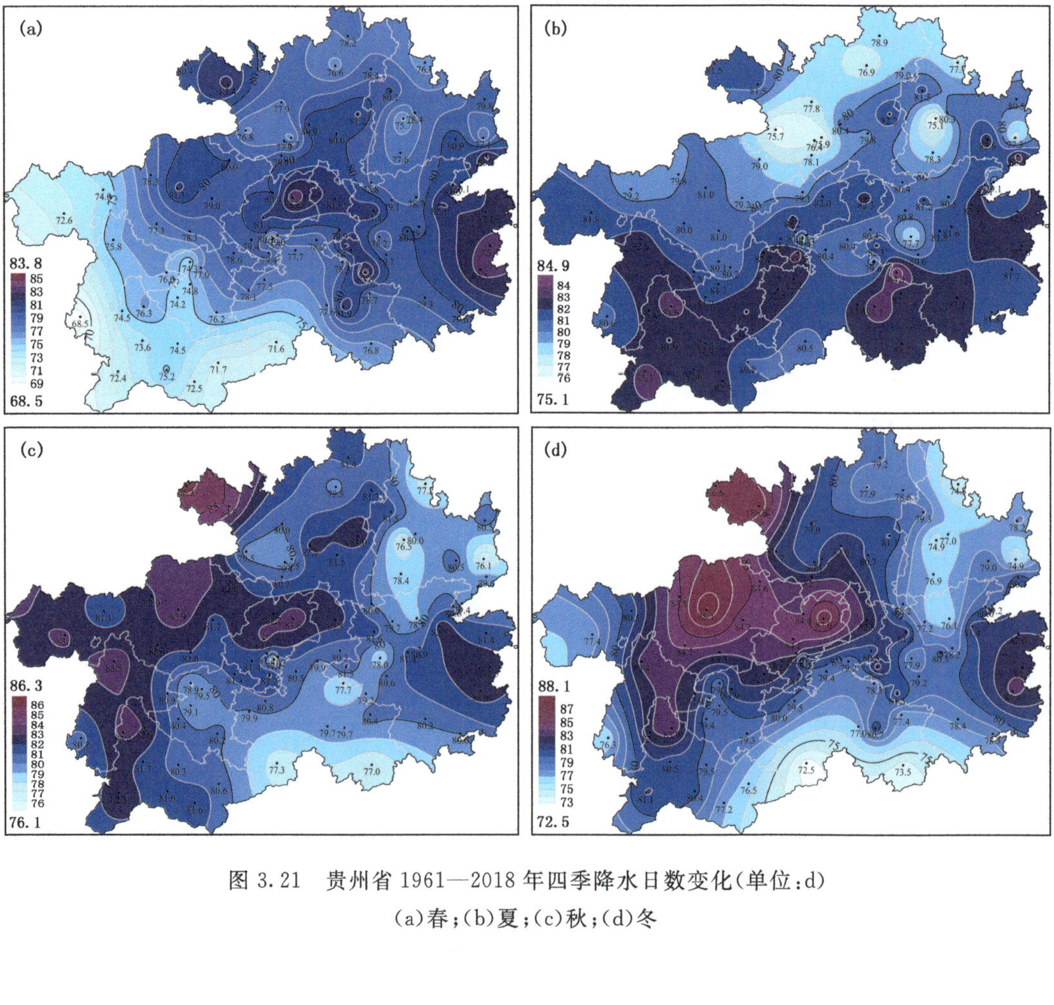

图 3.21 贵州省 1961—2018 年四季降水日数变化(单位:d)
(a)春;(b)夏;(c)秋;(d)冬

3.3 日照

3.3.1 年/日均日照时数

贵州省是全国云量最多、日照时数最少的中心之一,有着"天无三日晴"的称号。贵州省境内日照时数差异大,总体呈西多东北少的特征分布,年均日照时数与日均日照时数的空间分布特征基本一致(图 3.22)。威宁是全省日照时数最多的地方,年均日照时数达 1635.1 h,是全省日照时数最少站——务川(966.6 h)的 1.7 倍。西部大部分地区年均日照时数超 1300 h,遵义地区中东部年均日照时数不足 1000 h,其余地区年均日照时数为 1000~1300 h。

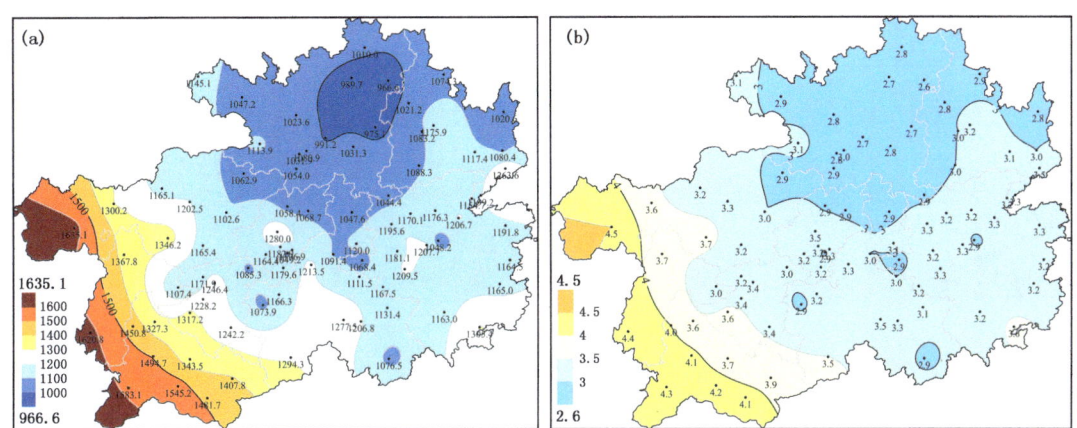

图 3.22 贵州省 1981—2010 年日照时数空间分布(单位:h)
(a)年均日照时数;(b)日均日照时数

3.3.2 四季均日照时数

贵州省四季日照时数空间分布特征不尽相同。

春季(图 3.23a),平均日照时数为 72.9 h(荔波)~171.1 h(威宁),由西向东递减,省西部地区日照时数超 120 h,遵义地区东部日照时数低于 80 h。

夏季(图 3.23b),日照时数在四季中最长,东部、西南部边缘及赤水河谷地区日照时数相对较长,在 150 h 以上,毕节地区西部、六盘水、安顺北部、黔南州西北和东南部地区日照时数较短,少于 130 h。

秋季(图 3.23c),日照时数的空间分布特征为南多北少,南部地区日照时数普遍在 100 h 以上,以兴义的 121 h 最长,遵义地区北部日照时数低于 80 h,以正安的 75 h 最短。

冬季(图 3.23d),平均日照时数最少,其空间分布特征与年均日照时数最为相似,全省大部分地区少于 60 h,正安冬季平均日照时数仅有 31 h,省西部少部分地区日照时数多于 100 h,以威宁的 120 h 最多。

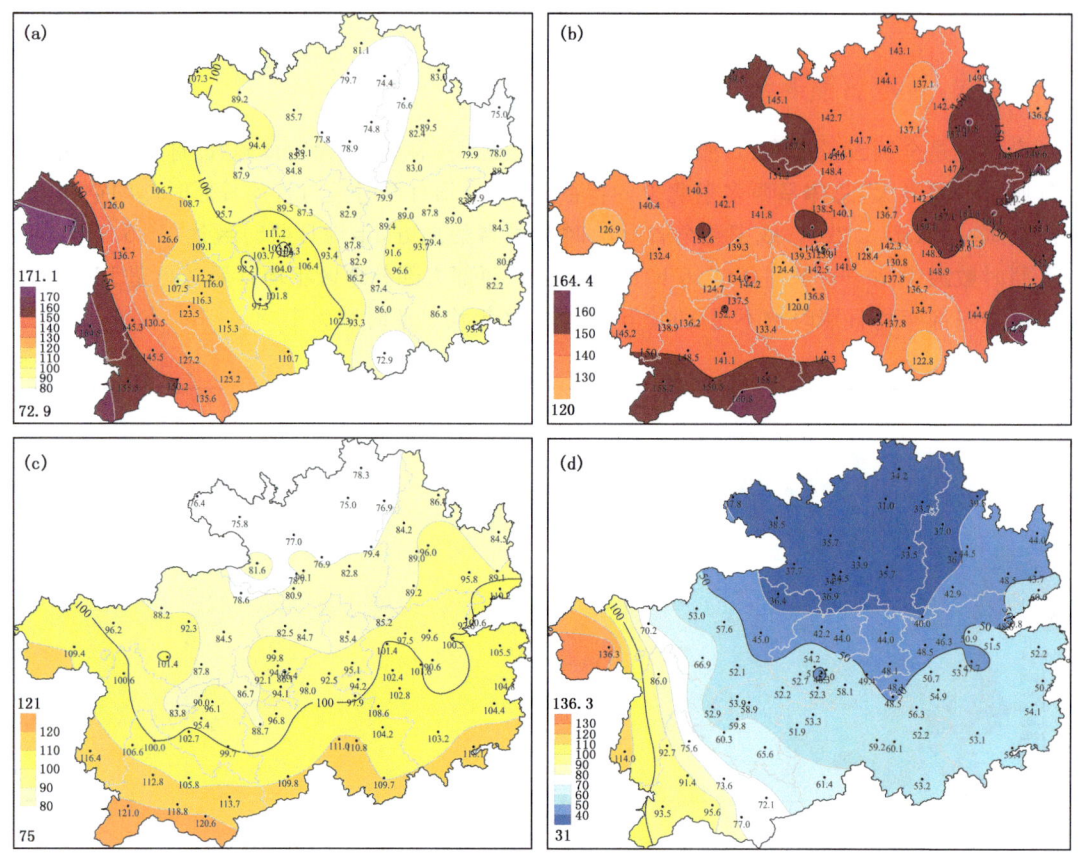

图 3.23 贵州省 1981—2010 年日照时数四季空间分布(单位:h)
(a)春;(b)夏;(c)秋;(d)冬

3.3.3 年/四季日照时数年际变化

贵州省日照时数较长的时间集中在 7 月和 8 月,8 月常年平均日照时数为 169.9 h,冬季(12 月—翌年 2 月)日照时数最短,1 月常年平均日照时数仅有 45.4 h(图 3.24)。贵州省 1961—2010 年 30 年平均年均日照时数为 1211.8 h,1963 年日照时数最长,达 1511.6 h,2012 年日照时数最短,为 927.4 h(图 3.25)。四季平均日照时数为夏季＞春季＞秋季＞冬季,春季平均日照时数为 307.7 h,1963 年最长,达 422.8 h,2014 年最短,为 222.7 h;夏季平均日照时数为 449.9 h,1972 年最长,达 626.2 h,1998 年最短,为 336.7 h;秋季平均日照时数为 289.1 h,1998 年最长,达 413.2 h,2012 年最短,为 209.7 h;冬季平均日照时数为 165.4 h,1975 年最长,达 252.5 h,2011 年最短,为 45.7 h(图 3.26)。

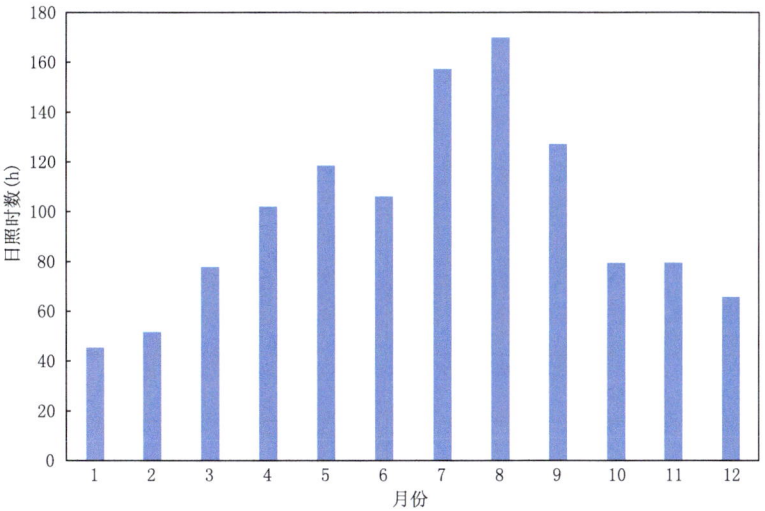

图 3.24　贵州省 1981—2010 年逐月平均日照时数时间序列图（单位：h）

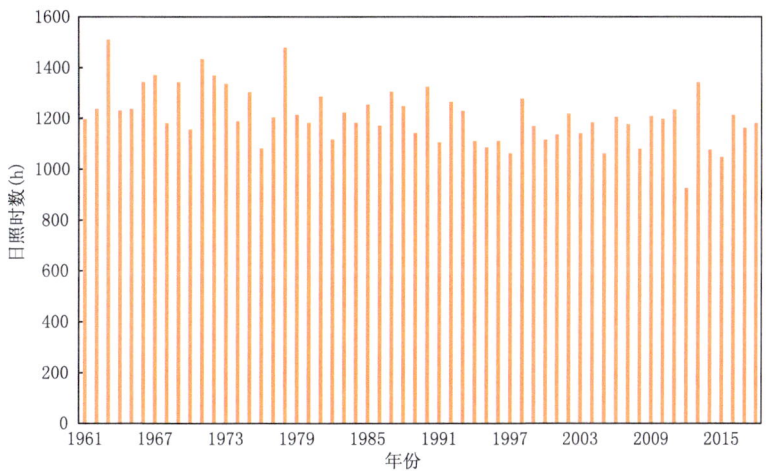

图 3.25　贵州省 1961—2018 年日照时数年际变化图（单位：h）

3.3.4　年/四季日照距平百分率

贵州省 1961—2018 年的 58 年间的日照时数整体呈下降趋势（通过 95％的信度检验），20 世纪 90 年代后日照时数多为负距平，1994—2018 年的 25 年间仅有 5 年的日照距平百分率为正值。1963 年日照时数最长，日照距平百分率率达 24.7％，2012 年日照时数最短，日照距平率百分率为－23.5％（图 3.27）。四季日照时数距平百分率变化图中，四个季节的日照时数呈较为明显的下降趋势（夏冬两季通过 95％的信度检验，春秋两季未通过 95％的信度检验），20 世纪 90 年代中期以后日照时数较之前更少（图 3.28）。

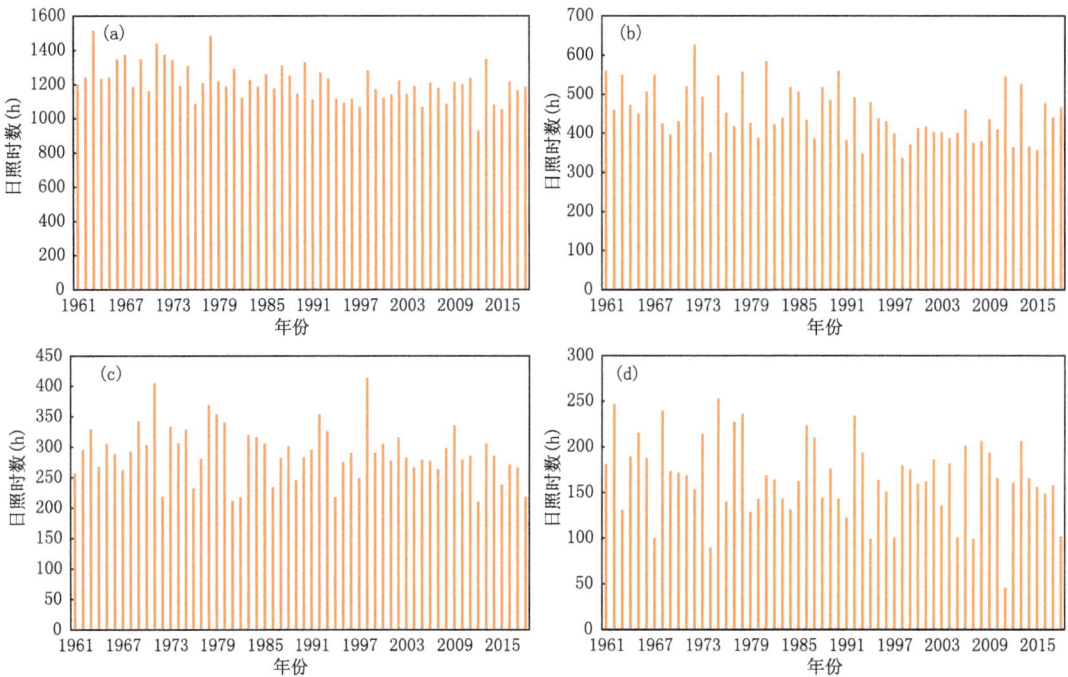

图 3.26 贵州省 1961—2018 年四季日照时数年际变化(单位:h)
(a)春;(b)夏;(c)秋;(d)冬

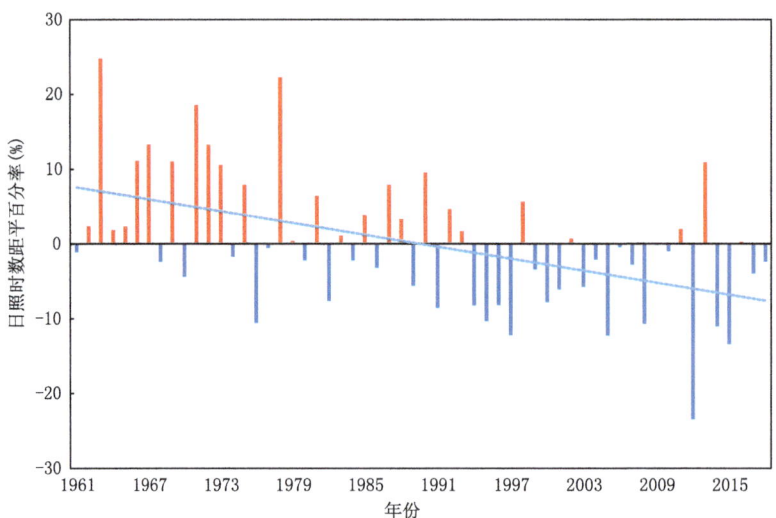

图 3.27 贵州省 1961—2018 年日照距平百分率及其线性趋势图(单位:%)

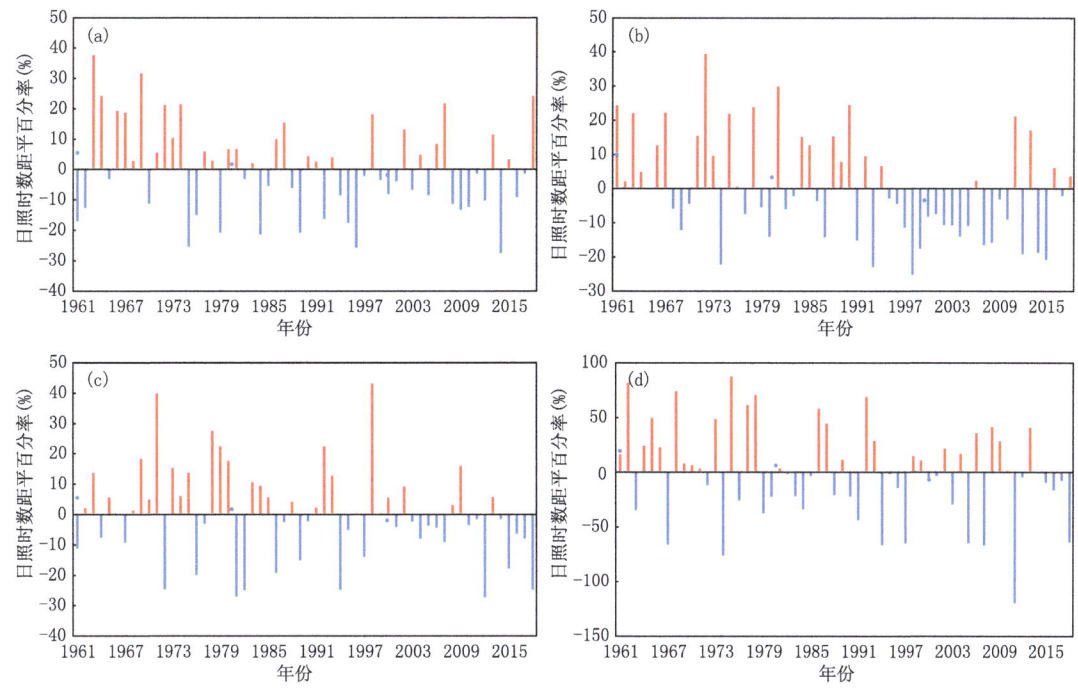

图 3.28 贵州省 1961—2018 年四季日照时数距平变化(单位:%)
(a)春;(b)夏;(c)秋;(d)冬

3.4 相对湿度

3.4.1 平均相对湿度

贵州省 1981—2010 年的平均相对湿度范围为 75.6%(罗甸)~84.1%(开阳),南部边缘、西部边缘及东北部相对湿度小于 80%,赤水、习水、大方和开阳四个站的平均相对湿度大于 83%(图 3.29)。

3.4.2 四季平均相对湿度

四季平均相对湿度的空间分布中,春季(图 3.30a)平均相对湿度的范围为 68.5%(盘州)~83.8%(开阳),省西部春季相对湿度较低,省东南部、中部相对湿度较高;全省夏季(图 3.30b)平均相对湿度范围为 75.1%(思南)~84.9%(丹寨),呈省南部高于省北部之势;全省秋季(图 3.30c)平均相对湿度范围为 76.1%(铜仁)~86.3%(赤水),省西部、北部秋季平均相对湿度较高,南部、东北部较低;全省冬季(图 3.30d)平均相对湿度范围为 72.5%(罗甸)~88.1%(大方),其空间分布趋势与秋季相似。

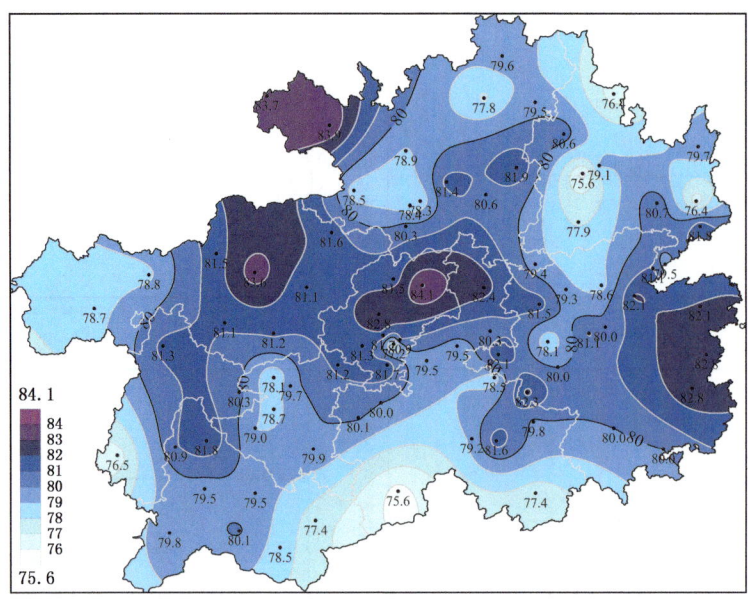

图3.29 贵州省1981—2010年平均相对湿度空间分布(单位:%)

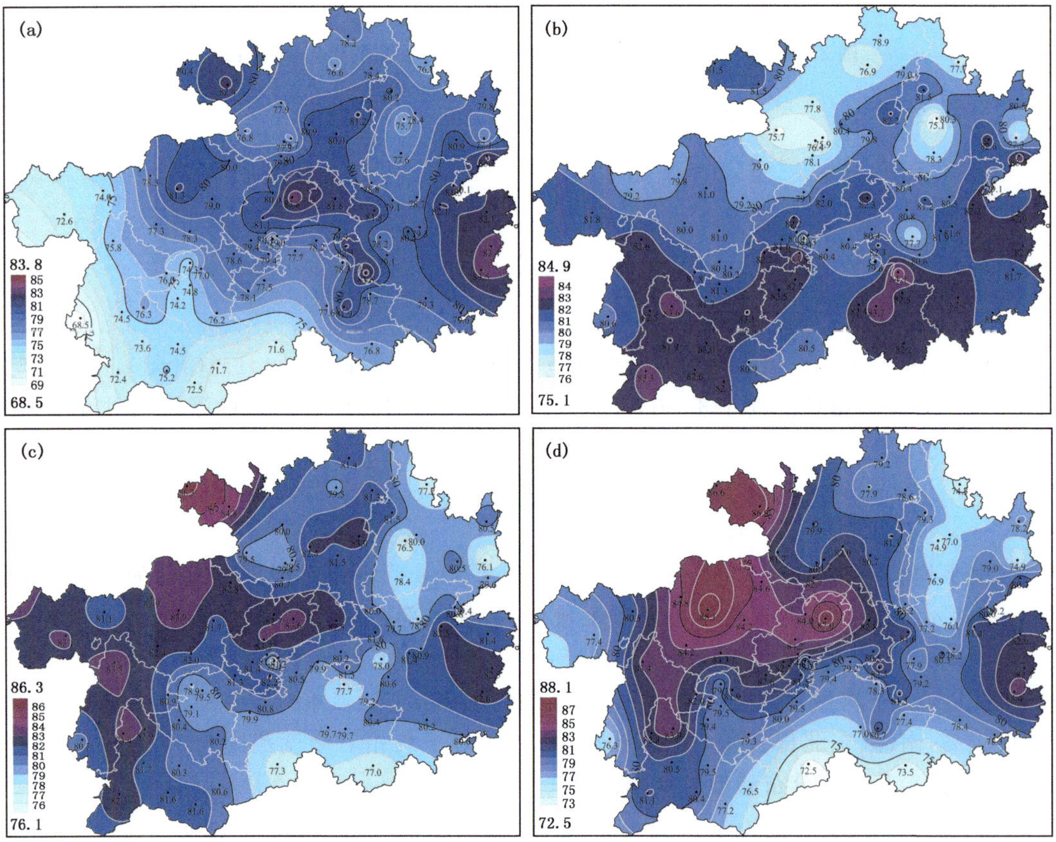

图3.30 贵州省1981—2010年四季平均相对湿度空间分布(单位:%)
(a)春;(b)夏;(c)秋;(d)冬

3.5 风速

3.5.1 平均风速

贵州省1981—2010年平均风速范围为0.6 m/s(罗甸)～3 m/s(威宁),全省平均风速由西到东减少,省西部及中部地区平均风速在2 m/s以上,南部边缘及东北部地区平均风速在1 m/s以内(图3.31)。四季平均风速的空间分布特征与全年的相似,春季的平均风速略大于其他三季(图3.32)。

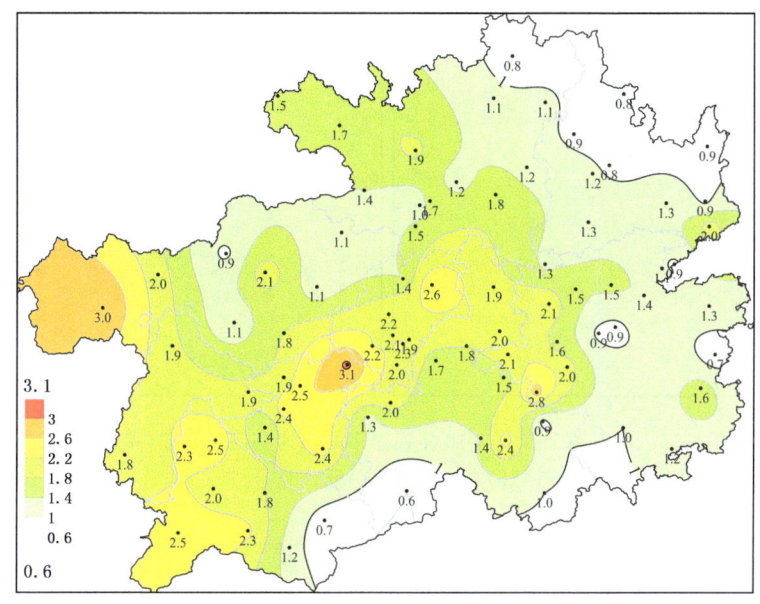

图3.31 贵州省1981—2010年平均风速空间分布图(单位:m/s)

3.5.2 年最大风速

贵州省1981—2010年最大风速最高值位于东北部的沿河(25.0 m/s),最低值位于南部的长顺(6.2 m/s),省西部地区最大风速值超过17 m/s,省南部地区最大风速值低于12 m/s(图3.33)。四个季节的最大风速最大值出现在夏季,春夏两季最大风速值超过18 m/s的主要出现在省的西部和东北部边缘,冬季最大风速值超过18 m/s的主要出现在省的西部地区,秋季最大风速值相对较小,全省大部分地区最大风速在18 m/s以内(图3.34)。

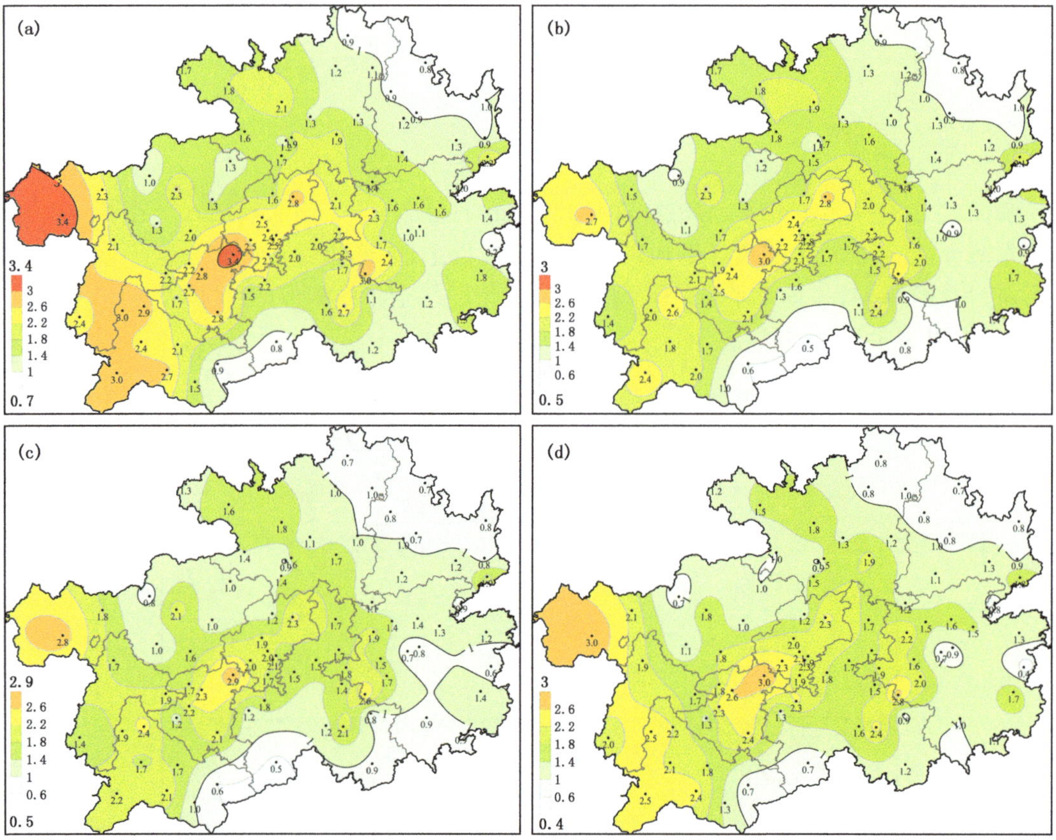

图 3.32 贵州省 1981—2010 年四季平均风速空间分布图(单位:m/s)
(a)春;(b)夏;(c)秋;(d)冬

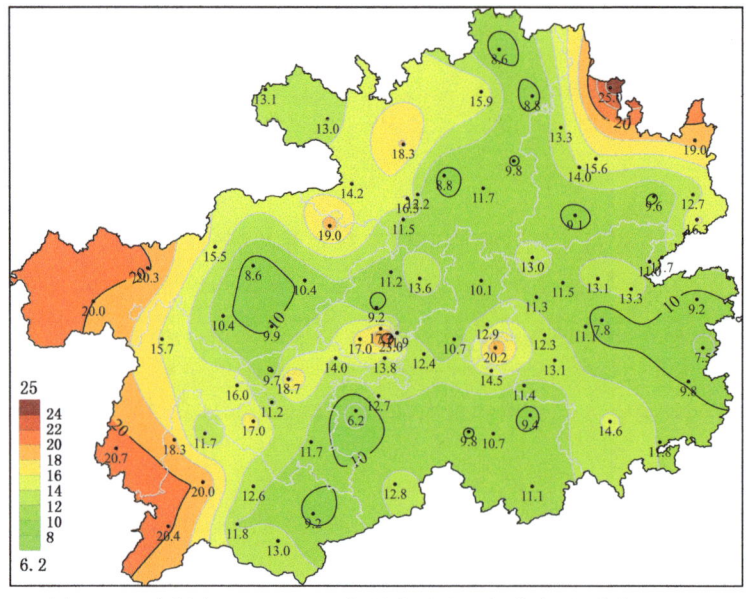

图 3.33 贵州省 1981—2010 年最大风速空间分布图(单位:m/s)

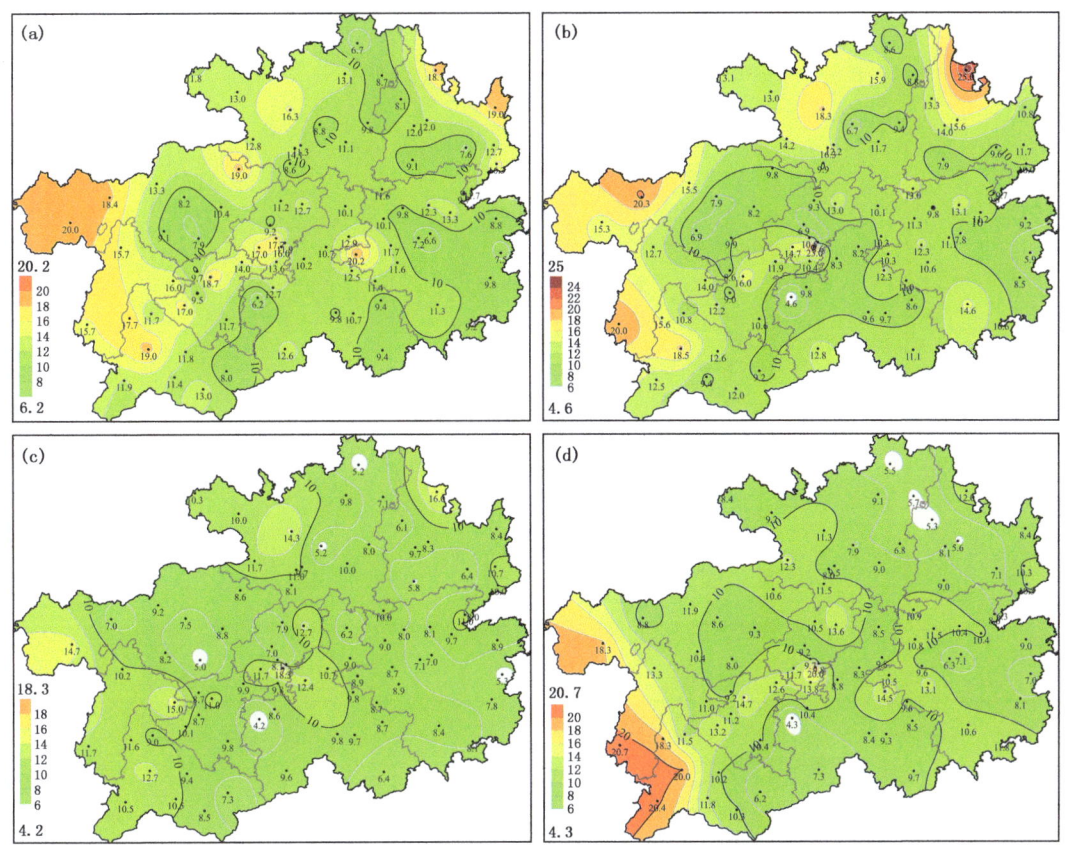

图 3.34 贵州省 1981—2010 年四季最大风速空间分布图(单位:m/s)
(a)春;(b)夏;(c)秋;(d)冬

3.6 云量

3.6.1 平均总云量

贵州省常年平均总云量范围为 7.3 成(册亨)~8.4 成(绥阳),西部地区云量少,西部边缘地区总云量低于 7.5 成,中部、东北部地区云量多,大部分地区云量在 8 成以上,遵义地区中部及北部的总云量为全省最高(图 3.35)。冬季和春季的平均总云量呈东多西少分布,夏季西南多东北少,秋季北多南少(图 3.36)。

3.6.2 平均低云量

贵州省常年平均低云量的范围为 5.7 成(施秉)~7.8 成(绥阳),省的北部地区、东南部部分地区及东部边缘地区低云量大于 7 成(图 3.37)。四季平均低云量的空间分布与四季平均总云量相似,春季和冬季的平均低云量要略多于夏季和秋季(图 3.38)。

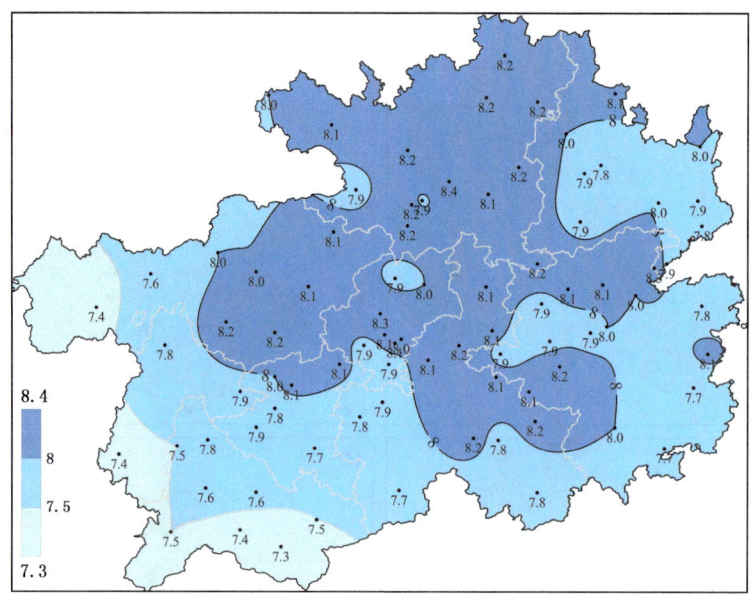

图 3.35 贵州省 1981—2010 年年平均总云量空间分布图(单位:成)

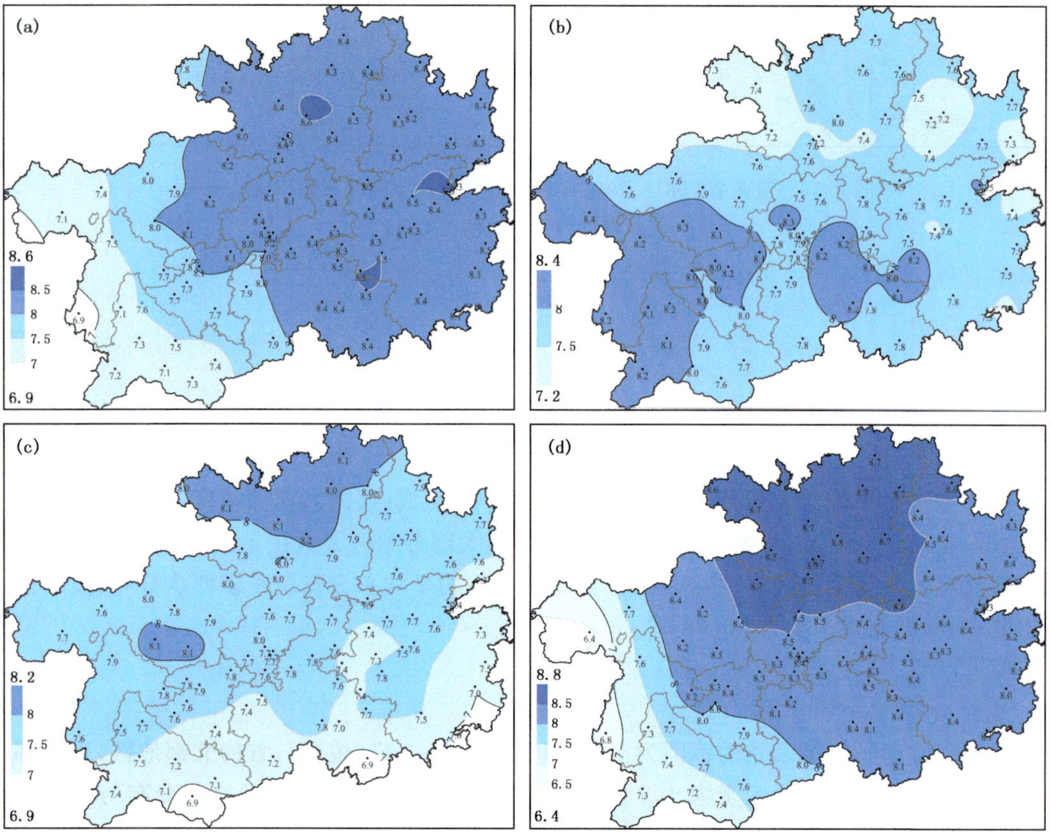

图 3.36 贵州省 1981—2010 年四季平均总云量空间分布(单位:成)
(a)春;(b)夏;(c)秋;(d)冬

图 3.37 贵州省 1981—2010 年年平均低云量空间分布图(单位:成)

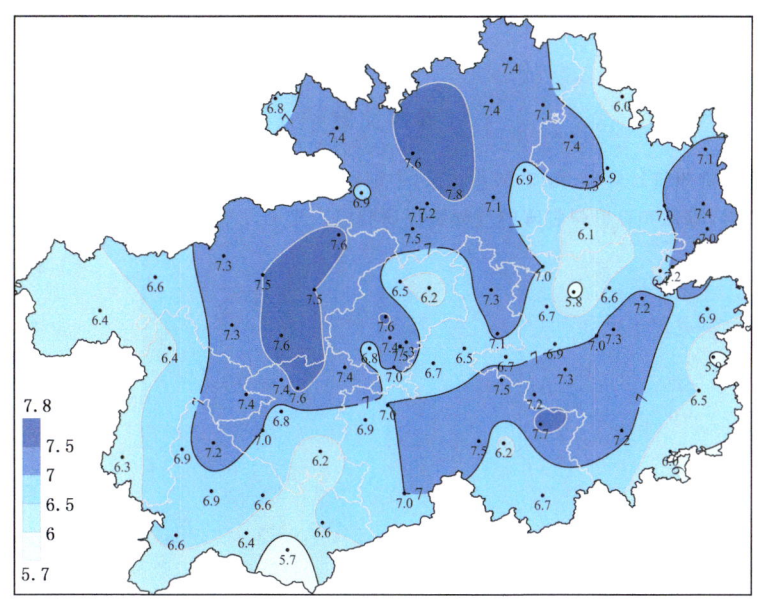

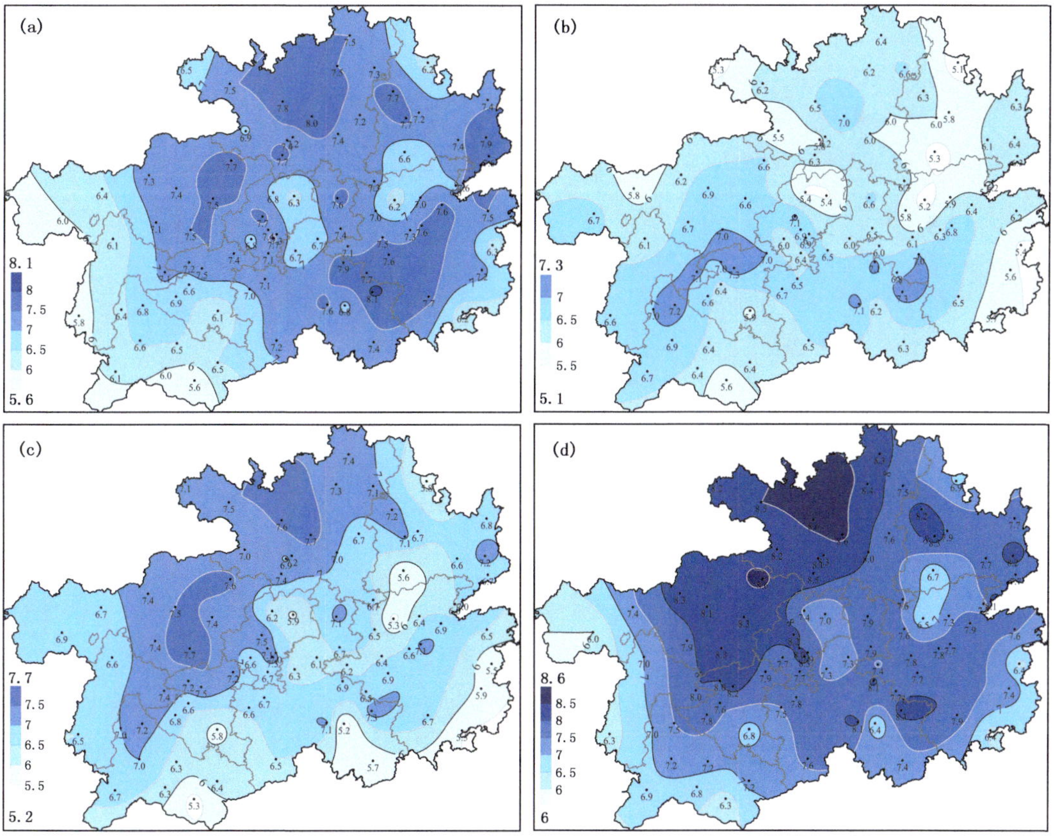

图 3.38 贵州省 1981—2010 年四季平均低云量空间分布图(单位:成)
(a)春;(b)夏;(c)秋;(d)冬

注:本章中使用的数据均来自各个自动气象观测站,其标准请参照国家自动气象观测站规范。

参考文献

贵州省统计局,2016.贵州统计年鉴 2015[M].北京:中国统计出版社.

罗喜平,杨静,周成霞,等,2008.贵州省雾的气候特征研究[J].北京大学学报(自然科学版),44(5):765-772.

第4章 天气现象

贵州省地处云贵高原东侧,属于中国西部高原山地,省内地势西高东低,自中部向北、东、南三面倾斜,地貌高原山地居多。贵州省常见或出现过的天气现象有雨凇、雾凇、雪、积雪、结冰、露、霜、雾、轻雾、冰雹、雷暴、大风、飑、霾,而暴雪、沙尘暴、扬沙等天气现象在贵州省发生次数极低或无发生情况,因此本章节不予介绍。春季是贵州省冰雹多发季节;夏半年伴随对流性天气过程的出现,雷暴、大风、飑等天气现象明显增多;贵州省的大风除了伴随强对流天气出现,春季热低压影响时的偏南大风也较明显;冬半年云贵静止锋活跃,雨凇、雾凇、雾等天气现象出现频次高,静止锋影响时,当气温降至 0 ℃左右或以下时,极易出现冻雨,严重影响车辆通行,或造成电力输电线路严重覆冰而损坏输电设施和压断线路,或危害越冬农作物,因冰凌过重而压断大量树木等灾害(许丹等,2003)。贵州省是全国雨凇出现频次和站数最多的省份,雨凇是贵州省最具特色且发生频率较大的高影响天气现象。由于汇川站 2005 年建站,建站时间过短,参考意义不大,故在部分影响极值的天气现象(雾、雷暴)中将汇川站数据剔除,其余天气现象不做处理。

本章将对贵州天气现象的空间分布、年内变化、年际频次等气候状态进行分析。

4.1 雨凇/雾凇

雨凇:过冷却液态降水碰到地面物体后直接冻结而成的坚硬冰层,呈透明或毛玻璃状,外光滑或略有隆突。雾凇:空气中水汽直接凝华,或过冷却雾滴直接冻结在物体上的乳白色冰晶物,常呈毛茸茸的针状或表面起伏不平的粒状,多附在细长的物体或物体的迎风面上,有时结构较松脆,受震易塌落。

由图 4.1a 可以看出,全省年平均雨凇日数范围为 0~45.7 d(威宁),共有 4 个多雨凇中心(威宁、万山、大方、开阳,图中星号标出),其中威宁多年平均雨凇日数 45.7 d,万山 27.1 d,大方 30.1 d,开阳 25.0 d;沿 27°N,呈东西向带状分布,总体分布形势为西部多、东部少,中部多、南北少。研究发现(严小冬等,2009),雨凇年平均日数是随海拔高度增加而增加的,这是由于气温随高度向上递减的缘故,因此贵州省雨凇西部多、东部少,这也是毕节与大方雨凇日数偏多的主要原因。万山与开阳海拔高度相对西部站点较低,但由于万山相对于其周围测点来说是一个相对高度较高的地区,据观测比周围测点高出 400~600 m;开阳则是受到迎风坡和背风坡的影响,贵州省地形为西高东低,属于东北风的迎风坡,迎风坡雨凇多,背风坡雨凇少,开阳地处迎风坡,因此雨凇日数较之其他地区偏多。同时还可以看出贵州省南部册亨、望谟、罗甸、荔波四站 1981—2010 间并未发生过雨凇事件,是贵州省内较佳的避寒地。由图 4.1b 可以看出,全省雾凇累计日数范围为 0~211 d(威宁),除四个多雾凇中心(威宁、万山、开阳、大方)

在95 d以上,其中威宁多年累计雾凇日数211 d,万山181 d,大方95 d,开阳110 d;其余大部分地区在10 d以下。由于雾凇与雨凇一般都出现在冻雨之后,所以分布特征基本一致,四个雾凇中心成因也一致,因此不再赘述。雾凇与雨凇的主要区别在于后者造成灾害的可能性与程度都大大超过前者,雨凇是经常出现的灾害性天气现象,而雾凇的密度小、重量轻,对于电线、树木的破坏性要比雨凇小得多,且雾凇对自然环境、人类健康具有一定的益处,它不仅是天然"空气加湿器"和"负氧离子发生器",还是天然的"消音器"。

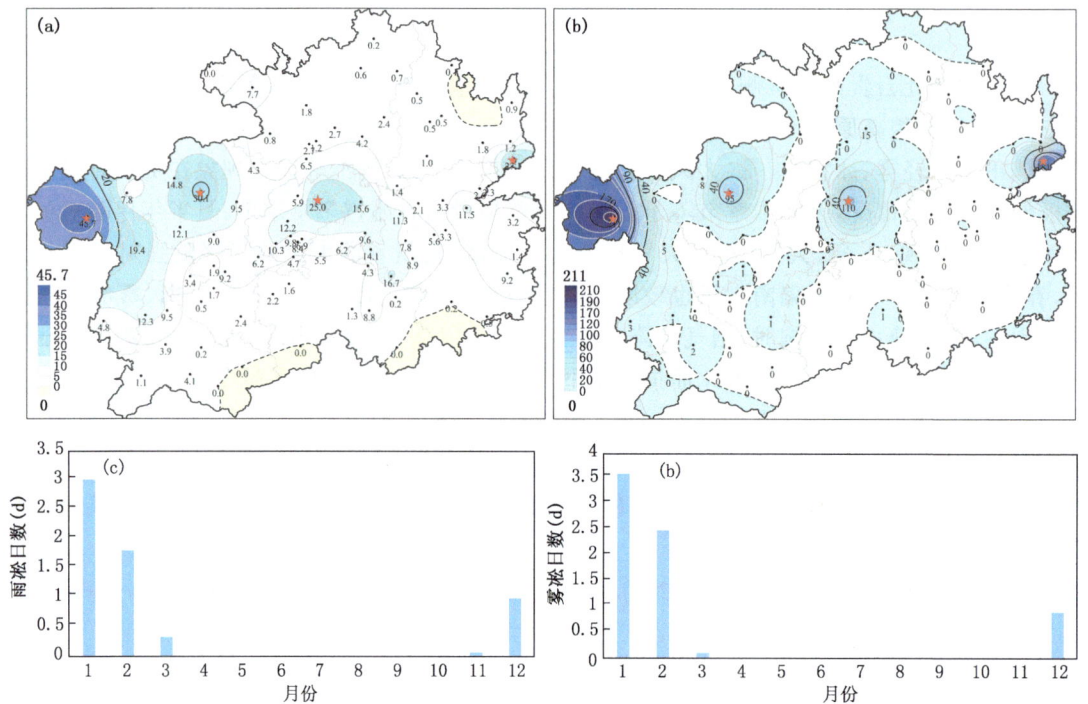

图4.1 贵州省1981—2010年:(a)年平均雨凇日数(d)空间分布;(b)雾凇累计日数(d)空间分布;
(c)逐月雨凇日数时间序列;(d)年累计逐月雾凇日数时间序列
(红色星号代表四个多雨凇/雾凇中心,粗虚线代表零线)

由图4.1c可以看出,全省年平均逐月雨凇日数冬季较多,其中又以1月最多,春季3月与秋季11月也有少量雨凇日出现,夏季无雨凇日。而图4.1d可以看出,全省年累计逐月雾凇日数冬季相对较多,其中又以1月最多,春季3月有少量雾凇日出现,夏季和秋季无雾凇日。

由图4.2a,b可以看出,全省年平均雨凇日数整体呈现略微减少趋势,但未通过95%信度检验。其中雨凇日数最多为1984年,全省年平均雨凇日数为21.5 d,最少为2017年,全省年平均雨凇日数为0.9 d。研究表明(许丹等,2003),对于贵州省冬季凝冻指数经EOF分解后的第一主分量对应的时间系数与同期500 hPa高度场的相关分析场来说,当欧亚大陆为"北高南低"的距平分布时,贵州省为一致的重凝冻分布;与之相反,当欧亚大陆为"北负南正"的距平分布时,贵州省为一致的无凝冻分布,1984年欧亚大陆上空环流分布为"北高南低",而2017年欧亚大陆上空环流分布为"北负南正"(图略)。由图4.2c,d可以看出,全省累计雾凇日数整体呈现减少趋势,且通过95%信度检验。20世纪90年代初以前以偏多为主,而20世纪90年代初以后以偏少为主。其中雾凇日数最多为1984年,全省年累计雾凇日数为131 d,最少为

2001年、2009年、2014年、2015年、2017年,全省均无雾凇现象发生。其成因与雨凇一致,在此不再赘述。

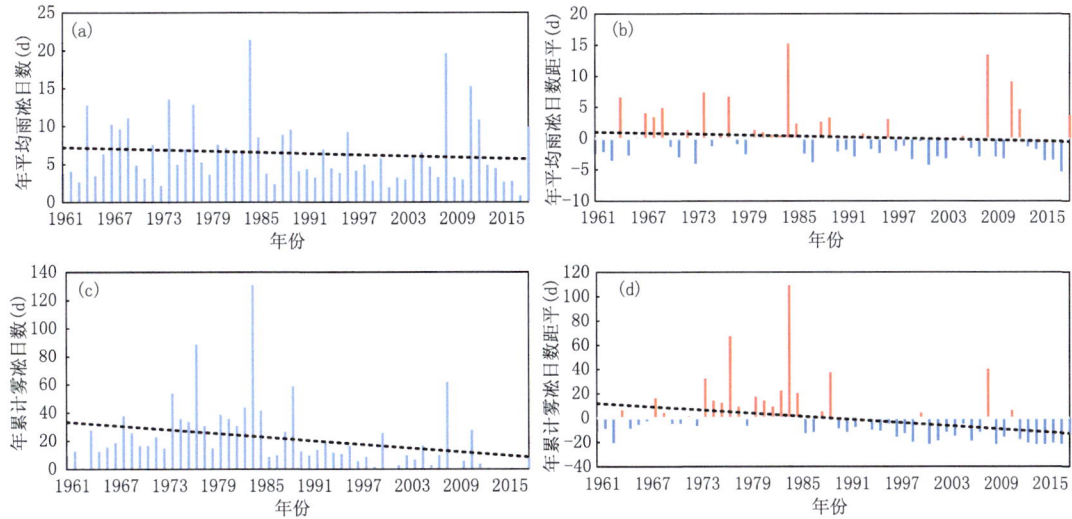

图 4.2 贵州省 1961—2018 年年时间序列:(a)年平均雨凇日数;(b)年平均雨凇日数距平;
(c)年累计雾凇日数;(d)年累计雾凇日数距平

4.2 雪/积雪

雪:固态降水,大多是白色不透明的六出分枝的星状、六角形片状结晶,常缓缓飘落,强度变化较缓慢,温度较高时多成团降落。积雪:雪(包括霰、米雪、冰粒)覆盖地面达到观测站四周能见面积一半以上。

由图 4.3a 可以看出,全省年平均雪日数范围为 0.7 d(赤水)~24.4 d(威宁),有四个多雪中心(威宁、万山、大方、开阳),其中威宁多年平均雪日数 24.4 d,万山 19.9 d,大方 21.4 d,开阳 15.5 d;沿 27°N,呈东西向带状分布,除南部地区在 8 d 以下,其余大部分地区在 8 d 以上。贵州省年平均雪日数总体呈现北多南少的分布形势。由图 4.3b 可以看出,全省年平均积雪日数范围为 0.1 d(赤水)~16.5 d(万山),有 4 个多积雪中心(威宁、万山、大方、开阳),其中威宁多年平均积雪日数 11.3 d,万山 16.5 d,大方 11.9 d,开阳 9.4 d;沿 27°N,呈东西向带状分布,南部地区在 4 d 以下,西部、东部与中部部分地区在 8 d 以上,其余地区为 4~8 d。贵州省年平均积雪日数总体呈现北多南少的分布形势。

由图 4.3c 可以看出,全省年平均逐月雪日数冬季较多,其中又以 1 月最多,春季前中期与秋季中后期也有少量雪日出现,夏季无雪日。图 4.3d 可以看出,全省年平均逐月积雪日数冬季较多,其中又以 1 月最多,春季 3 月与秋季 11 月也有少量积雪日出现,其余月份无积雪日。

由图 4.4a,b 可以看出,全省年平均雪日数整体呈现减少趋势,且通过 95%信度检验。20世纪 90 年代初以前以偏多为主,而 20 世纪 90 年代初以后以偏少为主。其中雪日数最多为 1983 年,全省年平均雪日数为 20.1 d,最少为 2017 年,全省年平均雪日数为 1.5 d。图 4.4c,d 可以看出,全省年平均积雪日数整体呈现略微减少趋势,但未通过 90%信度检验。其中积雪日数最多为1983年,全省年平均积雪日数为10.5 d,最少为1987年,全省年平均积雪日数为0.1 d。

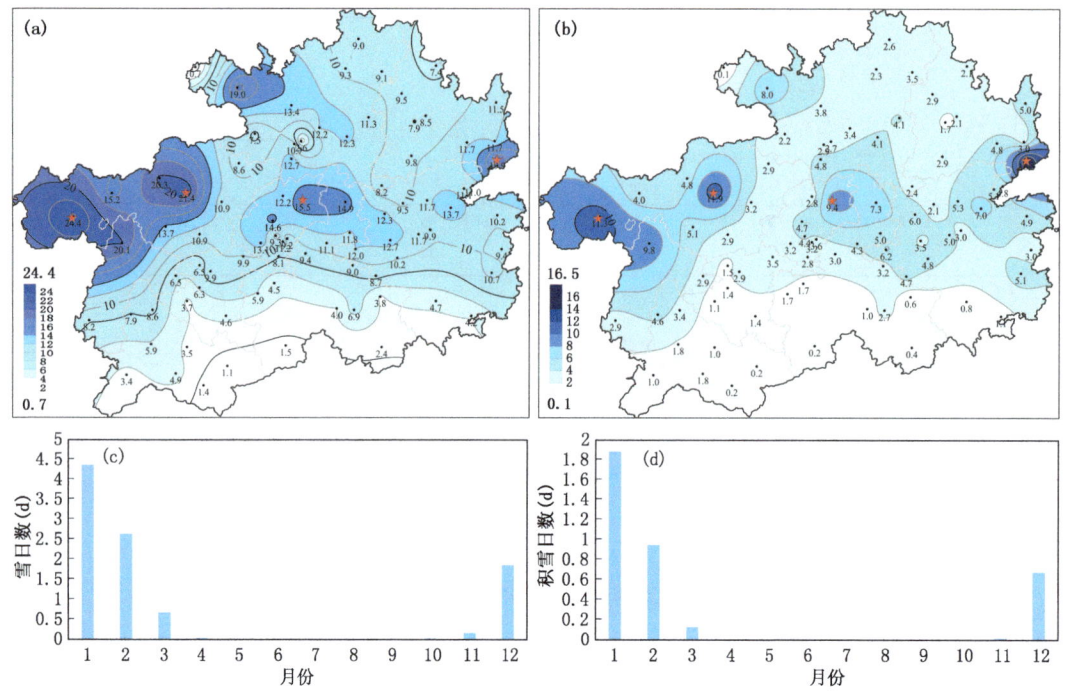

图4.3 贵州省1981—2010年:(a)年平均雪日数(d)空间分布;(b)年平均积雪日数(d)空间分布;
(c)年平均逐月雪日数时间序列;(d)年平均逐月积雪日数时间序列
(红色星号代表四个多雪/多积雪中心)

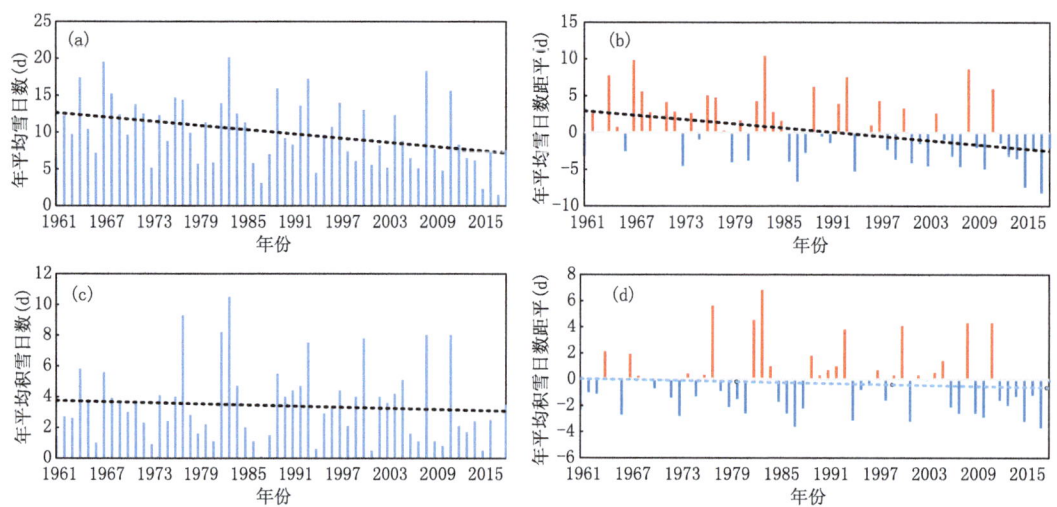

图4.4 贵州省1961—2018年时间序列:(a)年平均雪日数;(b)年平均雪日数距平;
(c)年平均积雪日数;(d)年平均积雪日数距平

4.3 结冰

结冰:露天水面(包括蒸发器的水)冻结成冰。

由图 4.5a 可以看出,全省年平均结冰日数范围为 0.2 d(赤水)~59.2 d(威宁),共有四个多发中心(威宁、万山、大方、开阳),其中威宁多年平均结冰日数 59.2 d,万山 39.6 d,大方 37.5 d,开阳 32.9 d;沿 27°N,呈东西向带状分布,总体分布形势为西部多、中部多、南北少。图 4.5b 可以看出,全省年平均逐月结冰日数冬季最多,其中又以 1 月为主,春季 3 月和秋季 11 月有少量结冰日出现,夏秋无结冰日。

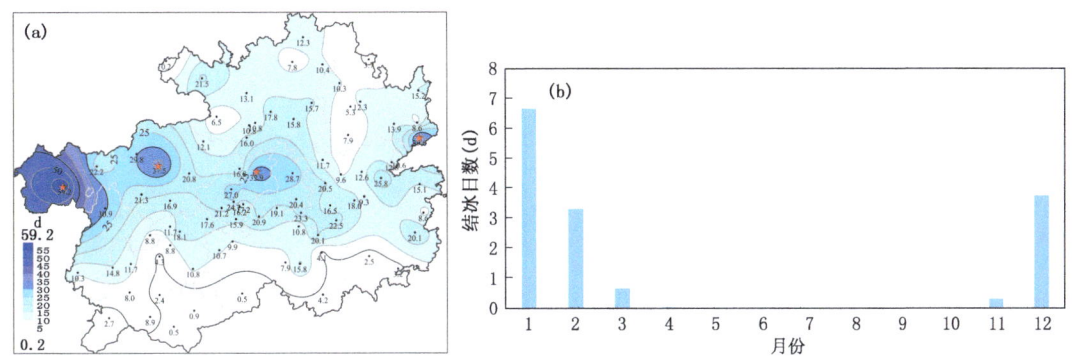

图 4.5 贵州省 1981—2010 年:(a)年平均结冰日数的空间分布;(b)年平均逐月结冰日数时间序列
(红色星号代表四个多结冰中心)

由图 4.6 可以看出,全省年平均结冰日数整体呈现略微减少趋势,但未通过 95% 信度检验。其中结冰日数最多为 1984 年,全省年平均结冰日数为 37.4 d,最少为 2017 年,全省年平均结冰日数为 3.6 d。通过 4.1—4.3 节对贵州省冷事件年平均天气现象日数及其距平对比分析可以发现,冷事件的发生频次近年来都在下降,这可能是由于全球变暖导致。

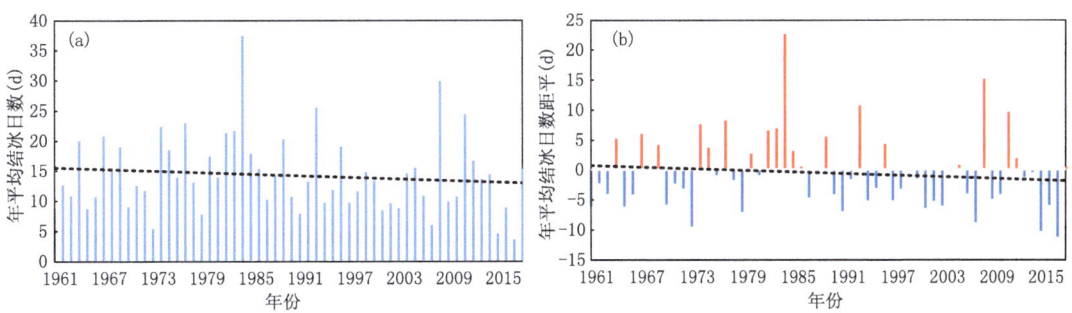

图 4.6 贵州省 1961—2018 年:(a)年平均结冰日数时间序列;(b)年平均结冰日数距平时间序列

4.4 露/霜

露:水汽在地面及近地面物体上凝结而成的水珠。霜:水汽在地面和近地面物体上凝华而成的白色松脆的冰晶,或由露冻结而成的冰珠。

由图4.7a可以看出,全省年平均露日数范围为81.5 d(仁怀)~287.9 d(三穗),中部地区与西部部分地区在100 d以下,东部地区在200 d以上,其余地区为100 d~200 d。贵州省年平均露日数总体呈现东多中少的分布形势。由图4.7b可以看出,全省年平均霜日数范围为1.2 d(赤水)~40.6 d(威宁),全省大部分地区在20 d以下,西部地区在20 d以上。贵州省年平均霜日数总体呈现西部多其他地区少的分布形势。

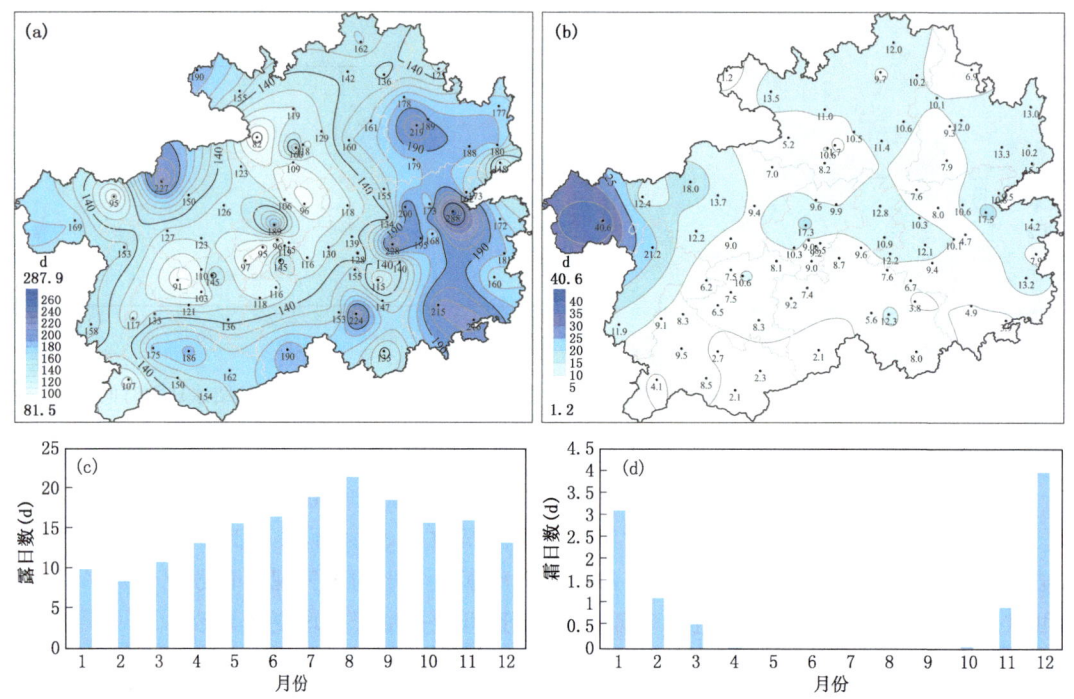

图4.7 贵州省1981—2010年:(a)年平均露日数空间分布;(b)年平均霜日数空间分布;
(c)年平均逐月露日数时间序列;(d)年平均逐月霜日数时间序列

图4.7c可以看出,全省年平均逐月露日数以夏季较多,其中又以8月最多,冬季2月最少,2—8月露日数逐渐增加,8月至翌年1月逐渐减少。由图4.7d可以看出,全省年平均逐月霜日数冬季较多,其中又以12月最多,春季前中期与秋季中后期也有少量霜日出现,夏季无霜日。

由图4.8a,b可以看出,全省年平均露日数整体呈现减少趋势,且通过95%信度检验。21世纪00年代初以前以偏多为主,而21世纪00年代初以后以偏少为主。其中露日数最多为1965年,全省年平均露日数为166.1 d,最少为2018年,全省年平均露日数为86.6 d。由图4.8c,d可以看出,全省年平均霜日数整体呈现减少趋势,且通过99%信度检验。21世纪00年代初以前以偏多为主,而21世纪00年代初以后以偏少为主。其中霜日数最多为1993

年,全省年平均霜日数为 21 d,最少为 1991 年,全省年平均霜日数为 2.9 d。

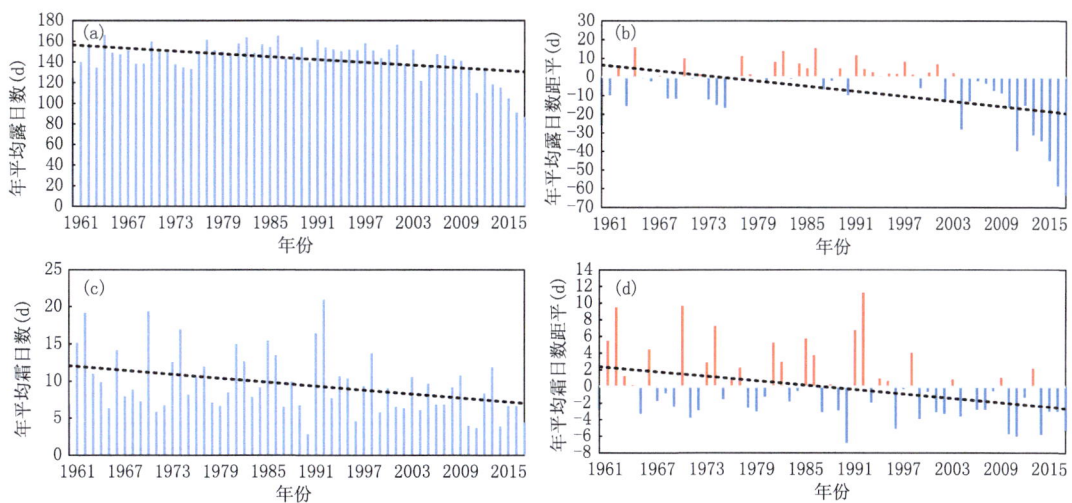

图 4.8　贵州省 1961—2018 年时间序列:(a)年平均露日数;(b)年平均露日数距平;
(c)年平均霜日数;(d)年平均霜日数距平

4.5　雾/轻雾/霾

雾:悬浮在贴近地面的大气中的大量微小水滴(或冰晶)的可见集合体,常呈乳白色。雾和云的区别仅仅在于是否接触地面。轻雾:微小水滴或已湿的吸湿性质粒所构成的灰白色的稀薄雾幕。霾:大量极细微的干尘粒等均匀地浮游在空中,使空气普遍混浊的现象。霾使远处光亮物体微带黄、红色,使黑暗物体微带蓝色。

由图 4.9a 可以看出,全省年平均雾日数范围为 4.2 d(石阡)～175.9 d(大方),西部地区、中部地势较高处与东部地区在 50 d 以上,其中大方多年平均雾日数高达 175.9 d,甚至高于重庆的 104 d;其余地区在 50 d 以下,这可能与贵州省冬半年常有静止锋维持在西南部,形成锋面雾有关(罗喜平等,2008),除此之外与多云、气温低、空气湿度大等天气气候特征也密切相关(陈娟等,2013)。由图 4.9b 可以看出,全省年平均轻雾日数范围为 34.9 d(长顺)～282.1 d(黔西),西南部地区、东部部分地区在 100 d 以下,其余大部分地区在 100 d 以上,其中中部与北部部分地区在 250 d 以上。贵州省年平均轻雾日数总体呈现北多南少的分布形势。

由图 4.9c 可以看出,全省年平均逐月雾日数以冬季 12 月最多,1 月次多,1 月后雾日数逐渐减少,以夏季 7 月最少,7 月后雾日数逐渐增多,这是由于深秋—初冬(11 月—翌年 1 月)是冷空气活动频繁的季节,也是云贵静止锋最为活跃的季节,这种条件下极易形成锋面雾(周涛等,2005)。由图 4.9d 可以看出,全省年平均逐月轻雾日数冬季 1 月最多,12 月次多,夏季 7 月最少,整体趋势呈现为 1 月至 7 月轻雾日数逐渐减少,7 月至 12 月逐渐增多。

由图 4.10a 可以看出,全省年平均霾日数范围为 0～31.8 d(赤水),全省大部分地区在 10 d 以下,北部与西部地区在 10 d 以上。贵州省年平均霾日数总体呈现除省的北部边缘外,大部地区偏少的分布形势。由此可见贵州省总体空气质量较优。由图 4.10b 可以看出,全省年平均逐月霾日数冬季 12 月最多,夏季 7 月最少,冬季 12 月至 2 月霾日数逐渐减少,但在春季3月略有增加,3月后逐渐减少,至夏季7月霾日数降至最低,8月起霾日数逐渐增加。

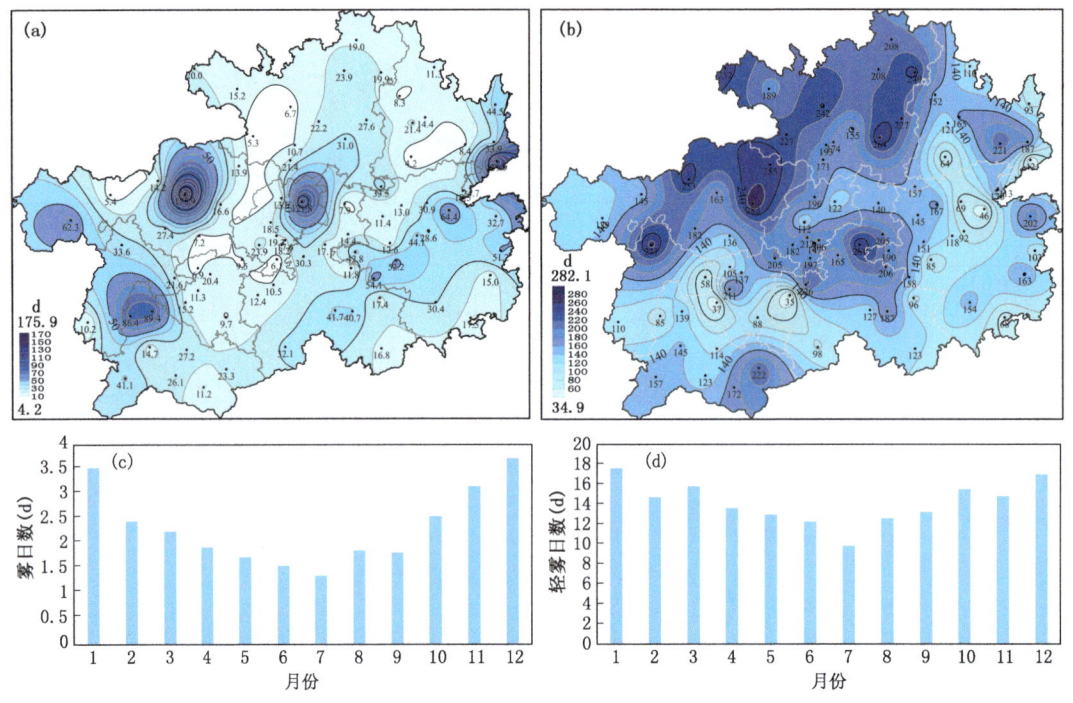

图4.9 贵州省1981—2010年:(a)年平均雾日数空间分布;(b)年平均轻雾日数空间分布;
(c)年平均逐月雾日数时间序列;(d)年平均逐月轻雾日数时间序列

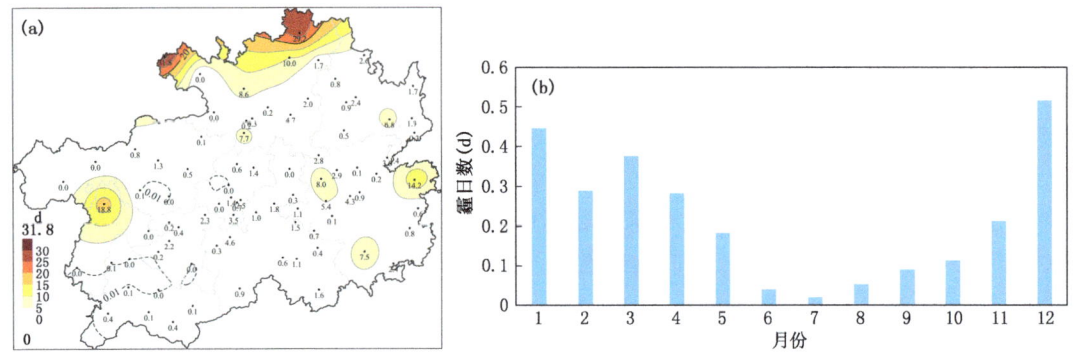

图4.10 贵州省1981—2010年:(a)年平均霾日数的空间分布;(b)年平均逐月霾日数时间序列

由图4.11a,b可以看出,全省年平均雾日数整体呈现减少趋势,且通过95%信度检验。21世纪00年代初以前以偏多为主,而21世纪00年代初以后以偏少为主。其中雾日数最多为1968年,全省年平均雾日数为36.1 d,最少为2011年,全省年平均雾日数为16.9 d。由图4.11c,d可以看出,全省年平均轻雾日数整体呈现增加趋势,且通过95%信度检验。20世纪90年代初以前以偏少为主,而20世纪90年代初以后以偏多为主。其中轻雾日数最多为2016年,全省年平均轻雾日数为224.6 d,最少为1962年,全省年平均轻雾日数为47.8 d。

第 4 章 天气现象

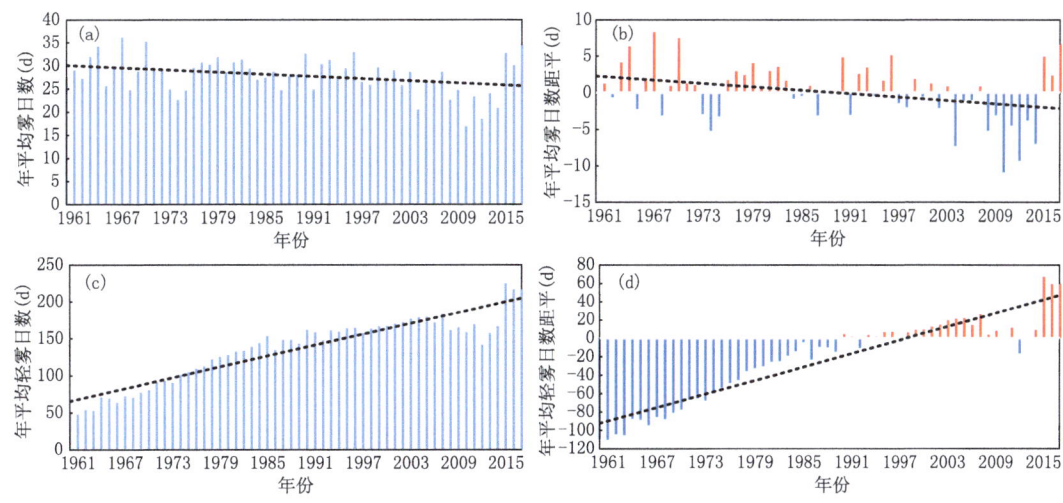

图 4.11 贵州省 1961—2018 年雾日数时间序列:(a)年平均雾日数;(b)年平均雾日数距平;(c)年平均轻雾日数;(d)年平均轻雾日数距平

由图 4.12 可以看出,全省年平均霾日数整体呈现减少趋势,且通过 95% 信度检验 20 世纪 90 年代初以前以偏多为主,而 20 世纪 90 年代初以后以偏少为主。其中霾日数最多为 1981 年,全省年平均霾日数为 8.6 d,最少为 1997 年,全省年平均霾日数为 0.3 d。

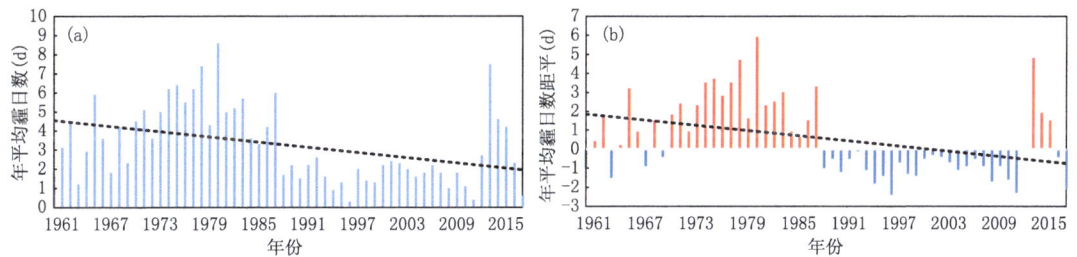

图 4.12 贵州省 1961—2018 年霾日数时间序列:(a)年平均霾日数;(b)年平均霾日数距平

4.6 冰雹

冰雹:坚硬的球状、锥状或形状不规则的固态降水,雹核一般不透明,外面包有透明的冰层,或由透明的冰层与不透明的冰层相间组成。大小差异大,大的直径可达数十毫米。常伴随雷暴出现。

由图 4.13a 可以看出,全省冰雹累计日数范围为 1 d(道真)~83 d(晴隆),北部地区与南部部分地区在 20 d 以下,中部与东部地区为 20~40 d,西部地区在 40 d 以上。贵州省冰雹累计日数总体呈现西多东少,中间多南北少的分布形势。由图 4.13b 可以看出,全省年累计逐月冰雹日数春季最多,其中又以 4 月为主,仅秋季 9 月和冬季 12 月无冰雹日。

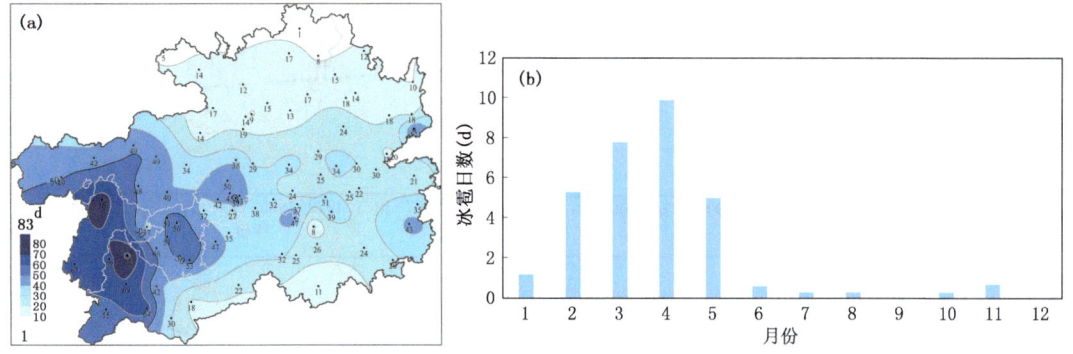

图 4.13 贵州省 1981—2010 年冰雹日数:(a)冰雹累计日数空间分布;
(b)年累计逐月冰雹日数时间序列

由图 4.14 可以看出,全省累计冰雹日数整体呈现减少趋势,且通过 95% 信度检验。20 世纪 90 年代初以前以偏多为主,而 20 世纪 90 年代初以后以偏少为主。其中冰雹日数最多为 1981 年,全省年累计冰雹日数为 169 d,最少为 2017 年,全省年累计冰雹日数为 23 d。

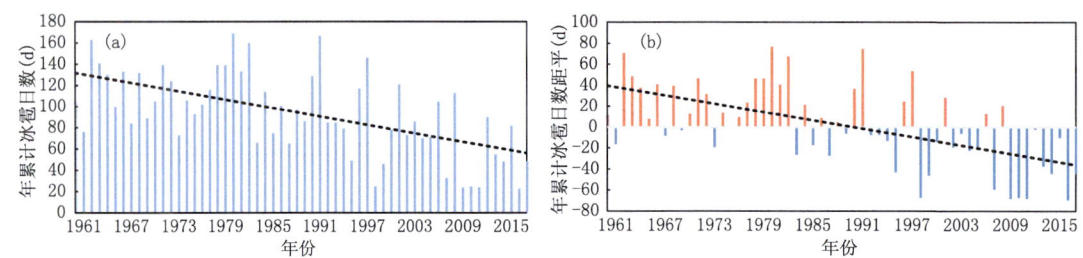

图 4.14 贵州省 1961—2018 年时间序列:(a)年累计冰雹日数;(b)年累计冰雹日数距平

4.7 雷暴

雷暴:积雨云云中、云间或云地之间产生的放电现象。表现为闪电兼有雷声,有时亦可只闻雷声而不见闪电。

由图 4.15a 可以看出,全省年平均雷暴日数范围为 33.8 d(赤水)~70 d(盘州),北部大部分地区在 40 d 以下,中部、东部地区与南部部分地区为 40~60 d,西南部地区在 60 d 以上。贵州省年平均雷暴日数总体呈现西多东少,南多北少的分布形势。图 4.15b 可以看出,全省年平均逐月雷暴日数夏季较多,其中又以 7 月最多,冬季 1 月以后雷暴日数逐渐增多,秋季 9 月雷暴日数明显减少,冬季 12 月雷暴日数最少。

图 4.16 为 1961—2013 年贵州省年平均雷暴日数距平与日数的时间序列图(雷暴观测于 2014 年停止),可以看出,全省年平均雷暴日数整体呈现减少趋势,且通过 95% 信度检验。20 世纪 90 年代初以前以偏多为主,而 90 年代初以后以偏少为主。其中雷暴日数最多为 1967 年,全省年平均雷暴日数为 66.5 d,最少为 2011 年,全省年平均雷暴日数为 26.5 d。

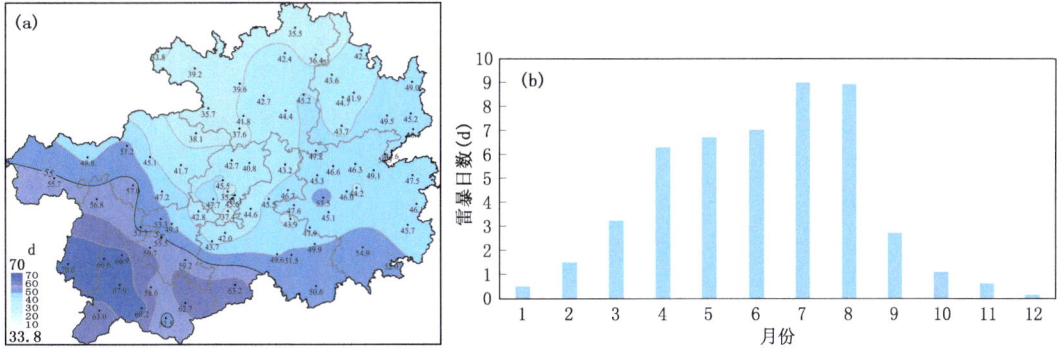

图 4.15 贵州省 1981—2010 年雷暴日数:(a)年平均雷暴日数空间分布;
(b)年平均逐月雷暴日数时间序列

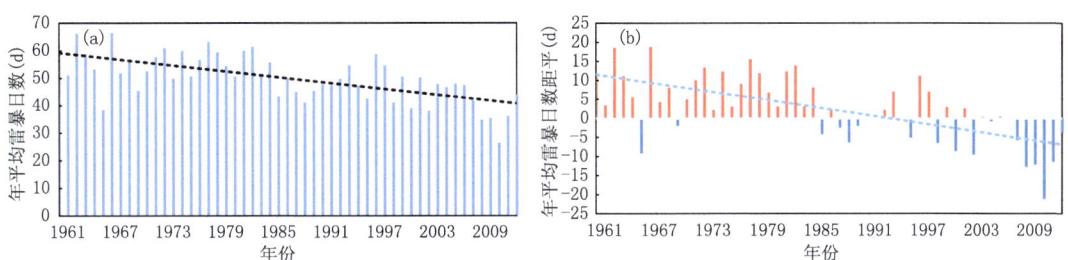

图 4.16 贵州省 1961—2013 年时间序列:(a)年平均雷暴日数;(b)年平均雷暴日数距平

4.8 大风/飑

大风:瞬时风速达到或超过 17.0 m/s(或目测估计风力达到或超过 8 级)的风;飑:突然发作的强风,持续时间短促。出现时瞬时风速突增,风向突变,气象要素随之亦有剧烈变化,常伴随雷雨出现。

由图 4.17a 可以看出,全省年平均大风日数范围为 0.1 d(玉屏)~18.7 d(盘州),全省大部分地区在 4 d 以下,西部地区在 4 d 以上。贵州省年平均大风日数总体呈现西部边缘多,其余大部分地区少的分布形势。由图 4.17b 可以看出,全省飑累计日数范围为 0~116 d(兴仁),全省大部分地区在 10 d 以下,南部部分地区、东北部与西部部分地区为 10~40 d,西南部部分地区在 40 d 以上。贵州省飑累计日数总体呈现西南多中东部少的分布形势。

图 4.17c 可以看出,全省年平均逐月大风日数春季较多,其中以 3 月最多,秋季最少,其中又以 9 月最少。由图 4.17d 可以看出,全省年累计逐月飑日数呈双峰分布,第一个峰值在春季 5 月(3.6 d),第二个峰值在夏季 8 月(3.7 d),冬季 12 月累计飑日数最少,仅 0.2 d,次少为秋季 11 月和冬季 1 月,均为 0.3 d。

由图 4.18a,b 可以看出,全省年平均大风日数整体呈现减少趋势,且通过 95%信度检验。20 世纪 90 年代初以前以偏多为主,90 年代初以后以偏少为主。其中大风日数最多为 1966 年,全省年平均大风日数为 10.8 d,最少为 2001 年,全省年平均大风日数为 0.7 d。图 4.18c,d 为 1961—2013 年贵州省年累计飑日数距平与日数的时间序列图(飑观测于 2014

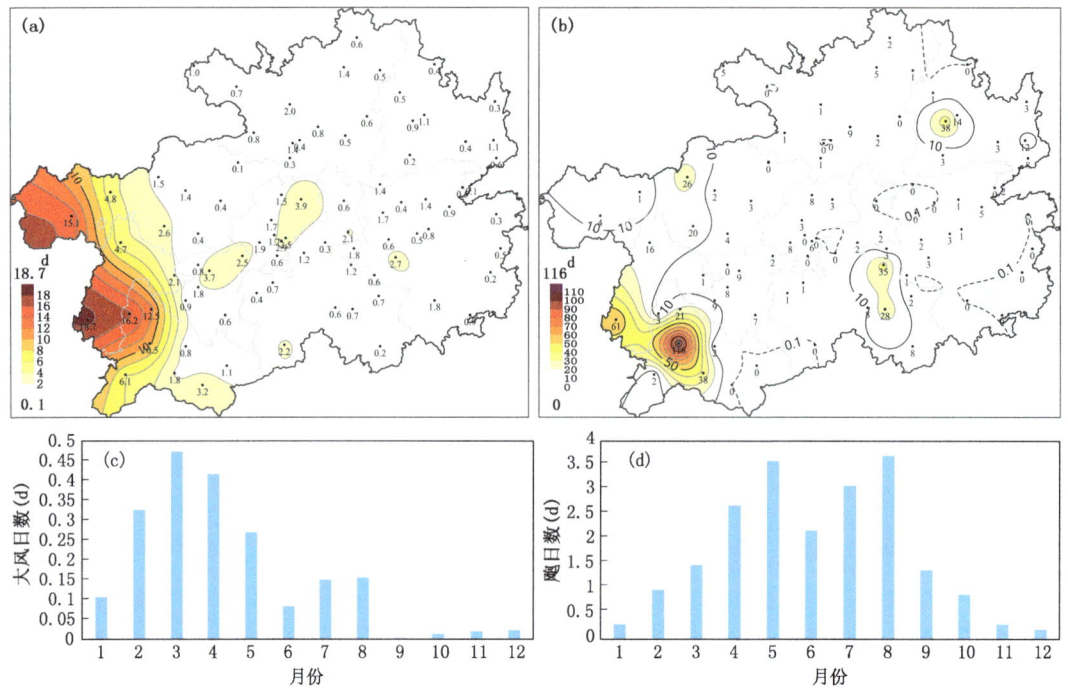

图 4.17 贵州省 1981—2010 年：(a)年平均大风日数空间分布；(b)飑累计日数空间分布；
(c)年平均逐月大风日数时间序列；(d)年累计逐月飑日数时间序列

年停止)，可以看出，全省累计飑日数整体呈现减少趋势，但未通过 90%信度检验。20 世纪 80 年代前期至 90 年代中期以偏多为主，其余时段以偏少为主。其中飑日数最多为 1983 年，全省年累计飑日数为 47 d，最少为 2012 年，全省年累计飑日数为 0 d。

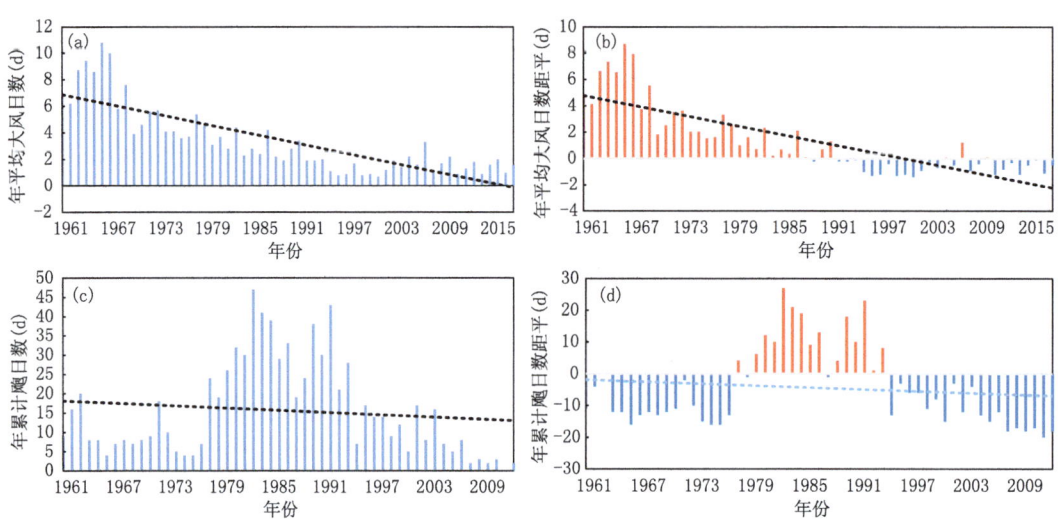

图 4.18 贵州省 1961—2018 年时间序列：(a)年平均大风日数；(b)年平均大风日数距平；
(c)年累计飑日数；(d)年累计飑日数距平

参考文献

陈娟,罗宇翔,郑小波,2013.近50年贵州省雾的时空分布及变化[J].高原山地气象研究,33(2):46-50.
罗喜平,杨静,周成霞,2008.贵州省雾的气候特征研究[J].北京大学学报(自然科学版),44(5):765-772.
许丹,罗喜平,2003.贵州省凝冻的时空分布特征和环流成因分析[J].高原气象,22(4):401-404.
严小冬,吴战平,古书鸿,2009.贵州省冻雨时空分布变化特征及其影响因素浅析[J].高原气象,28(3):694-701.
周涛,周成霞,2005.贵州省雾的时空分布特征[J].贵州省气象,29(s1):32-34.

第 5 章 气候事件标准与影响

为深入了解贵州气候事件的时空特点及对其进行监测、预测和防御的重要性,本章主要介绍贵州省倒春寒等各种气候事件的划分标准及其时空分布演变规律。

5.1 降温

5.1.1 倒春寒

每年进入春季后,气温逐渐回升,天气转暖,若此时受到北方冷空气入侵影响,各地常出现连续低温阴雨天气,这就是倒春寒。《贵州短期气候预测技术》中规定:每年 3 月 21 日—4 月 30 日,凡出现日平均气温≤10.0 ℃,并持续≥3 d 的时段(其中第 4 d 开始,允许有间隔一天的日均温度≤10.5 ℃),为倒春寒天气过程(李玉柱等,2001)。

图 5.1 给出了 1981—2010 年贵州省倒春寒次数的多年平均值空间分布,可以看出,年均倒春寒次数大值区主要是威宁、大方、习水、开阳、万山。全省年均倒春寒次数最大值区域位于贵州省大方至威宁一带,年均倒春寒次数多达 1.5 次以上;开阳、习水一带为次大值区域,年均

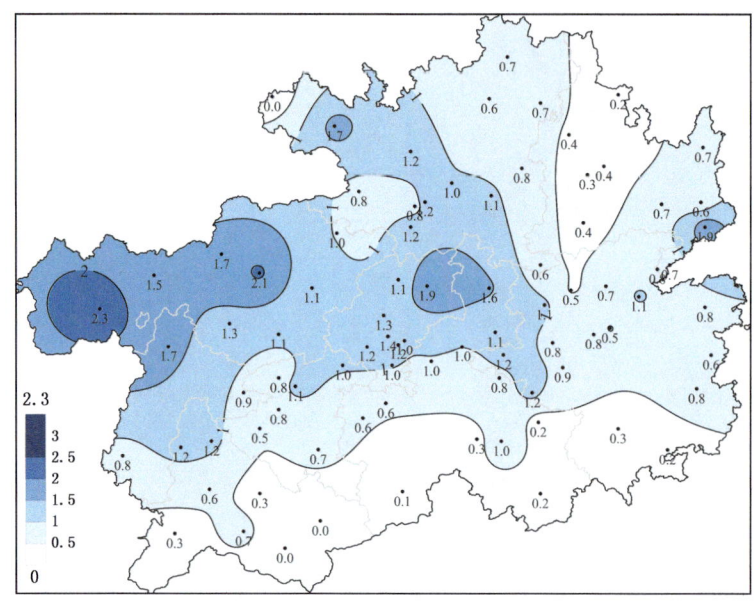

图 5.1 贵州省倒春寒次数多年平均值(1981—2010 年)空间分布(单位:次)

倒春寒次数达 1.0 次以上。贵州倒春寒天气强度有自西向东部或向东南部、东北部递减的分布规律。根据倒春寒次数将全省分为 5 个倒春寒区：基本无倒春寒区（该区内极少发生倒春寒天气）；轻倒春寒区（年均倒春寒次数少于 0.5）；中等倒春寒区（年平均倒春寒过程次数为 0.5~0.7 次）；重倒春寒区（年平均倒春寒过程次数为 0.8~1.2 次）；严重倒春寒区（年平均倒春寒次数在 1.2 以上）。根据这一规定，结合年均倒春寒过程次数分布图可知，大方至威宁一带的省西北部、开阳、瓮安、万山、习水等地区为严重倒春寒区；六盘水市中部、毕节市东部、贵阳市南部、黔南州北部、遵义市部分地区均为重倒春寒区；而省南部边缘地区和铜仁市西部为基本无倒春寒区。

图 5.2 给出了 1961—2018 年贵州省倒春寒次数距平百分率的时间序列，可以看出，从 20 世纪 60 年代至 70 年中期，贵州省倒春寒次数基本上以偏少为主；70 年代中期至 90 年后期，贵州省倒春寒次数基本上以偏多为主；进入 21 世纪后，贵州省倒春寒次数以偏少为主。

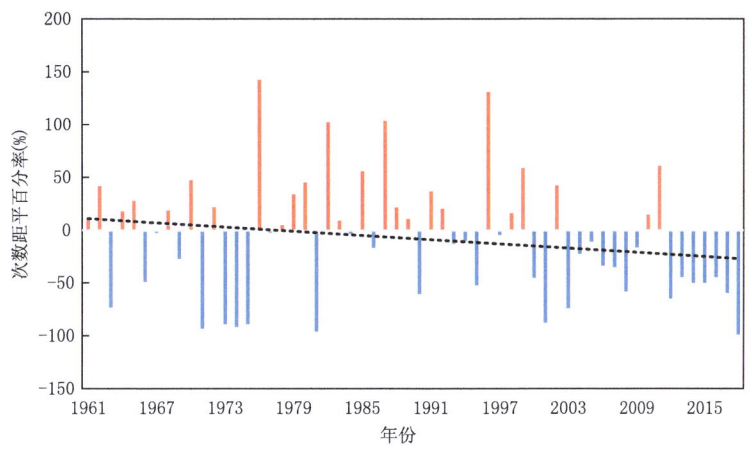

图 5.2　1961—2018 年贵州省倒春寒次数距平百分率的时间序列

图 5.3 给出了 1981—2010 年贵州省倒春寒天数的多年平均值空间分布，可以看出倒春寒天数仍有自西北部向东北、东和东南部地区逐渐减少的分布特征。全省年均倒春寒天数最大值区域位于大方至威宁一带；开阳、习水一带为次大值区域，省南部边缘地区和铜仁市西部为基本无倒春寒过程。

图 5.4 给出了 1961—2018 年贵州省倒春寒天数距平百分率的时间序列，可以看出，其演变特征与倒春寒次数演变特征类似，即从 20 世纪 60 年代至 70 年中期，倒春寒日数基本上以偏少为主；70 年代中期至 90 年后期，倒春寒日数基本上以偏多为主；进入 21 世纪后，倒春寒日数以偏少为主。

5.1.2　秋风

秋风冷害是指在夏末秋初由于北方冷空气南下出现对水稻抽穗扬花有不利影响的低温天气。在贵州，通常把每年 8 月 1 日—9 月 10 日，凡出现日平均气温≤20.0 ℃（西北部地区海拔 1500 m 的测站，日平均气温≤18.0 ℃），并持续 2 d 或者以上的时段（从第 3 d 起，允许有间隔一天的日平均气温≤20.5 ℃，海拔 1500 m 以上的测站，允许有间隔一天的日均温≤18.5 ℃），定为秋风天气过程（李玉柱等，2001）。

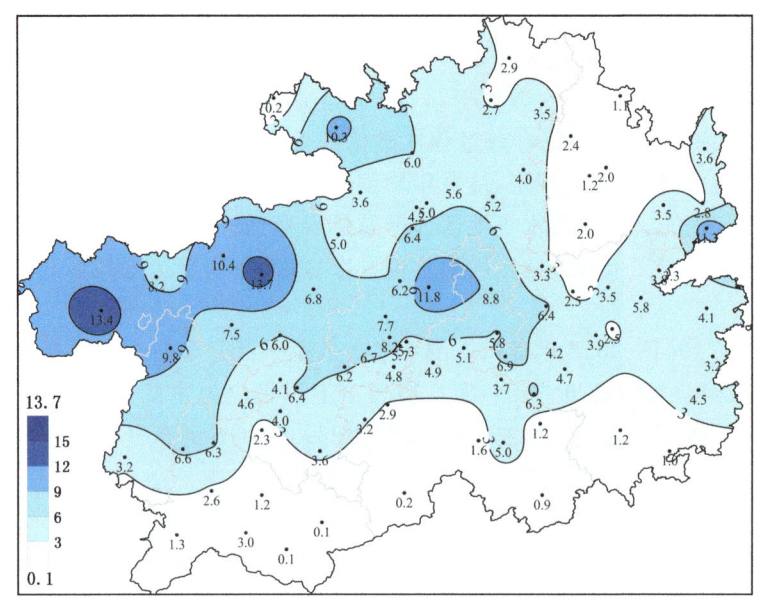

图 5.3　贵州省倒春寒天数的多年平均值(1981—2010 年)空间分布(单位:d)

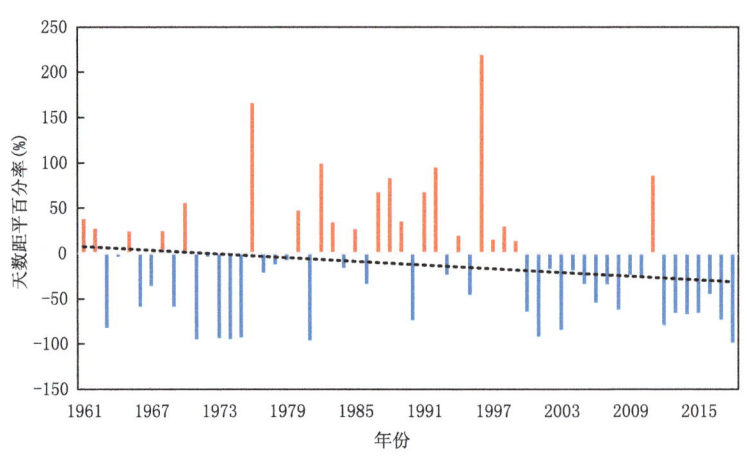

图 5.4　1961—2018 年贵州省倒春寒天数距平百分率的时间序列

图 5.5 给出了 1981—2010 年贵州省秋风次数的多年平均值空间分布,可以看出,贵州省年均秋风次数最大值位于贵州省纳雍至威宁一带,其中威宁年均秋风次数多达 3 次以上;开阳、习水为次大值区域,年均秋风次数达 2 次以上。贵州秋风天气强度有自西向东部或向东南部、东北部递减的分布规律。贵州气象部门根据各种指标将全省分为 5 个秋风区:基本无秋风区(该区内极少发生秋风天气);轻秋风区(年平均秋风过程次数在 0.2 次以下,平均 5 年以上出现一次轻度秋风天气);中等秋风区(年平均秋风过程次数为 0.2~1.0 次);重秋风区(年平均秋风过程次数为 1.1~3.0 次,平均每 5 年有 2 年出现重度秋风);严重秋风区(年平均秋风次数在 3.0 以上,重度秋风平均每年超过 1.2 次)。根据这一规定,结合年均秋风过程次数分布图可知,纳雍至威宁一带的省西北部以及开阳、习水均为重秋风区;而省部边缘的册亨、望谟、罗甸、荔波、榕江和从江等 6 个县为基本无秋风区。

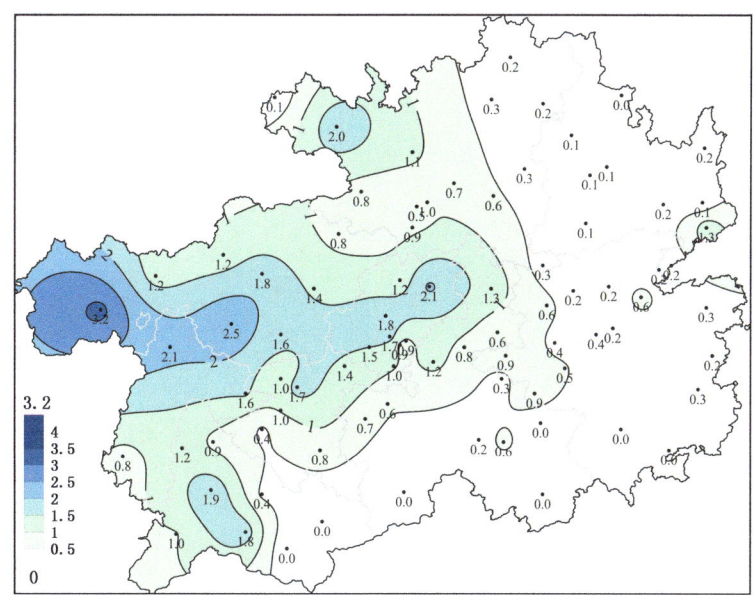

图 5.5　贵州省秋风次数多年平均值(1981—2010 年)空间分布(单位:次)

图 5.6 给出了 1961—2018 年贵州省秋风次数距平百分率的时间序列,可以看出,从 20 世纪 60—80 年代,秋风次数偏多偏少交替出现;80 年代至 90 年后期,秋风次数基本上以偏少为主;90 年代末至 2008,秋风次数以偏多为主,2009—2018 年,秋风次数以偏少为主。

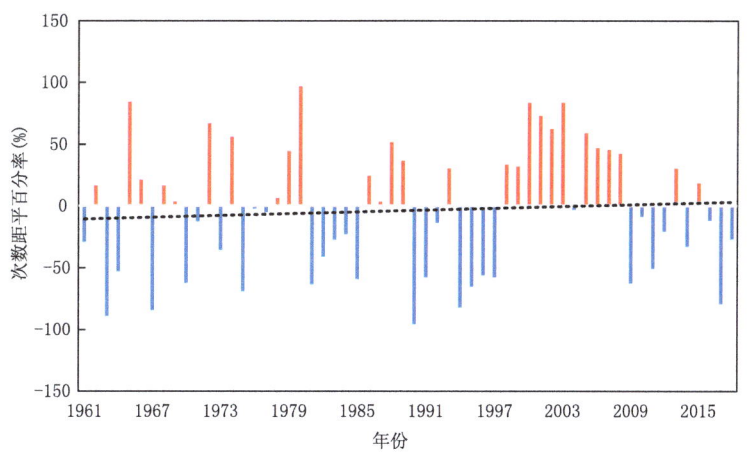

图 5.6　1961—2018 年贵州省秋风次数距平百分率的时间序列

图 5.7 给出了 1981—2010 年贵州省秋风天数的多年平均值空间分布,可以看出,贵州省年均秋风天数最大值仍位于贵州省纳雍至威宁一带,其中威宁年均秋风天数多达 27 次以上;开阳、习水为次大值区域,年均秋风天数达 9 次以上;东部(除万山外)和南部基本无秋风天气过程。贵州秋风天数有自西向东部或向东南部、东北部递减的分布规律。

图 5.8 给出了 1961—2018 年贵州省秋风规定数距平百分率的时间序列,可以看出,其演变特征与秋风次数演变特征类似。

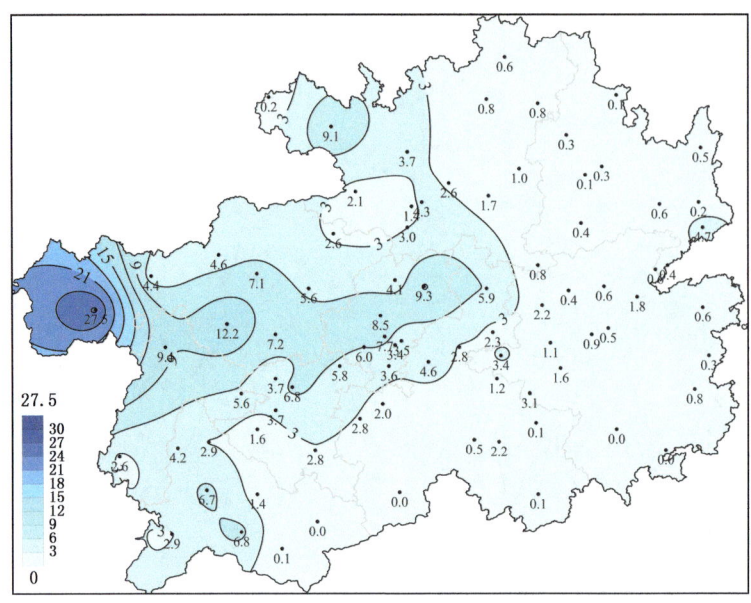

图 5.7　贵州省秋风天数多年平均值(1981—2010 年)空间分布(单位:d)

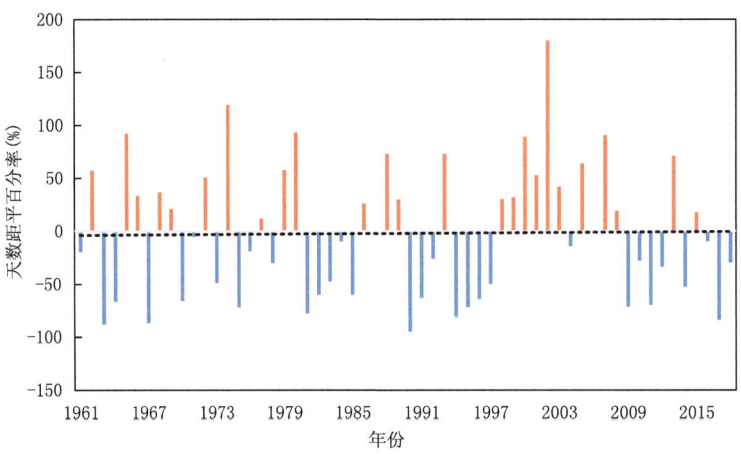

图 5.8　1961—2018 年贵州省秋风天数距平百分率的时间序列

5.2　降水

5.2.1　栽插期雨水

从气候态(1981—2010 年)来看,贵州东部地区于 4 月中旬开始进入雨季,越往西逐渐推迟。因此在东部 4 月份的降水量均能满足水稻适时播种及打田移栽的用水,而在省的西部和西北部地区要推迟至 5 月中、下旬才能满足其需要,因而常出现等水打田栽秧的现象。到 6 月中旬,全省各地区栽插陆续结束,因此栽插期雨水是指 5 月中旬至 6 月中旬的降水量,主要对水稻的栽插造成影响。

图5.9给出了1981—2010年贵州省栽插期雨水的多年平均值空间分布,可以看出,年均栽插期雨水大值区主要集中在省的西南地区和都匀—丹寨—三都一线,年均栽插期雨水量在300 mm以上;中部以南、铜仁市东部以及德江—凤冈—湄潭一带为次大值区域,年均栽插期雨水量达250 mm以上。贵州栽插期雨水有自北向南部或向西南部递增的分布规律。

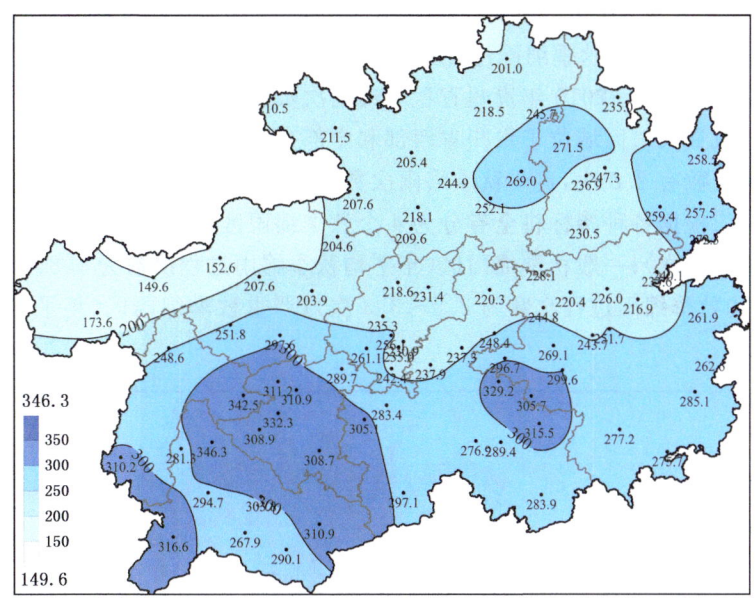

图5.9 贵州省栽插期雨水多年平均值(1981—2010年)空间分布(单位:mm)

图5.10给出了1961—2018年贵州省栽插期雨水距平百分率的时间序列,从趋势看呈略增多的趋势,从20世纪60年代至70年中期,栽插期雨水以偏少为主;70年代中期至80年代中期以偏多为主;80年代中期至90年代后期以偏少为主;90年代后期至2018年,栽插期雨水以偏多为主。

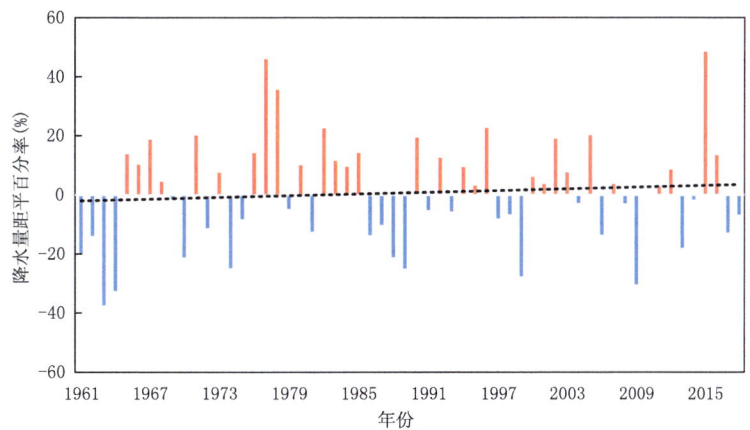

图5.10 1961—2018年贵州省栽插期雨水距平百分率的时间序列

5.2.2 秋绵雨

秋季绵雨是贵州各地发生在秋季的一种气象灾害,主要对成熟期的秋收作物造成危害,严重的秋绵雨还影响秋耕秋种的正常进行而延误农时。在贵州,将每年 9 月 1 日—11 月 30 日期间内,凡出现日降水量≥0.1 mm、持续时间达 5 d 或者以上的时段(其中从第 6 d 起,允许有间隔 1 d 无降水量),定义为秋季绵雨过程(李玉柱等,2001)。

图 5.11 给出了 1981—2010 年贵州省秋季绵雨次数的多年平均值空间分布,可以看出,全省年均秋绵雨次数最大值区域位于贵州省西部和中部高海拔地区一带,其中最值出现在大方,年平均秋季绵雨次数有 2.8 次,贵州秋季绵雨次数具有自西北向东部或向南部递减的分布规律。贵州气象部门根据各种指标将全省分为 4 个秋季绵雨区:轻微秋季绵雨区(年平均秋季绵雨过程次数小于 1.8 次);一般秋季绵雨区(年平均秋季绵雨过程次数为 1.8～2.5 次);较重秋季绵雨区(年平均秋季绵雨过程次数为 2.5～3.3 次);严重秋季绵雨区(年平均秋季绵雨过程次数超过 3.3 次)。

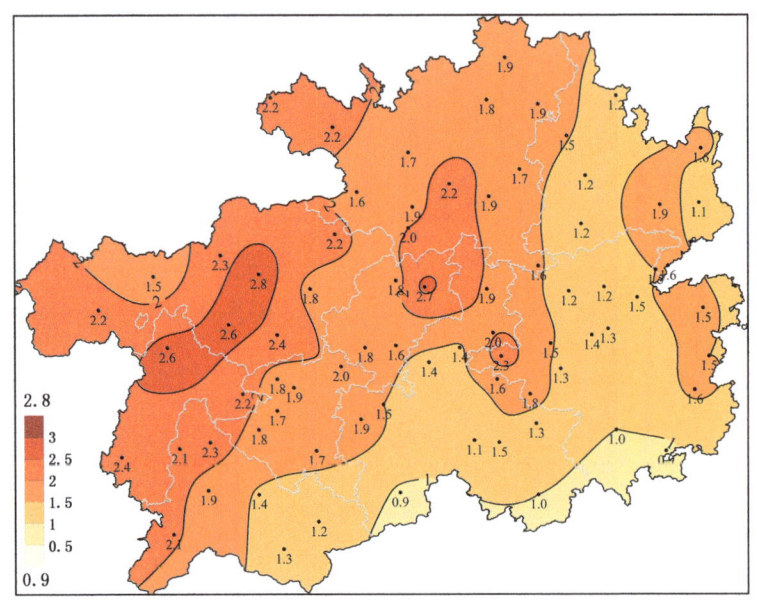

图 5.11　贵州省秋季绵雨次数的多年平均值(1981—2010 年)空间分布(单位:次)

图 5.12 给出了 1961—2018 年贵州省秋季绵雨次数距平百分率的时间序列,可以看出,从 20 世纪 60 年代至 90 年中期,秋季绵雨次数以偏多为主;90 年代中期至 90 年代末,秋季绵雨次数偏多偏少交替出现,而进入 21 世纪后,秋季绵雨次数以偏少为主。

图 5.13 给出了 1981—2010 年贵州省秋季绵雨过程天数的多年平均值空间分布,可以看出,全省年平均秋绵雨天数最大值区域同样位于贵州省西部和中部高海拔地区一带,其中最值出现在大方,年平均秋季绵雨天数有 28.6 d,贵州秋季绵雨具有自西北向东部或向南部递减的分布规律。

图 5.14 给出了 1961—2018 年贵州省秋季绵雨过程天数的时间演变情况,这个要素的演变特征和秋季绵雨次数距平百分率的演变特征基本相同。同样的,从 20 世纪 60 年代至 90 年代中期,秋季绵雨天数以偏多为主;90 年代末至 21 世纪,秋季绵雨次数以偏少为主。

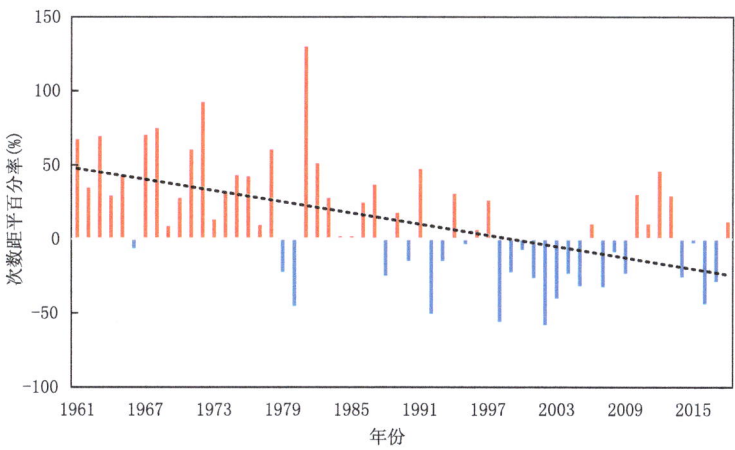

图 5.12　1961—2018 年贵州省秋季绵雨次数距平百分率的时间序列

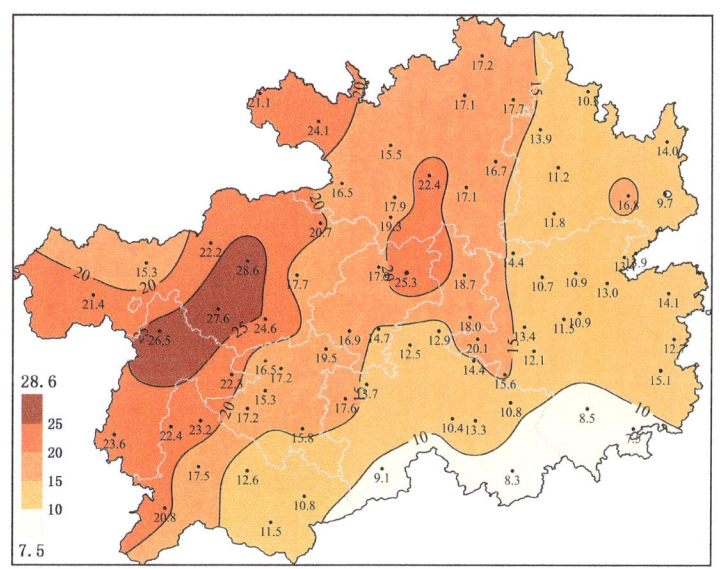

图 5.13　贵州省秋季绵雨天数的多年平均值(1981—2010 年)空间分布(单位:d)

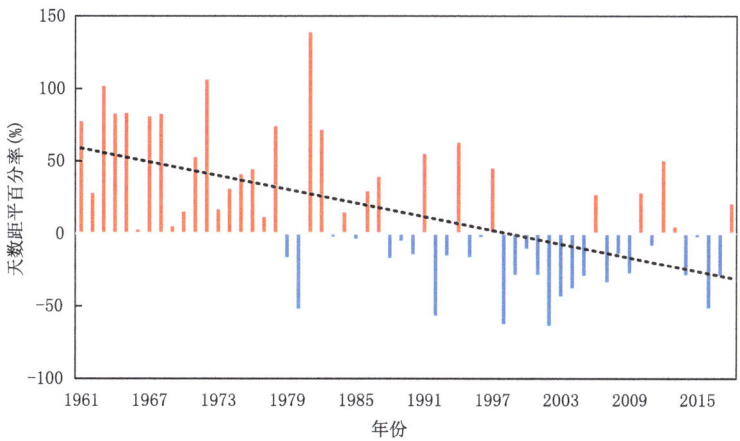

图 5.14　1961—2018 年贵州省秋季绵雨天数距平百分率的时间序列

5.3 干旱

干旱也是贵州常见的气象灾害,它对国民经济建设尤其是对农业生产造成了严重危害。贵州常年雨量充沛,但由于其特殊的喀斯特地貌特征,地形破碎,不利于蓄水,再加上雨量时空分布不均,地区有效利用的水资源匮乏,水资源和农业生产对气候变化依赖性强,特殊的地理条件和气候使干旱成为贵州最常见的自然灾害。在贵州,干旱具有发展快、程度重、持续时间长等特点。贵州干旱可分为春旱、夏旱、秋旱和冬旱。其中春旱和夏旱对农业生产影响最大,春旱主要发生在贵州中部以西地区,夏旱主要发生在贵州中部以东地区,有时季节连旱更是会发生大面积的严重的持续性干旱,给工农业生产和人民生活带来严重影响。

干旱是一个缓慢的水分亏缺累积过程,某月的旱涝程度不仅与当月的气温、降水量有关,而且与前期降水累积效应、土壤水分变化等因素有关。《气象干旱等级 GB/T 20481—2017》中气象干旱综合指数(meteorological drought composite index,MCI)考虑了 60 d 内的效降水、30 d 内蒸散以及季度尺度(90 d)降水和近半年尺度(150 d)降水的综合影响。该指数自 2012 年以来在国家级和省级干旱监测业务中进行运用。因此本章节采用 MCI 指数对贵州省不同等级干旱进行统计和分析。

5.3.1 春旱

顾名思义,春旱就是发生在春季(3—5月)的干旱。每年 3—5 月,是冬季风向夏季风的过渡季节,贵州各地降水量逐渐增多,从 4 月初至 5 月中旬自东向西先后进入雨季。如前期无明显降水,出现连晴少雨的天气,后期又持续少雨,这种持续性的少雨天气会给贵州各地农作物带来危害,严重时导致夏收作物干枯死亡和水稻无法育秧栽插,这种气候灾害称为春旱。根据 MCI 的分级标准(表 5.1),将干旱分为四个等级,分别是轻旱、中旱、重旱、特旱。图 5.15 给出了 1981—2010 年贵州省春季四种不同等级干旱天数的空间分布,可以看出,受雨季开始进程的影响,贵州春旱具有西重东轻的分布特点,对于春季特旱来说,主要集中出现在贵州省西南地区以及南部边缘地区。图 5.16 给出了 1981—2018 年贵州省春季四种不同等级干旱天数时间序列,可以看出,春季四种不同等级干旱天数年际变化起伏较大,轻旱、中旱、重旱起伏特征相同,由于特旱的天数数值较小,其起伏特征与其他三种等级特征不同。其中 1987 年春旱最为严重,四种不同等级干旱天数累计约 62 d,而 1983 年、1992 年和 1997 年最轻,四种不同等级干旱天数累计约 2 d。

表 5.1 气象干旱综合指数等级的划分表

等级	干旱影响程度
轻旱	地表空气干燥,土壤出现水轻度不足,作物轻微缺水,叶色不正;水资源出现短缺,但对生产、生活影响不大
中旱	土壤表面干燥,土壤出现水分不足,作物叶片出现萎蔫现象;水资源短缺,对生产、生活造成影响
重旱	土壤水分持续严重不足,出现干土层(1~10 cm),作物出现枯死现象;河流出现断流,水资源严重不足,对生产、生活造成较重影响
特旱	土壤水分持续严重不足,出现干土层(大于 10 cm),作物出现大面积枯死;多条河流出现断流,水资源严重不足,对生产、生活造成严重影响

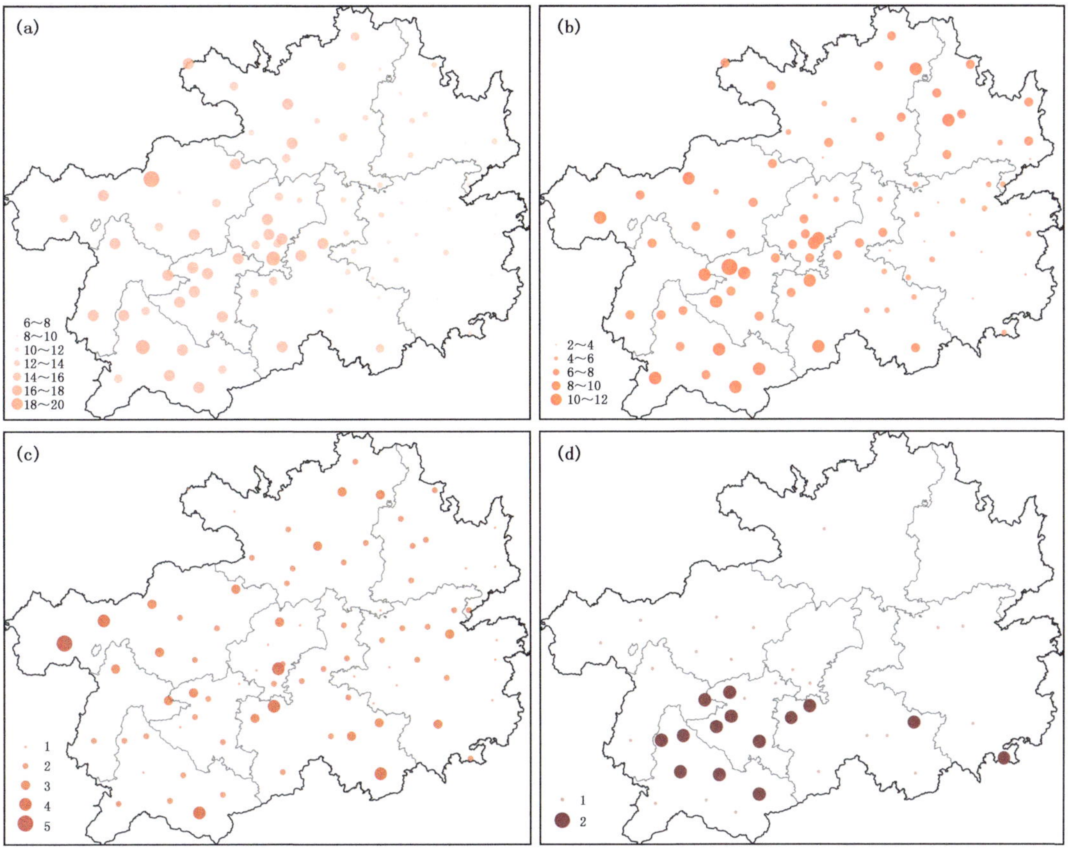

图 5.15 贵州省春季四种不同等级干旱天数(1981—2010年)空间分布(单位:d)
(a)轻旱;(b)中旱;(c)重旱;(d)特旱

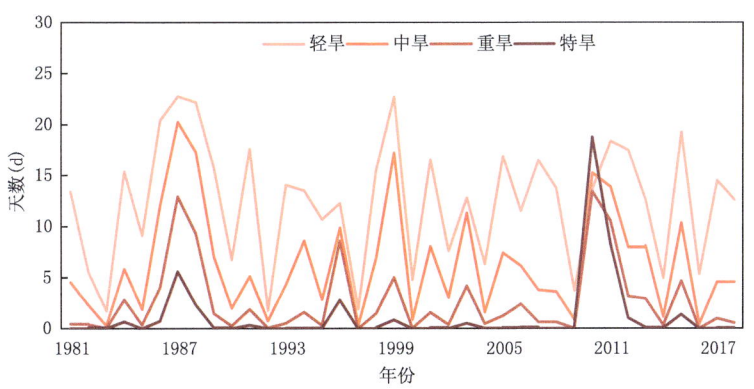

图 5.16 贵州省1981—2018年春季四种不同等级干旱天数时间序列

5.3.2 夏旱

夏旱就是发生在夏季(6—8月)的干旱,对于夏旱,在贵州还把发生在6月份的初夏干旱称为"洗手干"(指栽秧后紧接着出现的干旱),把发生在7—8月的盛夏干旱,称为伏旱。图

5.17和图5.19分别统计出1981—2010年贵州省夏季和盛夏四种不同等级干旱天数的空间分布,可以看出,无论是夏旱还是伏旱,都具有东重西轻的分布特点。图5.18和图5.20分别给出了1981—2018年贵州省夏季和盛夏四种不同等级干旱天数时间序列,可以看出,同样四种不同等级干旱天数年际变化起伏较大,轻旱、中旱、重旱起伏基本特征相同。其中2011年夏旱和伏旱最为严重,四种不同等级干旱天数分别累计约65 d和51 d,而1996年夏旱最轻,四种不同等级干旱天数累计约5 d,1999年伏旱最轻,四种不同等级干旱天数累计约1 d。

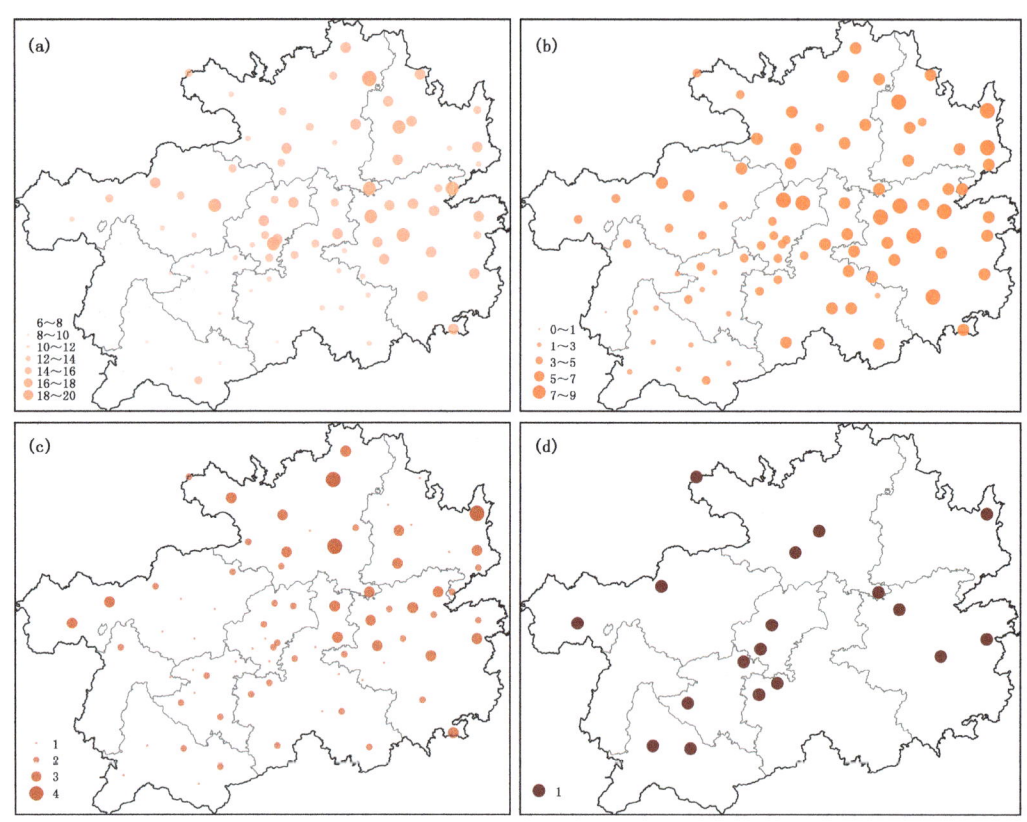

图5.17 贵州省夏季四种不同等级干旱天数(1981—2010年)空间分布(单位:d)
(a)轻旱;(b)中旱;(c)重旱;(d)特旱

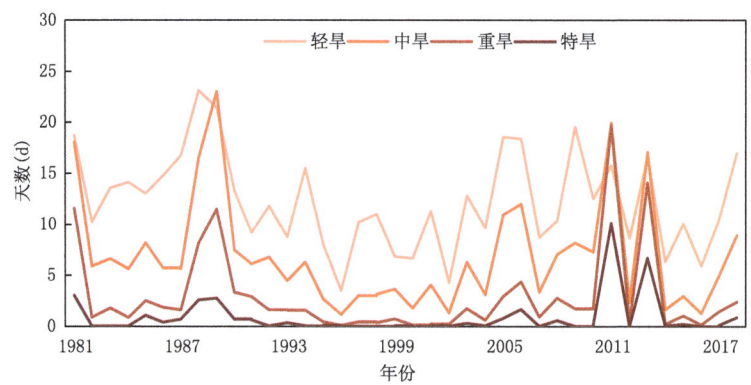

图5.18 贵州省1981—2018年夏季四种不同等级干旱天数时间序列

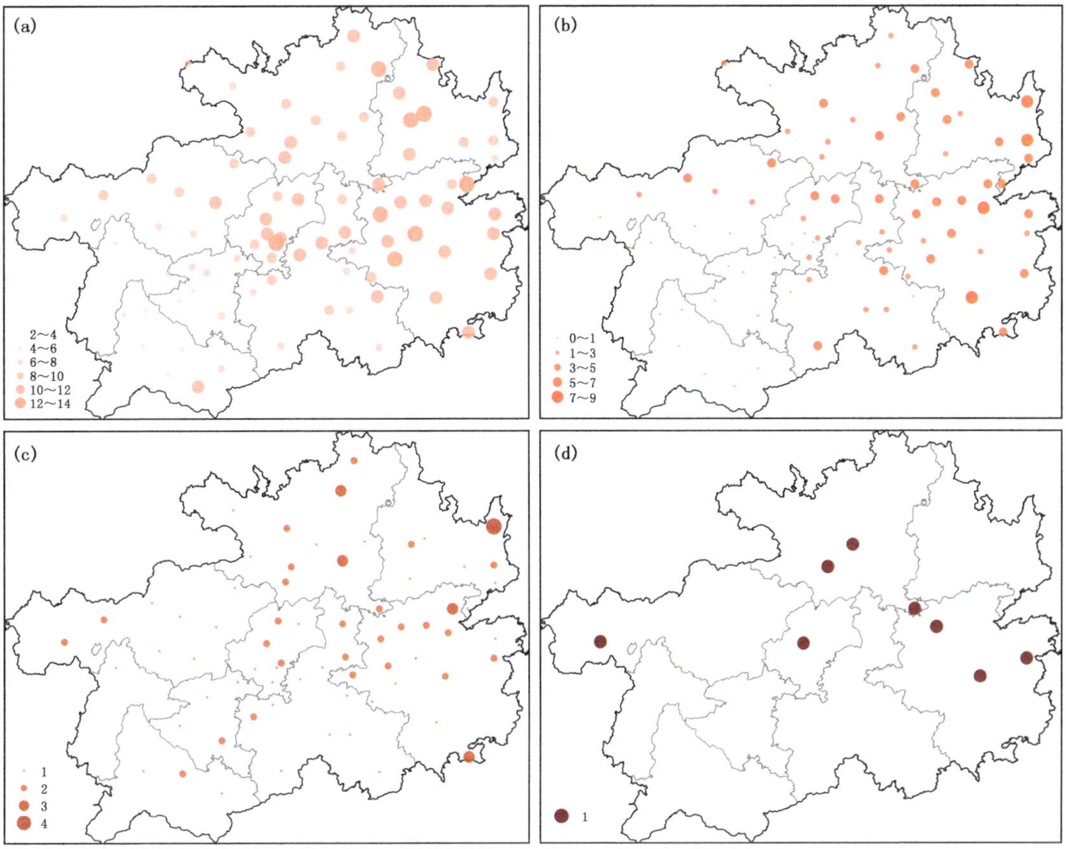

图 5.19 贵州省盛夏四种不同等级干旱天数(1981—2010 年)空间分布(单位:d)
(a)轻旱;(b)中旱;(c)重旱;(d)特旱

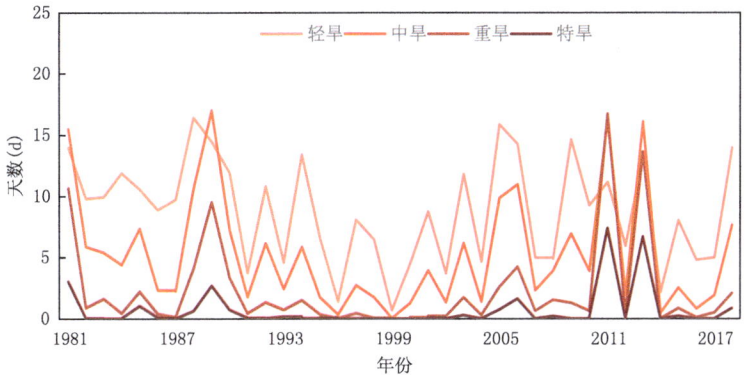

图 5.20 贵州省 1981—2018 年盛夏四种不同等级干旱天数时间序列

5.3.3 秋旱

秋旱是指发生在秋季(9—11月)的干旱。图5.21统计出了1981—2010年贵州省秋季四种不同等级干旱天数的空间分布,可以看出,秋旱天数具有自北向东南递增的分布特征,而特旱主要分布在遵义市、贵阳市北部、毕节市东部、铜仁市东部以及黔南州南部。图5.22给出了

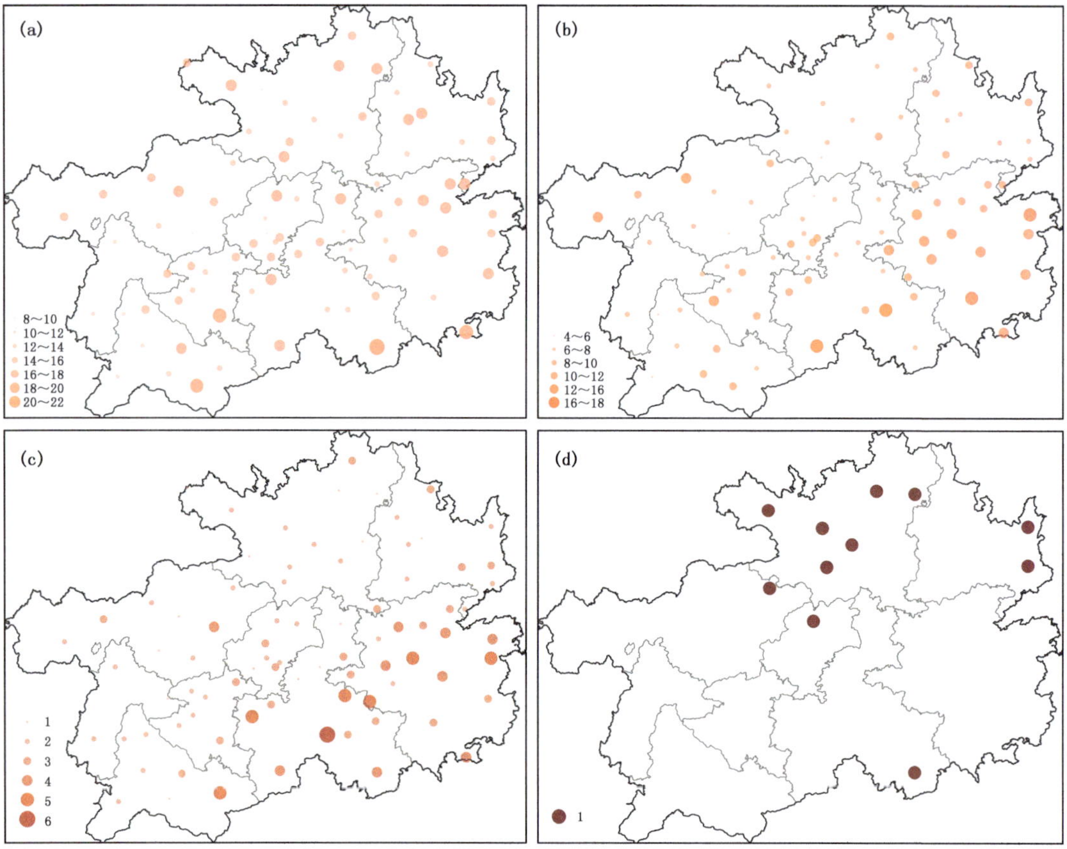

图5.21 贵州省秋季四种不同等级干旱天数(1981—2010年)空间分布(单位:d)
(a)轻旱;(b)中旱;(c)重旱;(d)特旱

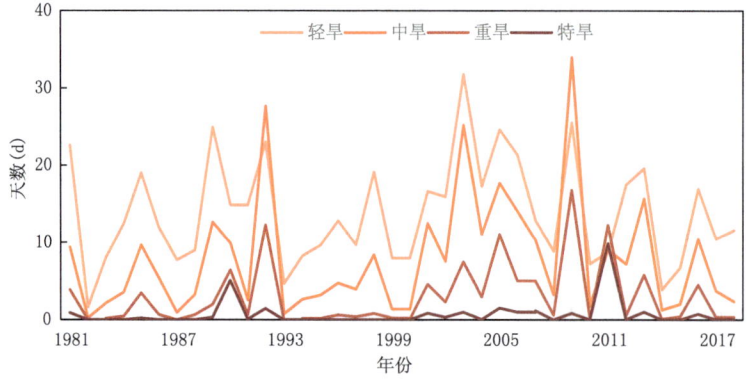

图5.22 贵州省1981—2018年秋季四种不同等级干旱天数时间序列

1981—2018年贵州省秋季四种不同等级干旱天数时间序列,可以看出,同样四种不同等级干旱天数年际变化起伏较大,轻旱、中旱、重旱起伏基本特征相同。其中2009年秋旱最为严重,四种不同等级干旱天数分别累计约77 d,而1982年秋旱最轻,四种不同等级干旱天数累计约2 d。

5.3.4 冬旱

冬旱是指发生在冬季(12月—翌年2月)的干旱。图5.23统计出了1981—2010年贵州省冬季四种不同等级干旱天数的空间分布,可以看出,冬旱天数具有自东北向西南递增的分布特征,而特旱主要分布在贵州省西南部。图5.24给出了1981—2018年贵州省冬季四种不同等级干旱天数时间序列,可以看出,同样四种不同等级干旱天数年际变化起伏较大,轻旱、中旱、重旱起伏基本特征相同。其中2009年冬旱最为严重,四种不同等级干旱天数分别累计约66 d,而1982年、1994年冬旱最轻,四种不同等级干旱天数累计为0 d。

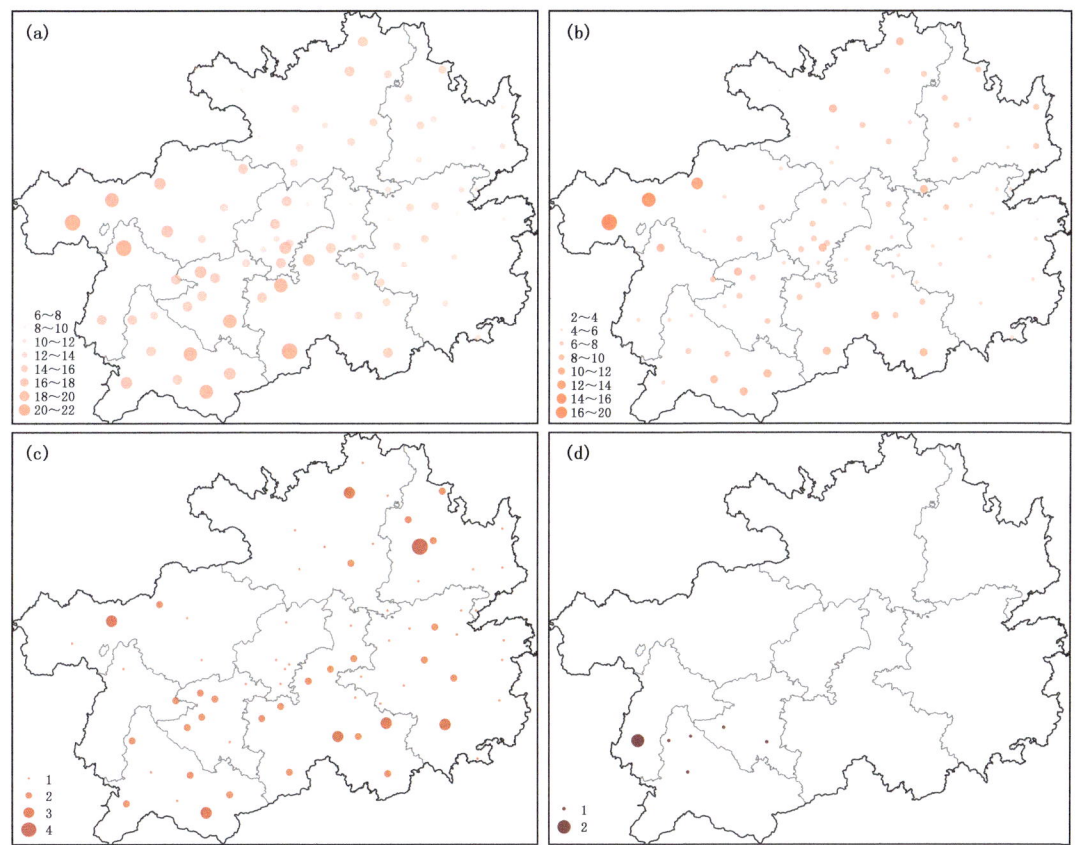

图5.23 贵州省冬季四种不同等级干旱天数(1981—2010年)空间分布(单位:d)
(a)轻旱;(b)中旱;(c)重旱;(d)特旱

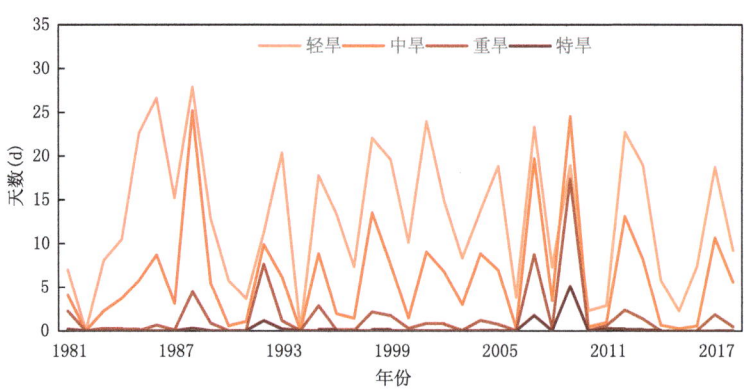

图 5.24　贵州省 1981—2018 年冬季四种不同等级干旱天数时间序列

5.4　时期

5.4.1　雨季开始期

《贵州短期气候预测技术》中规定每年从 3 月 1 日起,某站任意滑动 5 d 总降水量多于该站多年平均旬降水量(年降水量除以 36),而且从 5 d 滑动期的第一天起算连续 30 d 的累计降水量多于该站多年平均月降水量(年降水量除以 12),则把这滑动 5 d 中的最大降水日,称为雨季开始期(李玉柱等,2001)。图 5.25 给出了贵州省 1981—2010 年平均的雨季开始期的空间分布图,总体来看,贵州雨季基本上是自东向西开始的,时间跨度约 50 d。4 月第一旬,黔东南

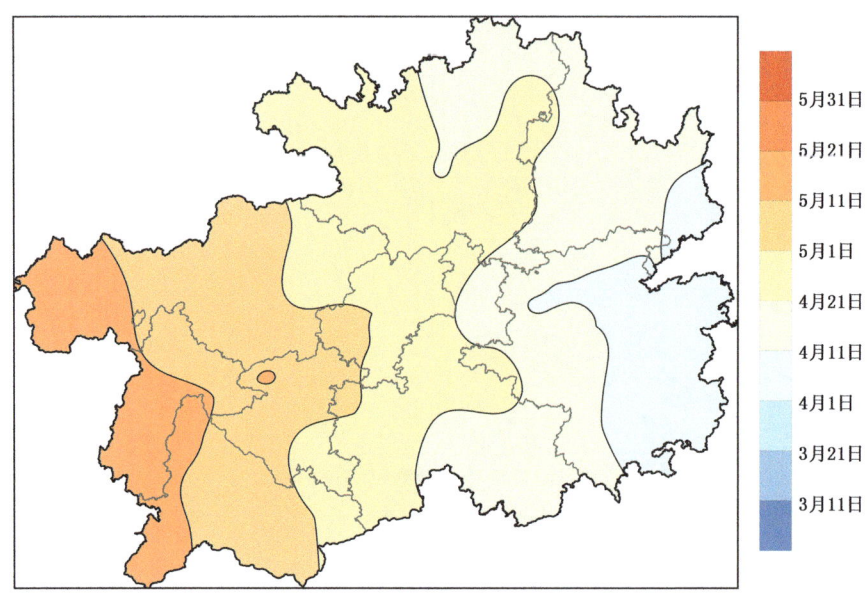

图 5.25　贵州省雨季开始期时间(1981—2010 年)空间分布

中东部和铜仁东部边缘地区率先进入了雨季。到了4月中旬,自东向西地,遵义和黔南东部地区雨季陆续开始。4月下旬,雨季开始的标志已横扫至贵州省中部。5月上旬,雨季开始期覆盖毕节、安顺、六盘水以及黔西南的东部地区。直至5月第中旬,雨季最终到达贵州省西部边缘地区,标志着全省全部进入雨季。

图5.26为1961—2018年贵州省雨季开始期距平天数的时间序列,其中峰值(谷值)表征当年雨季开始期较晚(较早)。而雨季开始期晚,往往与当年春旱,甚至是夏旱密切相关。总体来看,20世纪60年代至80年中期,雨季开始期偏早;80年代中期至20世纪90年代初,雨季开始期偏晚;90年代至21世纪初,雨季开始期偏早;进入21世纪后,雨季开始期年际振荡较大。

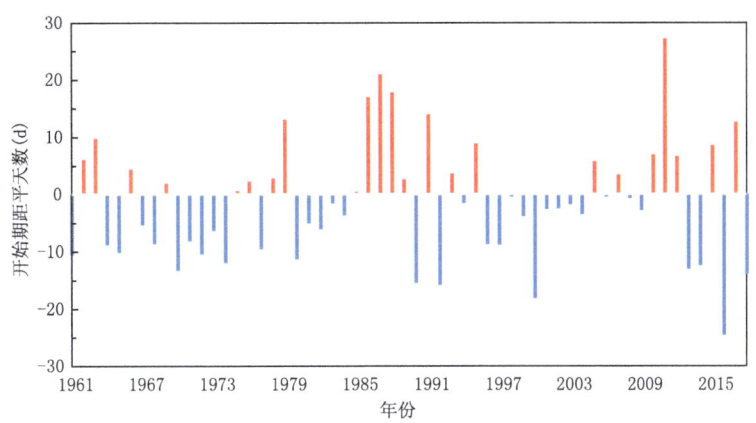

图5.26 贵州省1961—2018年雨季开始期距平天数的时间序列

5.4.2 雨季结束期

每年从10月1日起,某站任意滑动5 d总降水量少于该站多年平均旬降水量(年降水量除以36),而且从5 d滑动期的第一天起算连续30 d的累计降水量少于该站多年平均月降水量(年降水量除以12),则把这滑动5 d第一天,称为雨季结束期(李玉柱等,2001)。图5.27给出了贵州省1981—2010年平均的雨季结束期的空间分布图,总体来看,贵州大部分地区基本上在10月上旬都结束了雨季。10月第一候,西部边缘以及南部边缘地区,雨季陆续结束。10月第二候,雨季结束区域陆续向东向北收缩,全省大部分地区都在这个时段结束了雨季。总体来看,贵州雨季呈现自西南向东北陆续结束的态势,且整个结束过程极短暂,约10 d。

图5.28为1961—2018年贵州省雨季结束期距平天数的时间序列,其中峰值(谷值)可以表征雨季结束较晚(较早)。总体来看,偏晚的天数量级上大于偏早的量级,时间上来看,20世纪60年代至80年代中期,雨季结束期年际振荡大,基本以偏晚为主,其中1961年偏晚20 d;80年代中期至20世纪90年代末,雨季结束期年际振荡小,且基本以略偏早为主(一般略偏早2~4 d);而进入21世纪后,雨季结束期年际振荡较大,但基本还是以偏早为主。

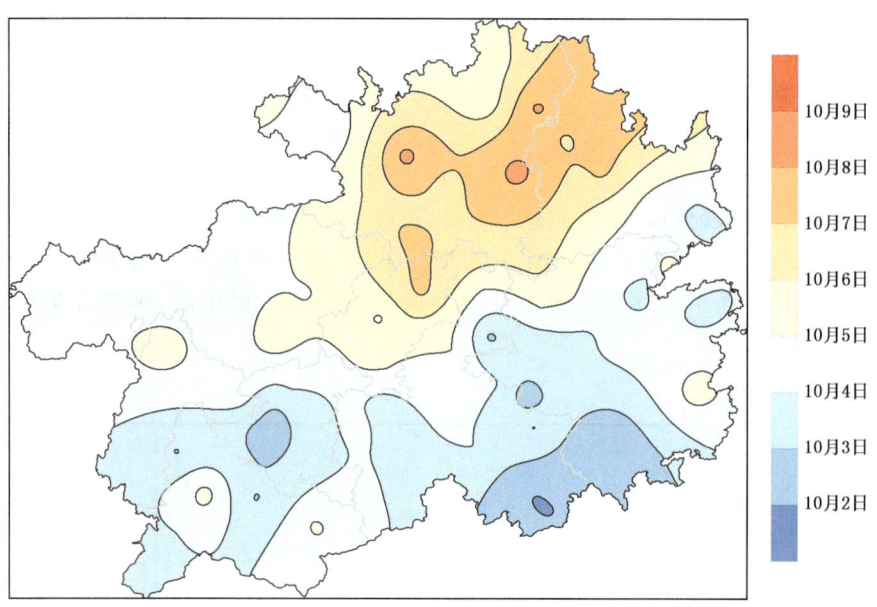

图 5.27　贵州省雨季结束期时间(1981—2010 年)空间分布

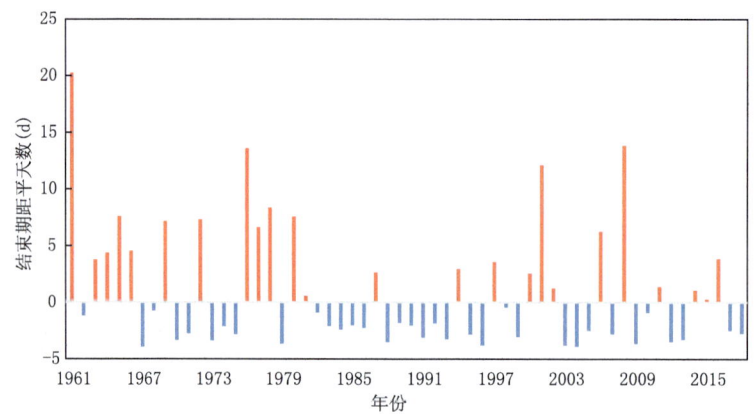

图 5.28　贵州省 1961—2018 年雨季结束期距平天数的时间序列

5.4.3　四季起始时间

季节划分通常有天文、气象、节气、农历、物候、候温等多种方法。通常,我们习惯将一年平分为春、夏、秋、冬 4 个季节,即 3—5 月为春季,6—8 月为夏季,9—11 月为秋季,12 月—翌年 2 月为冬季,这也是全国统一的四季划分标准。但贵州地处云贵高原东部,境内地势西高东低,海拔最高 2900 m(西部韭菜坪)与最低 137 m(东部木介河口)之间高差达 2763 m,大部分地区海拔在 1000 m 左右,境内山岭连绵,峰谷相间,地形复杂,受山脉屏障和局地地形影响,多形成低山河谷暖带和局地暖区暖带,与同属亚热带的我国东部地区比较,冬温显著偏高,夏温偏低,因此以同一个时间段界定不同地区的季节明显不尽合理。

中国气象局制定实施的气象行业标准《气候季节划分:QX/T 152—2012》中规定,春季为日平均气温或滑动平均气温大于或等于 10 ℃ 且小于 22 ℃,夏季为日平均气温或滑动平均气温大于或等于 22 ℃,秋季为日平均气温或滑动平均气温小于 22 ℃ 且大于或等于 22 ℃,冬季为日平均气温或滑动平均气温小于 10 ℃。按照这一规定对贵州地区进行常年气候特征分区(图 5.29),贵州地区可以明显的分为无夏区、无冬区和四季分明区这 3 类。无夏区主要集中在省西部地区,包括毕节中西部、六盘水大部及黔西南州北部;无冬区主要集中在省西南部边缘,包括黔西南州东南部、黔南州西南角;其余大部分地区为四季分明区。

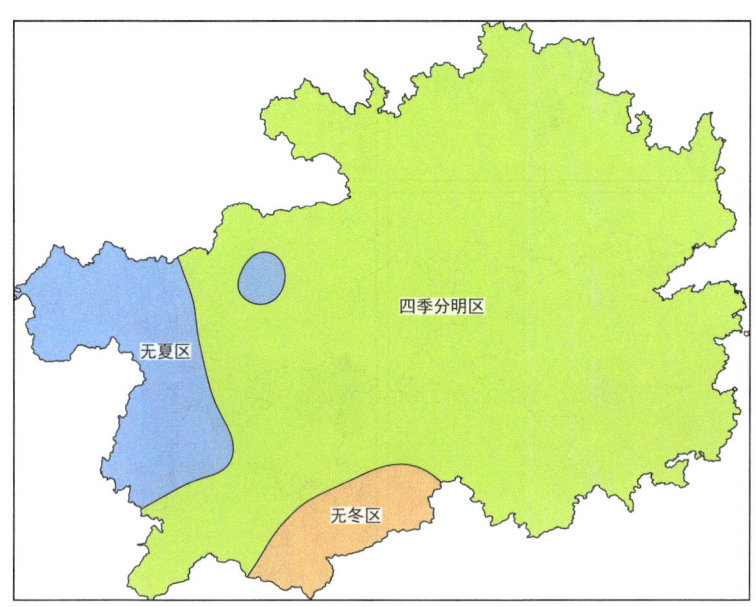

图 5.29　贵州省 1981—2010 年常年气候季节特征分区

图 5.30 给出了贵州省 1981—2010 年常年春、夏、秋、冬四季开始日期的空间分布,可以看出,省西南部边缘无冬区最早入春(1 月 1 日),南部地区于 2 月上旬至下旬由南向北逐渐入春,赤水河谷地带也于 2 月上旬进入春季,至 3 月上旬铜仁中部、黔东南中北部及北部局地开始入春,然后逐渐向东部边缘及中西部地区扩展,直到 3 月下旬局地高海拔地区才入春,至此全省进入春季(图 5.30a);夏季开始日期与春季开始日期类似,省西南部边缘无冬区于 4 月中下旬入夏,5 月中上旬南部其他地区、铜仁中部及局地、赤水河谷地带进入夏季,然后自东向西、由南向北开始入夏,一直到 7 月除西北部无夏区外,省中部及局地高海拔地区才入夏(图 5.30b);秋季开始日期与春季和夏季开始日期分布特征相反,秋季最早开始于省西北部的无夏地区,由春季直接进入秋季(7 月开始),8 月上旬至 9 月上旬由省东北部向西南部和中北部发展,9 月中旬遵义北部、铜仁东部和黔东南中东部开始入秋,9 月下旬赤水河谷、铜仁中部、黔东南北部及南部局地进入秋季,南部边缘地区直到 10 月上旬才入秋(图 5.30c);冬季最早开始于毕节西部的高海拔地区(10 月下旬),11 月中上旬毕节大部、六盘水中北部、安顺东北部、贵阳大部及局地进入冬季,然后逐渐向北向东发展,南部除无冬区外,其余地区于 12 月中下旬才入冬,全省进入冬季(图 5.30d)。

总体来说,春季和夏季最早开始于省西南部边缘,然后逐渐由南向北、自东向西入季;秋季和冬季最早开始于省西北部,之后逐渐自西向东、由北向南入季。

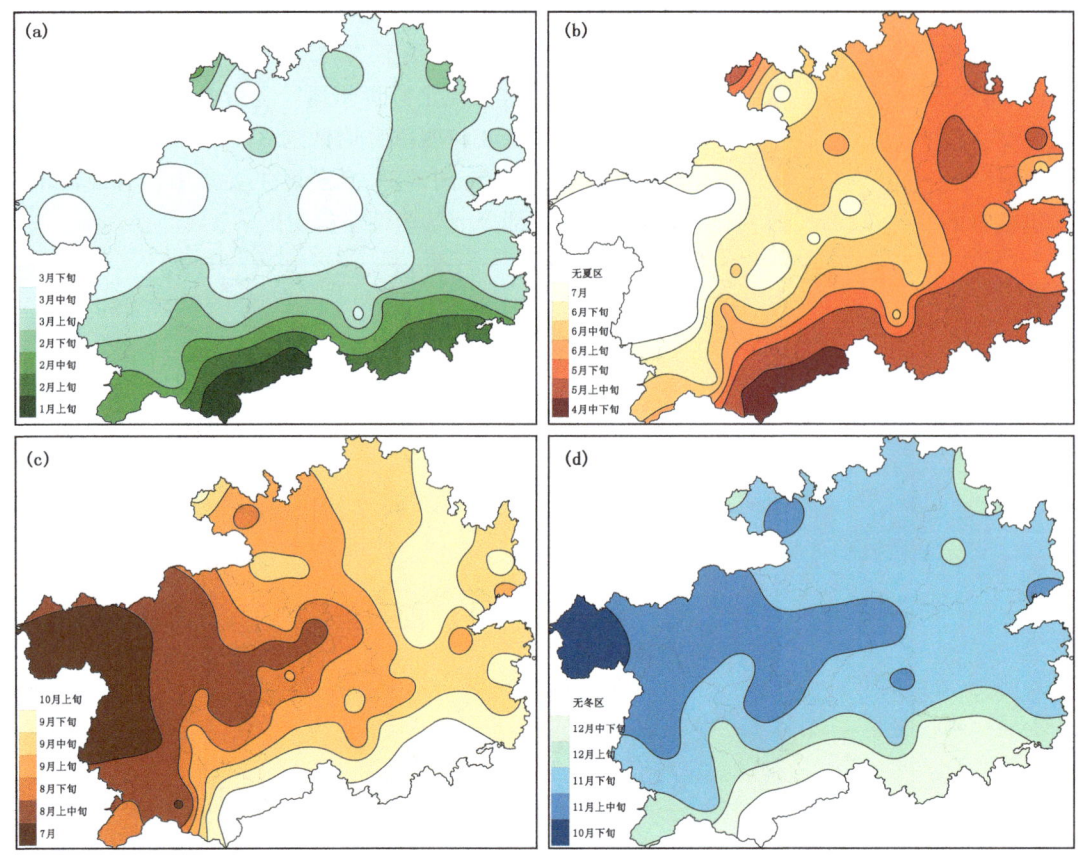

图 5.30 贵州省 1981—2010 年四季常年开始日期空间分布
(a)春季;(b)夏季;(c)秋季;(d)冬季

图 5.31 给出了贵州省 1981—2010 年常年春、夏、秋、冬四季长度的空间分布,可以看出,春季长度呈西部向东部递减的空间分布特征,省东部地区春季最短,在 90 d 以下,省西南部和毕节中部春季最长,在 120 d 以上(图 5.31a);夏季长度呈南部大于东部,东部大于中西部的空间分布,省南部、铜仁大部及赤水河谷夏季长度在 120 d 以上,其中南部边缘地区在 150 d 以上,省中部、西南部和北部在 90 d 以下,其中除西北部无夏区外,毕节中部夏季不足 30 d(图 5.31b);秋季长度与春季长度空间分布类似,呈自西向东递减的空间分布,省中东部在 90 d 以下,六盘水中部、六盘水西部、黔西南局地在 120 d 以上(图 5.31c);冬季长度呈自北向南、自西向东递减的空间分布特征,冬季长度在 120 d 以上的地区主要集中在省西北部、贵阳东北部和黔南北部,南部地区除西南部边缘无冬区外均在 90 d 以下(图 5.31d)。

总体来讲,春季和秋季长度空间分布类似,自西向东呈递减的空间分布特征,夏季长度表现为南部大于北部,东部大于西部的空间分布特征,冬季长度为南部小于北部,大值区位于省西北部、贵阳东北部、黔南北部及局地;西部地区春季和秋季偏长,夏季偏短或无夏,东部和南部地区夏季偏长,春季和秋季偏短,西北部冬季偏长,南部冬季偏短或无冬。

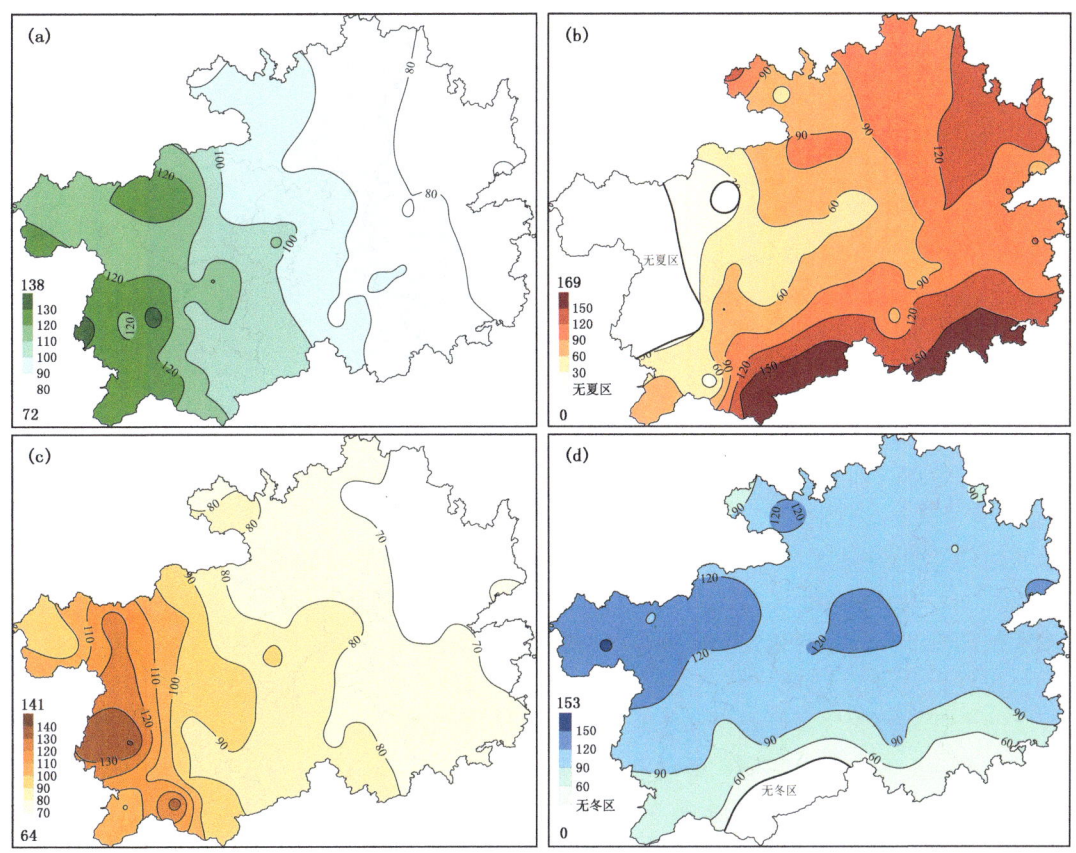

图 5.31 贵州省 1981—2010 年四季长度空间分布(单位:d)
(a)春季;(b)夏季;(c)秋季;(d)冬季

参考文献

李玉柱,许炳南,2001.贵州短期气候预测技术[M].北京:气象出版社.

第6章 短期气候预测主要影响因子

6.1 海温及其影响

海洋占地球表面积的70.8%,吸收了绝大部分的太阳辐射,这些热量通过长波辐射、潜热、感热等形式向大气输送。由于海洋的热容量与热惯性远大于大气和地球固体,而海洋中存在着众多的洋流,构成了海洋环流,海洋环流把存储的能量从热带输送到较冷的中高纬地区,因此当某一海域海温发生零点几摄氏度的异常变化时,就足以对大气进行异常的非绝热加热,导致大气环流产生异常变化,当海洋热状况的变化具备持续时间长、空间尺度大的特征时,对短期气候变化具有重大意义(孙照渤等,2010),同时海洋还向大气提供了大量的水汽,所以海洋在调节大气环流和气候变化中起着非常重要的作用(郑国光等,2019)。

海洋作为影响气候及其变化最重要的外强迫因子,当全球不同区域的海温异常变化时会引起不同的大气环流响应,其中太平洋、印度洋及北大西洋海温的异常变化对贵州省不同季节的气温、降水异常有显著影响。

6.1.1 太平洋

发生在太平洋的海温异常变化以赤道太平洋的厄尔尼诺(暖事件)与拉尼娜(冷事件)最为典型。

(1)厄尔尼诺

厄尔尼诺事件是指赤道中、东太平洋海表大范围持续异常偏暖的现象。目前,国家气候中心在业务上主要把Nino综合区(Nino1+2+3+4区)的海温距平指数作为判定厄尔尼诺事件的依据,图6.1给出了各Nino关键区的位置分布。指标如下:Nino综合区海温距平指数持续6个月以上≥0.5 ℃(过程中间可有单个月份未达指标)为一次厄尔尼诺事件;若该区指数持续5个月≥0.5 ℃,且5个月的指数之和≥4.0 ℃,也定义为一次厄尔尼诺事件(李晓燕等,2000)。按照海表温度异常中心分布的不同可将厄尔尼诺分为东部型(冷舌型)、中部型(暖池型)。东部型的海表温度异常中心主要分布在赤道东太平洋冷池区域靠近南美沿岸,也即是通常所说的Nino3区,中部型的海表温度距平中心主要分布在赤道太平洋中部暖池边缘区域,也即是Nino4区(任福民等,2012)。图6.2、图6.3分别为东部型、中部型厄尔尼诺典型年海温距平分布,可见东部型、中部型厄尔尼诺年暖中心分别位于赤道东太平洋与赤道中太平洋区域,相比东部型厄尔尼诺事件,中部型事件海温距平略偏弱。除此之外,近年还发现了一种赤道太平洋海温异常分布的新特征,主要表现为热带太平洋海温异常呈纬向"三极型"分布,即中太平洋海表温度异常偏高,而东、西太平洋海表温度异常(sea surface temperature anomaly,

SSTA)偏冷,这种海温异常的三极型分布被定义为 El Nino Modoki(Ashok et al,2007),是热带太平洋海温异常 EOF 的第二模态,有别于传统厄尔尼诺海温异常的偶极分布。

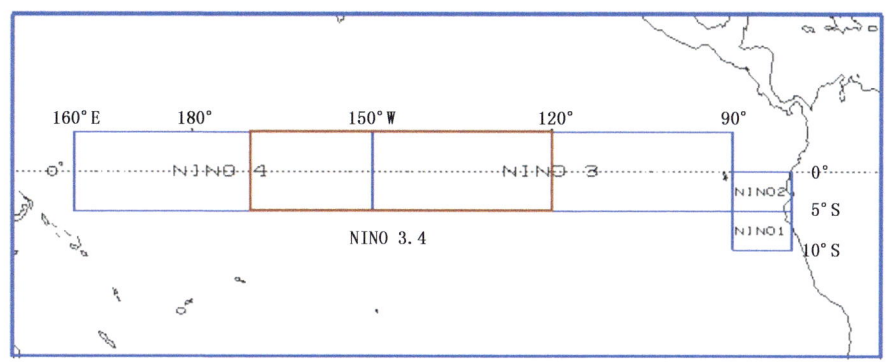

图 6.1　赤道太平洋海温监测区分布图

(引自国家气候中心 https://cmdp.ncc-cma.net/download/ENSO/Monitor/ENSO_history_events.pdf)

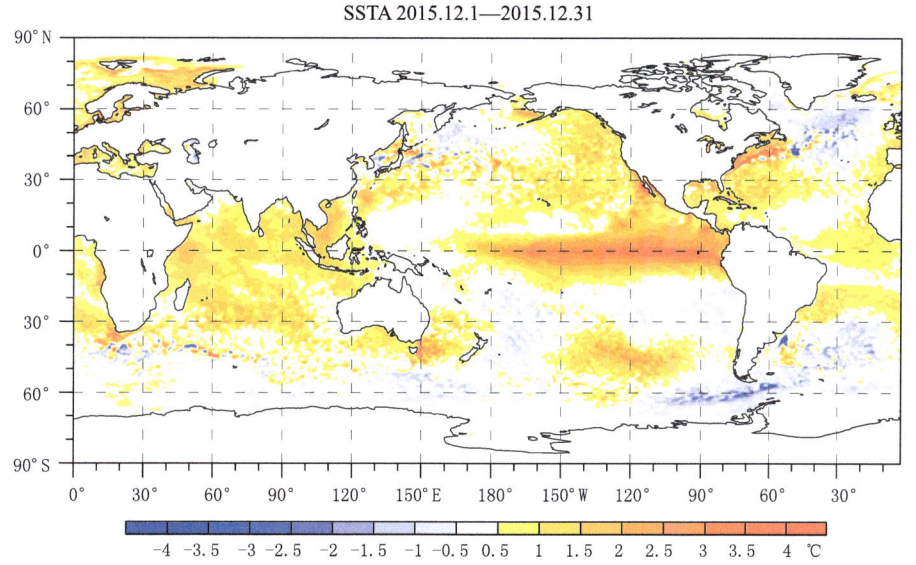

图 6.2　东部型厄尔尼诺典型年赤道太平洋海表温度距平分布

(2)拉尼娜

拉尼娜事件是指赤道中、东太平洋海表温度大范围持续异常偏冷的现象,国家气候中心业务上的评判指标为:Nino 综合区海温距平指数至少持续 6 个月≤−0.5 ℃(过程中间可有单个月份未达指标)为一次拉尼娜事件;若该区指数持续 5 个月≤−0.5 ℃,且 5 个月的指数之和≤−4.0 ℃时,也定义为一次拉尼娜事件(李晓燕等,2005)。与厄尔尼诺相似,根据海温距平中心分布的不同可将拉尼娜事件分为东部型和中部型,图 6.3、图 6.4 分别给出了两种拉尼娜典型年海温距平分布,冷中心分别位于赤道东太平洋与中太平洋区域,同样中部型事件海温距平略小于东部型(图 6.5)。

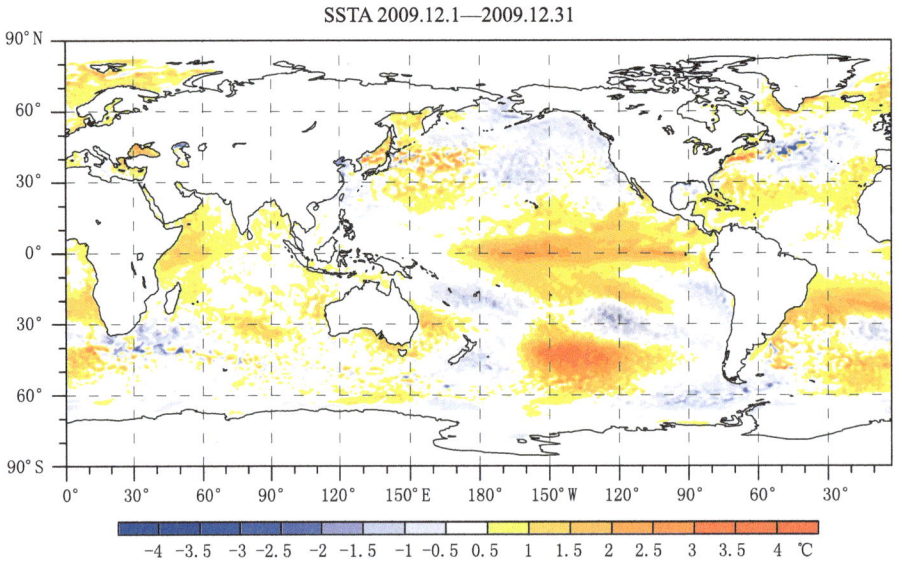

图 6.3　东部型厄尔尼诺典型年赤道太平洋海表温度距平分布

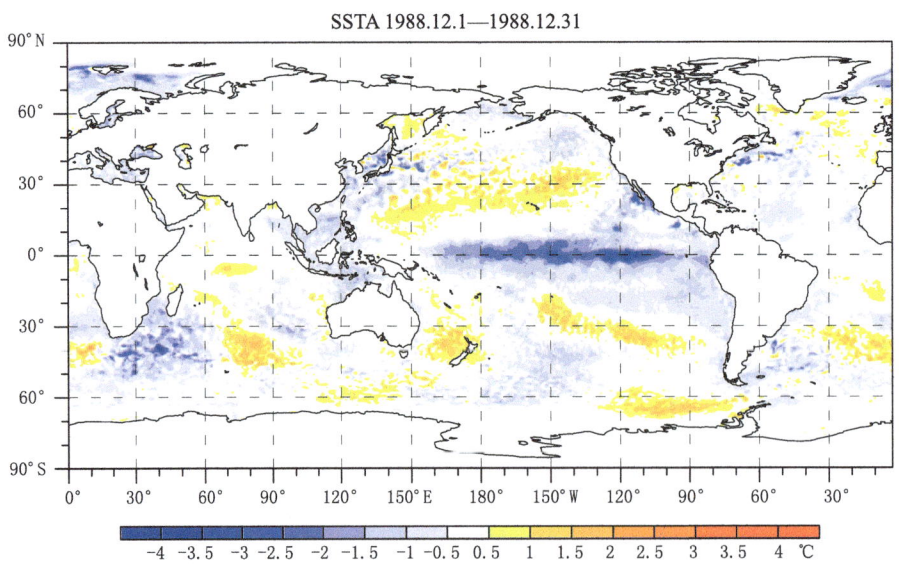

图 6.4　东部型拉尼娜典型年赤道太平洋海表温度距平分布

除此之外,若一次事件中同时包含上述东部型与中部型的情况、存在两种类型间的转换,则将事件峰值所在类型定义为事件主体类型,另一种为非主体类型,整个事件的类型以事件主体类型为准。

按照前述 Nino 综合区指数统计 1950—2018 年间共发生了 19 次厄尔尼诺及 15 次拉尼娜(表 6.1)。另外,业务上也经常使用美国气候预测中心(CPC)对 ENSO 事件的监测指标:以 Nino 3.4 区域(5°N—5°S,120°—170°W)3 个月滑动平均的海表温度距平超过±0.5 ℃为依据判断是否发生一次厄尔尼诺(拉尼娜)事件。

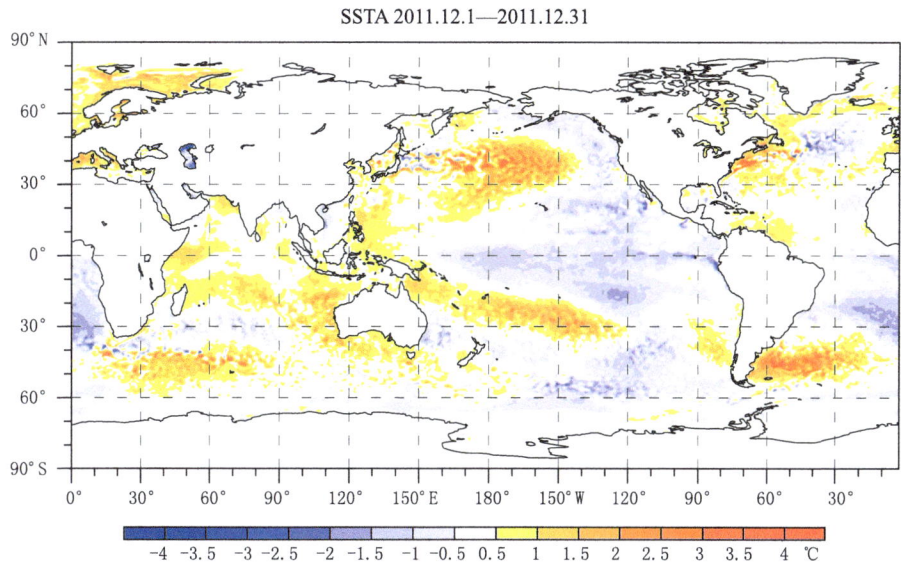

图 6.5 中部型拉尼娜典型年赤道太平洋海表温度距平分布

表 6.1 ENSO 历史事件表(引自国家气候中心)

	序号	起止年月 (年.月)	长度 (月数)	峰值时间 (年.月)	峰值强度 (℃)	强度等级	事件类型
暖事件	1	1951.08—1952.01	6	1951.11	0.8	弱	东部型
	2	1957.04—1958.07	16	1958.01	1.7	中等	东部型
	3	1963.07—1964.01	7	1963.11	1.1	弱	东部型
	4	1965.05—1966.05	14	1965.11	1.7	中等	东部型
	5	1968.10—1970.02	17	1969.02	1.1	弱	中部型
	6	1972.05—1973.03	11	1972.11	2.1	强	东部型
	7	1976.09—1977.02	6	1976.1	0.9	弱	东部型
	8	1977.09—1978.02	6	1978.01	0.9	弱	中部型
	9	1979.09—1980.01	5	1980.01	0.6	弱	东部型
	10	1982.04—1983.06	15	1983.01	2.7	超强	东部型
	11	1986.08—1988.02	19	1987.08	1.9	中等	东部型
	12	1991.05—1992.06	14	1992.01	1.9	中等	东部型
	13	1994.09—1995.03	7	1994.12	1.3	中等	中部型
	14	1997.04—1998.04	13	1997.11	2.7	超强	东部型
	15	2002.05—2003.03	11	2002.11	1.6	中等	中部型
	16	2004.07—2005.01	7	2004.09	0.8	弱	中部型
	17	2006.08—2007.01	6	2006.11	1.1	弱	东部型
	18	2009.06—2010.04	11	2009.12	1.7	中等	中部型
	19	2014.10—2016.04	19	2015.12	2.8	超强	东部型

续表

	序号	起止年月 （年.月）	长度 （月数）	峰值时间 （年.月）	峰值强度 （℃）	强度等级	事件类型
冷事件	1	1950.01—1951.02	12	1950.01	−1.4	中等	东部型
	2	1954.07—1956.04	22	1955.1	−1.7	中等	东部型
	3	1964.05—1965.01	9	1964.11	−1	弱	东部型
	4	1970.07—1972.01	19	1971.01	−1.6	中等	东部型
	5	1973.06—1974.06	13	1973.12	−1.8	中等	中部型
	6	1975.04—1976.04	13	1975.12	−1.5	中等	中部型
	7	1984.10—1985.06	9	1985.01	−1.2	弱	东部型
	8	1988.05—1989.05	13	1988.12	−2.1	强	东部型
	9	1995.09—1996.03	7	1995.11	−0.9	弱	东部型
	10	1998.07—2000.06	24	2000.01	−1.6	中等	东部型
	11	2000.10—2001.02	5	2000.12	−0.8	弱	中部型
	12	2007.08—2008.05	10	2008.01	−1.7	中等	东部型
	13	2010.06—2011.05	12	2010.12	−1.6	中等	东部型
	14	2011.08—2012.03	8	2011.12	−1.1	弱	中部型
	15	2017.10—2018.03	6	2018.01	−0.8	弱	东部型

注1：计算海温异常涉及到的气候标准值（或称气候态），采用世界气象组织推荐的30年滚动气候态的国际气候业务标准。即对1950—1990年间的指数计算，均采用1951—1980的30年平均值作为气候态，1991—2000年间的计算使用1961—1990气候态，以此类推，2011年以来，采用1981—2010气候态。1950—1981年采用英国 Hadley Centre Sea Ice an d Sea Surface Temperature data（HadISST）数据，1982至今采用美国 NOAA1/4° daily Optimum Interpolation Sea Surface Temperature（OISSTv2）数据。

注2：最近一次厄尔尼诺事件开始于2014年10月，类型属于东部型，截至2016年4月已成为超强事件。

注3：1950年1月是资料的起始月，并非上表中第一个冷事件的开始月份。

整体来说，厄尔尼诺年冬季，不利于冷空气爆发，东亚冬季风偏弱，我国易出现暖冬，拉尼娜年则基本相反。从机理上来说，厄尔尼诺年，由于赤道西、东太平洋海表温差减小，纬向沃克环流（Walker circulation）减弱，东太平洋经向哈得来环流（Hadley cell）增强。但西太平洋海温偏低，哈得来环流减弱，大气对流活动减弱，西太平洋副高势力较常年增强、位置偏南，导致东亚夏季风偏弱，主要雨带和风带也偏南，因此形成夏秋季南涝北旱的降雨分布型，即北方地区尤其华北地区夏秋季降水和年降水比常年减少，而江南地区降水比常年增多；并且在厄尔尼诺年冬季，东亚冬季风也减弱，而青藏高原南侧的南支西风很强、扰动活跃，引起青藏高原上大量降雪和华南地区降水偏多。拉尼娜年则相反，赤道东太平洋海温降低，西太平洋暖池势力增强，哈得来环流增强。西太平洋副高势力减弱但位置比常年偏北，夏季风（东南季风和西南季风）势力也较常年增强，对我国天气气候的影响主要表现在夏季汛期的主要降雨带北移，有利于华北、黄河中游一带的降雨；冬季风也较常年强，青藏高原南侧的南支西风偏弱、扰动少，使得冬季中国大陆降水比常年偏少（许武成等，2005）。

ENSO循环的不同位相、开始出现的季节与中国夏季降水均有密切关系。研究表明（金祖辉等，1999），厄尔尼诺年的夏季我国大部分地区雨量偏少，一些地区可偏少3～5成，多雨区位于长江与黄河之间,且多雨期主要发生在7月、8月;厄尔尼诺次年夏季,长江中下游及江南部分地区雨量偏多,而黄河流域大部、华北、华南、西南地区雨量偏少;拉尼娜年的夏季,长江与黄河之间、东南及华南大部雨量显著偏少,而黄河流域和西南地区大部雨量偏多。

两类厄尔尼诺事件与我国不同季节降水也有着各自的对应关系,东部型厄尔尼诺次年春季和夏季,我国华南降水偏多,而中部型厄尔尼诺次年春季和夏季,我国华南降水偏少(任福民等,2012;葛敬文,2018);厄尔尼诺与我国南方秋季降水的对应关系为:东部型厄尔尼诺事件年我国南方地区降水较常年同期偏多,而中部型厄尔尼诺事件年我国长江以南地区降水偏少(谭晶等,2017)。另外,El Nino Modoki 年冬季,西太平洋副热带高压位置偏北,我国华南地区受高压脊控制。华南地区高层抽吸作用减弱,上升运动减弱,对流减弱,并且水汽供应不足,导致降水偏少(袁良等,2013)。

赤道太平洋海温异常具体对贵州的天气气候影响如下:对春季降水而言,上年9月到次年2月赤道中部以东太平洋海温(175°—90°W)偏高时,对应贵州省自东向西横贯中部和西南部春季出现大范围的少降水区,其中西南部降水量偏少最明显,海温偏低时,对应省的西半部降水量偏多,自北向南分布有三个多雨中心(李玉柱等,2001)。而ENSO与贵州夏季降水的对应关系为:厄尔尼诺当年,贵州南部和东南部夏季降水偏少,偏少期集中在8月份。强厄尔尼诺峰期过后,贵州南部和西南部的夏季降水以6月、7月偏多,8月偏少,东北部以8月偏少。强反厄尔尼诺峰期过后,贵州夏季降水量以东北部和西南部偏少,其中西南部6月明显偏多,7月明显偏少,东北部7月明显偏少。此外,前期秋季赤道太平洋Nino区海温异常是显著影响贵州冬季冻雨日数的年际预报信号,ENSO事件是导致贵州冬季冻雨日数异常的重要外强迫因子,具体表现为(图6.6):贵州冻雨日数偏多(少)年,秋、冬季海温异常分布型在热带印度洋和热带中东太平洋为显著的负(正)距平,西太平洋为显著的正(负)距平,即秋、冬季中东太平洋冷(暖)海温发展有利于冬季冻雨日数偏多(少)。

(3)太平洋年代际振荡

太平洋海温除了存在ENSO的年际变率以外,还存在着周期更长的变率,气象上将这种太平洋年代际振荡现象称为PDO(Pacific decadal oscillation,太平洋十年涛动),并把它描述为一种类似于ENSO型的具有年代尺度生命史的太平洋变率(Mantua et al,1997)。PDO指数的定义为20°N以北的北太平洋SST异常第一主分量对应的时间系数,当指数大于0时为PDO暖位相,小于0时为冷位相。在PDO暖位相时,热带中东太平洋异常暖,北太平洋中部异常冷,而沿北美西岸却异常暖;PDO冷位相时则上述区域海温异常相反,从时间序列来看,PDO指数具有显著的年代际变化特征,在20世纪,其冷、暖位相可持续20~30 a(图6.7)。

朱益民等(2003)研究发现,PDO与冬、夏季东亚大气环流之间有密切联系,进而与中国气候年代际变化紧密相关。在PDO暖位相时期,冬季,海平面气压场上阿留申低压和蒙古高压具有年代际"跷跷板"同步变化特征,即阿留申低压增强(对应北太平洋中西部SST偏冷),则蒙古高压也增强(但东西伯利亚高压减弱);在500 hPa高度场上也具有上述特征,并且还表现出明显的PNA型(Pacific-North American pattern)遥相关,850 hPa流场上,北太平洋为强大的气旋式异常环流所控制,东亚大陆蒙古高原附近有明显的反气旋式环流中心,与之相对应的是,中国东北、华北、江淮以及长江流域大部分地区降水偏少,东北、华北和西北地区气温异常显著偏高,而西南和华南地区气温却偏低。夏季,北太平洋SLP(sea level pressure,海平面气压)的负异常明显减弱,而整个东亚大陆均表现为较强的SLP正异常;500 hPa高度场上,巴尔

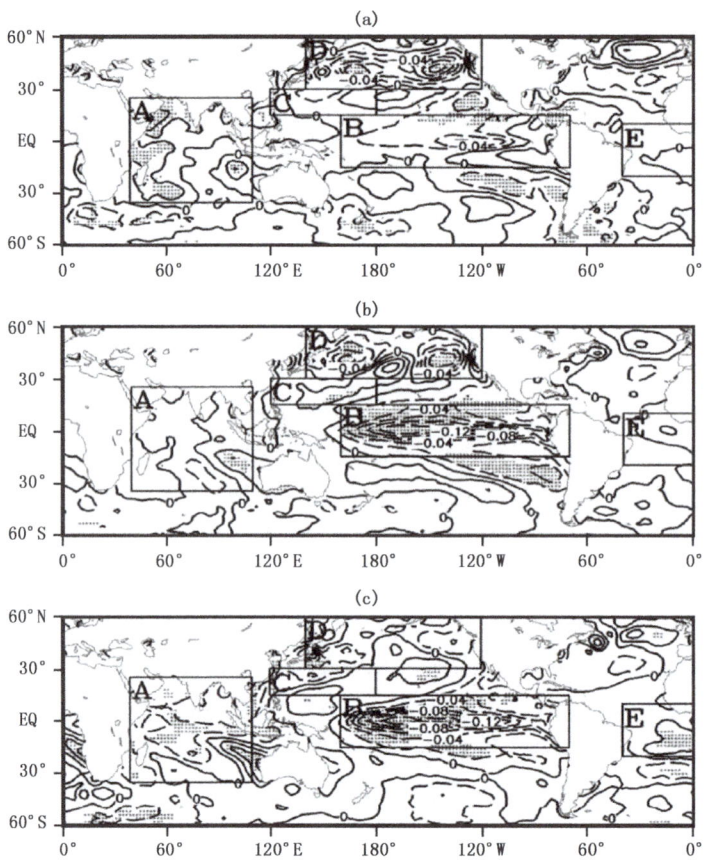

图 6.6　贵州省冬季平均冻雨日数距平回归的 SST 距平场（白慧等，2016）
(a)前期夏季；(b)前期秋季；(c)同期冬季。圆点表示回归系数过 $\alpha=0.05$ 显著性水平检验

喀什湖附近的高空槽减弱，西太平洋副热带高压位置偏南，850 hPa 流场上，东亚大陆东部有较强异常偏北气流，东亚夏季风偏弱，在热带太平洋，信风减弱，赤道西风增强，相应的中国华北地区降水异常偏少而长江中下游、华南南部、东北和西北地区降水却异常偏多；东北、华北及华南地区气温都显著偏高，而西北、西南和长江中下游地区的气温则异常偏低。而 PDO 冷位相时期，上述情况则相反。

北太平洋海温异常与贵州夏季气候也有显著关系。其中，在北太平洋夏季海温正异常年翌年，贵州夏季降水呈全区一致的偏多，而在负异常年翌年，贵州夏季降水呈全区一致的偏少（王芬等，2014）。并且用前期海温场作为预报因子对贵州夏季降水进行预报时，最佳时段为提前 7—10 月，表明海温对贵州夏季降水的影响具有隔多季度预报延伸性（金建德等，2006）。

6.1.2　印度洋

印度洋位于亚洲地区夏季季风气流上游，是亚洲夏季风各种能量及水汽的重要源地之一，大量研究显示，热带印度洋海温异常模态和南印度洋偶极子模态对东亚夏季风和我国夏季降水有明显影响（陈丽娟等，2013）。印度洋最主要的海温异常模态为全区一致型（Indian Ocean basin-wide，IOBW）海温变化，其次为偶极子型（Indian Ocean dipole mode events，IOD）海温变化。

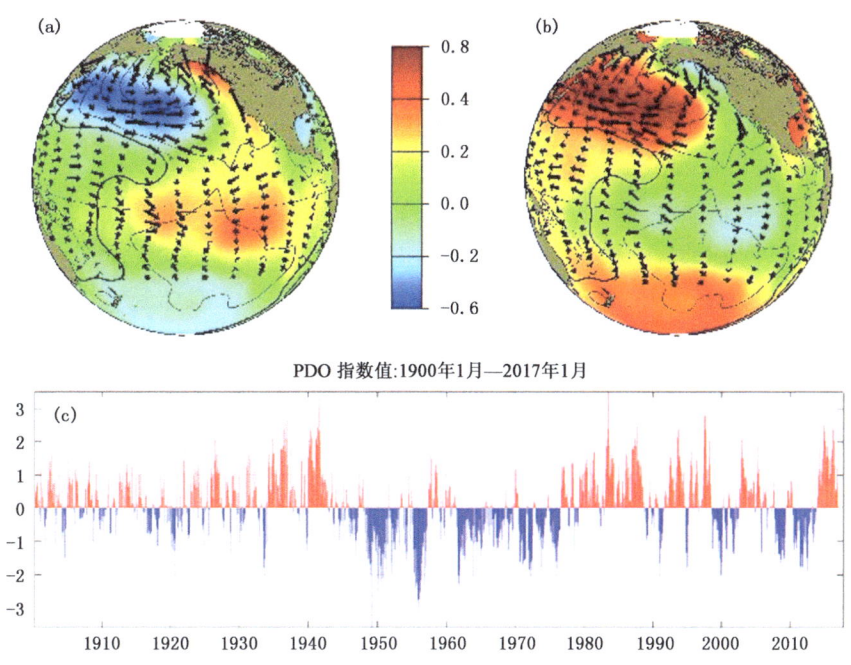

图 6.7　北太平洋年代际振荡(PDO)暖(a)、冷(b)位相海表温度距平分布示意图；
PDO 指数逐月时间序列(c)(引自 NOAA)

(1) IOBW

国家气候中心业务中对热带印度洋全区一致海温模态(IOBW)定义为热带印度洋(20°S—20°N,40°—110°E)区域平均的海温距平。这一模态是热带印度洋海温变化的最主要模态,它通常在冬季开始发展,第二年春季达到最强,图 6.8 给出了典型印度洋全区一致型海温偏暖年的海温距平分布。研究表明,当赤道中东太平洋有厄尔尼诺(拉尼娜)事件发展时,在冬季至次年春、夏季,热带印度洋海温往往表现为全区一致增暖(偏冷)。热带印度洋全区一致增暖(变冷)通过海气相互作用激发赤道印度洋—西太平洋异常沃克环流圈,加强(减弱)西太平洋副热带高压的强度,进而有利于南海夏季风爆发的推迟(提前)(袁媛等,2009)。由此,热

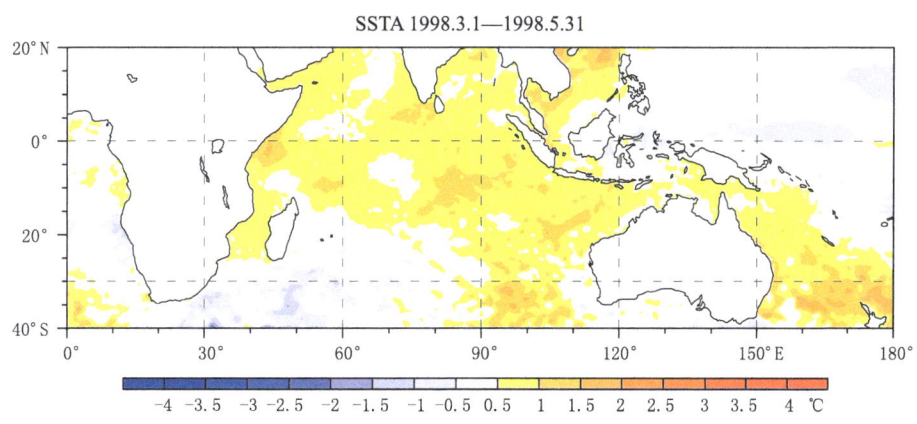

图 6.8　春季印度洋全区一致型海温模态偏暖年合成

带印度洋全区一致海温模态对维持 ENSO 对第二年南海夏季风爆发的影响起到了重要的传递作用。研究还指出,印度洋海温异常对我国西南夏季降水有一定影响,当印度洋海温一致偏冷(暖)时,西南夏季降水容易偏多(少)(Liu et al,2018)。

(2)IOD

偶极子型(IOD)又可分为热带印度洋偶极子(TIOD)和副热带印度洋偶极子(SIOD),图6.9给出了两种偶极子型正偶极子典型年海温距平分布情况。其中 TIOD 定义为热带西印度洋(10°S—10°N,50°—70°E)的海温距平与热带东印度洋(10°S—0°,90°—110°E)的海温距平之差(Saji et al,1999;Webster et al,1999),TIOD>0 表示正位相,TIOD<0 表示负位相,这一模态通常在夏季开始发展,秋季达到峰值,冬季很快衰减。SIOD 则定义为西南印度洋(45°—30°S,45°—75°E)与东南印度洋(25°—15°S,80°—100°E)区域平均海温距平的差值(晏红明等,2009),同样 SIOD>0 表示正位相,SIOD<0 则表示负位相,这一模态是印度洋海温变化的次主要模态,有明显的季节位相锁定特征,通常在初冬开始发展,翌年1—3月达到最强,4月明显减弱。

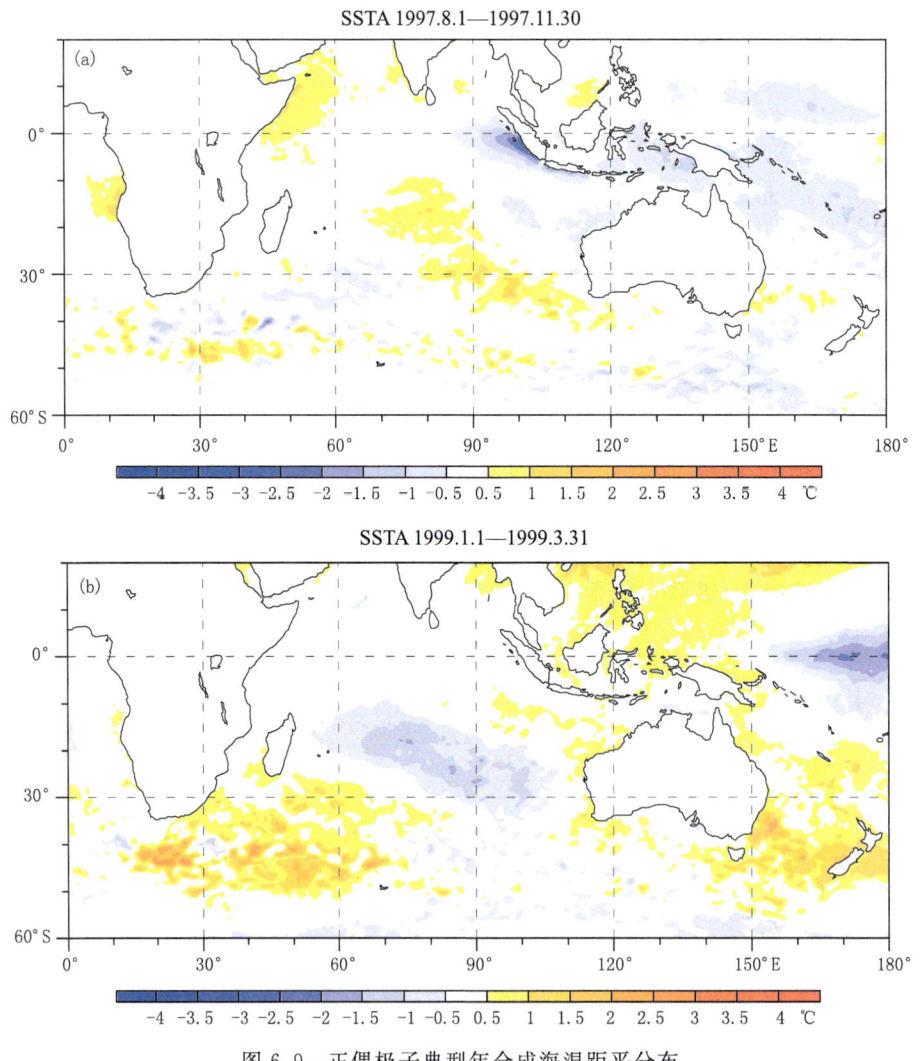

图6.9 正偶极子典型年合成海温距平分布
(a)TIOD,8—11月合成;(b)SIOD,1—3月合成

研究表明，TIOD对我国夏季降水有显著影响，在TIOD正偶极子发生年的夏季，热带西印度洋偏暖、东南印度洋偏冷的海温异常分布型，使得赤道印度洋盛行东风距平，从而减弱了沃克环流，同时西太平洋副热带高压偏强、偏西、偏南，我国南方地区大气呈异常上升运动，为整层水汽异常辐合区，同时中国南海西南水汽输送较强，从而有利于我国华南降水偏多，而北方降水偏少；当发生TIOD负偶极子时，西太平洋副热带高压偏弱、偏东、偏北，华北降水偏多，南方降水偏少（肖子牛等，2002；陈丽娟等，2013，张舰齐等，2019）。此外，TIOD与华西秋雨也有较好的对应关系，春、夏季正相关发展、范围扩大；秋季稳定且正相关性较高，与夏季时滞相关较为一致，其中春、夏、秋季的TIOD均与贵州省秋雨有较好的正相关，并以夏、秋季相关区域较大、相关系数较高（图6.10）；而华西秋雨与前期冬季TIOD相关性减弱并呈反相关关系（刘佳等，2015）。

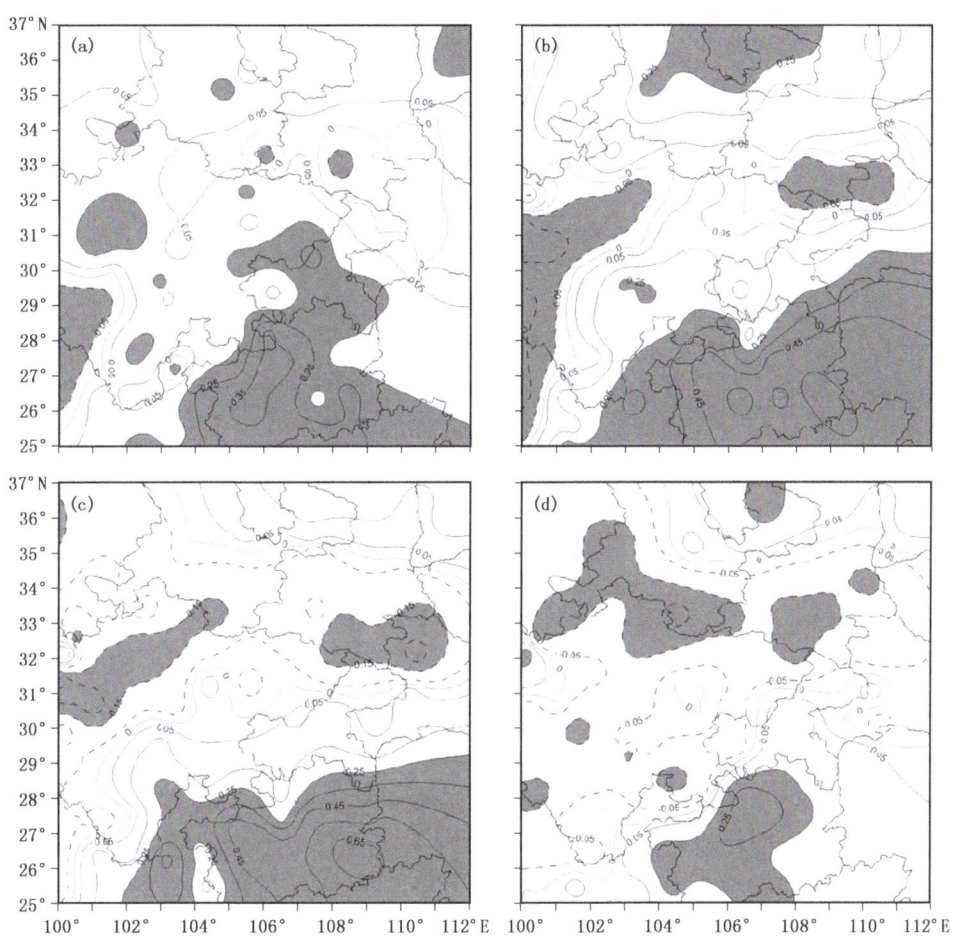

图6.10　1960—2011年四季TIOD指数与华西秋雨的相关分布（刘佳等，2015）
(a)春季；(b)夏季；(c)秋季；(d)冬季
（实线表示正相关，虚线表示负相关，阴影区表示通过0.05显著性水平检验）

SIOD对我国降水异常的影响主要表现为：春季SIOD可以通过3种途径影响南北半球环流系统和亚洲夏季风系统，进而对我国春末及夏季降水产生影响，其中，第一种途径主要影响中国春末降水,正偶极子年中国西南和江南以及长江中下游的降水偏多,负偶极子年江南大部降水偏少;其他两种途径则主要影响夏季降水,在 SIOD 正位相年,黄河及其以北、以东区域、华南地区降水明显偏多,长江流域降水偏少,在 SIOD 负位相年,西南、江南、黄淮地区降水偏多(陈丽娟等,2013;徐海明等,2013)。

6.1.3 北大西洋

除热带、副热带地区的海温异常对大气环流有影响外,热带外区域的海温异常与大气的相互作用也会对全球,尤其是东亚地区气候异常产生影响。在北大西洋区域的海温异常主要表现为自南向北"－＋－"或"＋－＋"三极子型分布,称为北大西洋海温三极子。目前,国家气候中心将其指数定义为:将 1981 年 1 月至 2010 年 12 月期间的北大西洋(0°—60°N,80°W—0°)海温距平场(去除线性趋势)EOF 第一模态作为投影模态(图 6.11),实时月的海温距平场在去除全球海温增暖影响后投影到该模态上,将得到的投影指数以 1981—2010 年期间的平均值和标准差为基准做标准化处理,即得到标准化的北大西洋海温三极子指数。

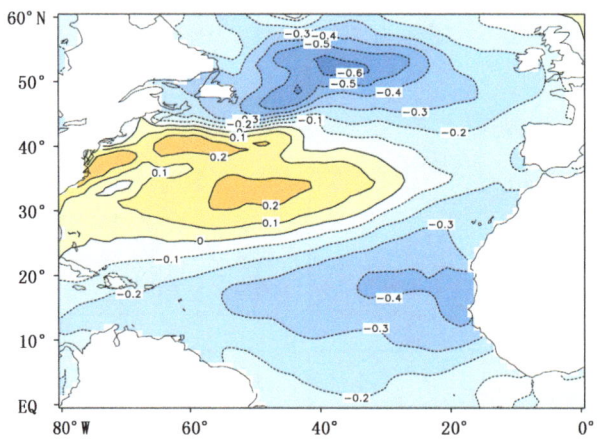

图 6.11 北大西洋海温距平场 EOF 第一模态的空间分布(引自国家气候中心)

北大西洋海温"－＋－"的三极子型常伴随着北大西洋涛动(NAO)正位相出现。这种"三极子型"的海温异常能够对大气环流产生重要的反馈作用(李建等,2007),特别是春—夏季北大西洋三极子海温异常对东亚夏季风的年际变化存在显著的影响(Wu et al,2009;左金清等,2012;Zuo et al,2013)。研究还指出,冬季北大西洋海温异常对冬季北半球大气环流异常特别是西伯利亚高压强度有显著影响(李栋梁等,2017),通常北大西洋海温正异常及三极子正位相使冬季西伯利亚高压增强;同时通过前期北大西洋"＋－＋"三极子型海温异常分布与北大西洋和巴伦支海附近大气相互作用,使得巴伦支海上空高压脊发展,从而容易造成东亚冬季风偏强,冷空气南下而发生寒潮。

北大西洋与北太平洋海温异常均与我国西南地区干(10 月—翌年 4 月)、湿季(5—9 月)降水第 1 主模态显著相关(张武龙等,2014),对干、湿季降水的第 1 主模态(整体一致型),同期北大西洋海温从低纬到中高纬分别表现为"－＋"偶极子型和"＋－＋"三极子型分布(图 6.12)。此外,研究表明春季北大西洋海温异常与同期中国西南降水存在显著的正相关关系,即春季北大西洋海温异常偏暖时,同期中国西南地区的降水异常偏多,反之,同期中国西南地区的降水异常偏少。春季北大西洋海温主要是通过影响南亚大气环流来间接影响同期中国西南地区的降水变化(Li et al,2018)。对贵州而言,前期秋季北大西洋海温异常与冬季雨凇有一定关系,研究发现前期秋季北大西洋海温异常与贵州省冬季雨凇距平时间序列有很好的相关性,主要关键区在北大西洋 25°—35°N,60°—40°W,呈显著的负相关关系。说明当北大西洋该关键区海温异常偏低(高)时,对应贵州省冬季雨凇强度偏强(弱)(张娇艳等,2018)。

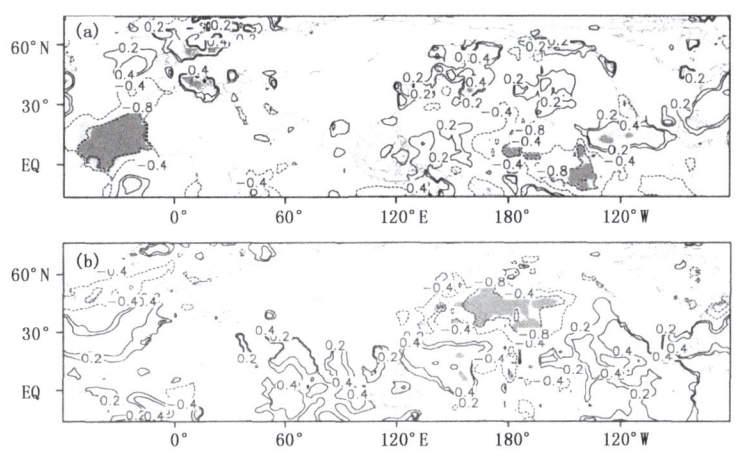

图 6.12　1980—2009 年我国西南地区干季(a)、湿季(b)降水第 1 主模态对应的时间序列典型年份标准化海温场合成(张武龙等,2014)

6.2　大气环流系统影响

不论是从变化的幅度、还是从变化的快慢上讲,大气都是气候系统中变率最大的部分。对贵州气候有显著影响的大气环流系统成员主要有西太平洋副热带高压、南亚高压、越赤道气流和西伯利亚高压等。这些因子相互作用,相互影响,共同调节着贵州气候的变化。《中国气候》对影响贵州的大气环流系统做出了如下详细描述:

西北太平洋副热带高压:它是由北太平洋副高的脊或高压单体向西伸出形成的。西北太平洋副高是常年存在的永久性暖性深厚系统,其强度和位置随着季节而变化。平均而言,冬季位置最南,夏季位置最北,从冬到夏向北偏西移动,强度增强;从夏至冬则向南偏东移动,强度减弱。西北太平洋副高对中国天气的影响十分重要,夏半年尤为突出,这种影响一方面表现在西北太平洋副高本身,另一方面表现在西北太平洋副高与其周围天气系统间的相互作用。西北太平洋副高控制下的地区,有强烈的下沉逆温,使低层水汽难以成云致雨,造成晴空万里的稳定天气,时间长久了可能出现大范围高温干旱。当副高偏强、偏西、偏南时,中国东部主雨带位置偏南,长江中下游易发生洪涝。

南亚高压:它是夏季在南亚地区上空对流层存在的庞大高压系统。南亚高压的范围非常大,通常盘踞在亚洲南部的青藏高原至伊朗高原上空,是亚洲夏季风系统的主要成员之一。南亚高压在 100 hPa 附近最强,是夏季 100 hPa 高度上除了极涡以外最强大、最稳定的系统。南亚高压对我国夏季大范围旱涝分布以及亚洲天气气候都有重大影响。当夏季南亚高压中心偏东且位于青藏高原上空时,高压偏南、偏强,对应低层西北太平洋副高也偏南偏强,易造成长江流域多雨;当夏季南亚高压中心偏西且位于伊朗高原上空时,高压偏北、偏弱,对应低层西太副高偏北、偏弱,西伸明显,易使得长江流域在高压控制下干旱少雨。

越赤道气流:它是从某一半球越过赤道进入另一半球的气流,夏季低层由南半球吹向北半球,冬季则由北半球吹向南半球。其中索马里越赤道气流异常通常与东亚大气环流及中国降水异常有密切联系。在年际时间尺度上,当索马里急流增强时,夏季西北太平洋副高在长江下游及东海上空加强,使得东亚夏季风加强,中国华北地区降水偏多而南方地区降水偏少。

西伯利亚高压:北半球冬季,欧亚大陆中高纬度大气冷却收缩下沉,形成北半球最强、副面最广的高压,高压中心位置在西伯利亚和蒙古一带,通常称为西伯利亚高压。它是东亚冬季风系统的主要成员,是北半球四个主要的季节性大气活动中心之一,多发生于冬半年,是半永久性冷高压。西伯利亚高压与中国冬季气温密切相关,当西伯利亚高压偏强时,影响我国冷空气势力偏强,冬季中国大部地区气温偏低,反之则相反。

东亚大槽:是亚洲冬季风系统的主要成员,与中国东部冷空气活动密切相关。东亚大槽是北半球中高纬度对流层中上部西风带形成的低压槽,因常位于亚洲大陆东岸及其附近海上而得名。它的位置及其强度直接影响冷空气的路径强度及持续性。

南支槽:在冬半年,高空槽云系从青藏高原南侧通过东移影响我国东部地区,这一类高空槽称之"南支槽"或"印缅槽"。

按照影响系统所在的不同高度层以及多年预测业务经验,给出如下大气环流系统对贵州省降水、气温的影响。

在气候业务中,通常认为当气温、降水距平超过1个标准差时为异常(降水特多特少、气温特高特低),当气温、降水距平超过0.5个标准差且小于1个标准差时为较异常(降水偏多偏少、气温偏高偏低),小于0.5个标准差时为正常。根据上述定义,得到贵州省1961—2018年降水、气温较为异常和异常年份如表6.2。

表6.2 1961—2018年贵州省降水、气温异常年份表

季节	降水偏多	降水偏少	降水特多	降水特少
夏	1964, 1968, 1974, 1977, 1995, 1998, 2000, 2002, 2015, 2017	1961, 1962, 1963, 1978, 1992, 1994, 2003, 2005, 2009, 2018	1967, 1969, 1979, 1991, 1993, 1996, 1999, 2007, 2014	1966, 1972, 1975, 1981, 1989, 1990, 2006, 2011, 2013
冬	1963, 1981	1966, 1967, 1969, 1983, 1998, 2007, 2008, 2017	1970, 1982, 1990, 1991, 1992, 1994, 1996, 2003, 2015, 2018	1962, 1968, 1973, 1975, 1977, 1978, 1985, 1986, 1993, 1995, 2009, 2012
季节	气温偏高	气温偏低	气温特高	气温特低
夏	1967, 1978, 1988, 1990, 1998, 2005, 2009, 2017	1980, 1982, 1986, 1989, 1992, 1993, 1997, 1999, 2001, 2002, 2008, 2015	1961, 1972, 1975, 1981, 2003, 2006, 2011, 2013, 2016, 2018	1965, 1968, 1969, 1970, 1974, 1976, 1977, 2004
冬	1972, 1977, 1992, 2000, 2012	1971, 1973, 1987, 1995, 1999, 2010	1965, 1978, 1986, 1998, 2001, 2002, 2006, 2008, 2009, 2014, 2016	1963, 1966, 1967, 1976, 1982, 1983, 1984, 2004, 2007, 2011

通过合成分析法,接下来将研究不同异常情况下对应的大气环流状态。需要重点关注的系统有:东亚大槽、极涡、副热带高压、西伯利亚高压、中高纬地区经向环流程度,中低层环流的配合等,这些成员的强度、位置均可影响到整个东亚季风系统的变化,进而影响到气候的异常。

6.2.1 大气环流与夏季、冬季降水的关系

本小节主要关注中层 500 hPa 位势高度场和低层 850 hPa 风场的配置,即中层环流与低层水汽的配合如何影响降水。

图 6.13a 为夏季降水偏多年高度场合成:结合图中气候态(等值线)分析可知,极地地区为正距平,极涡偏弱;西伯利亚地区至东亚沿岸高纬度西风带环流经向度大,距平场由西到东呈现"一十一"的分布型,利于高纬度地区槽加深,脊加强,从而使得北极地区的冷空气向南输送。贵州位于中低纬度地区的高空槽前,且上空为负距平,使得高空槽加深,利于贵州省降水。西太平洋副高偏东,略偏弱。

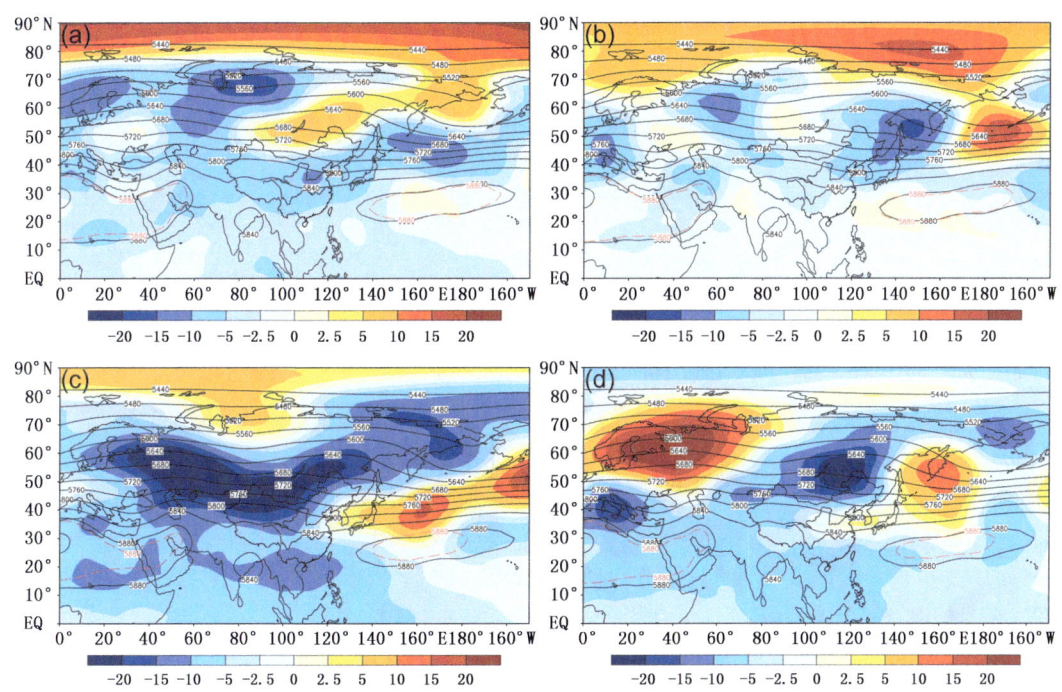

图 6.13 夏季降水 500 hPa 高度场合成(单位:gpm)
(a)降水偏多年;(b)降水特多年;(c)降水偏少年;(d)降水特少年
(黑色等值线:气候态;红色虚线:合成原始场 5880 gpm 等高线;阴影:距平场)

图 6.13b 为夏季降水特多年高度场合成:极涡偏弱、偏东;西伯利亚地区至亚洲东岸高纬度高度场距平场呈"一十一"分布型,夏季东亚大槽区堪察加半岛高度场偏低,东亚槽偏强;东海地区位势高度场偏高,副高略偏西。贵州位于中低纬度地区的高空槽前,且上空为负距平,使得高空槽加深,利于贵州省降水,结合副高外围水汽输送,更有利于将水汽汇合至贵州省地区形成降水。

图 6.13c 为夏季降水偏少年高度场合成:环流距平场在欧亚地区几乎均为一致负距平分

布,高度场一致偏低,而在西太平洋地区的副热带高压偏东略偏北,东亚大槽所在区域气压场为正距平,槽偏浅;综上,这种配置不利于贵州省降水的形成。

图6.13d为夏季降水特少年高度场合成:欧洲西海岸为显著正距平,使得脊偏强,贝加尔湖上空为负距平,鄂霍次克海地区为显著正距平。这种由西到东"＋－＋"的配置,结合气候态分析发现它使得中高纬地区西风带趋于平直,不利于来自极地的冷空气南下。与之配合的是西太平洋副高异常的偏东、面积偏小,更加不利于夏季贵州省降水。

降水偏多时,水汽来源于南海,从源地输送至贵州省,结合500 hPa高度场的配置,北方冷空气南下与暖湿气流在贵州汇合产生降水(图6.14a)。降水特多年,水汽源自孟加拉湾,经西南季风输送到贵州地区,与高空槽配合,产生降水(图6.14b)。降水偏少时,从图中可知,虽然水汽条件充足,但是过于强盛,且无冷空气配合,这种配置会使得水汽输送至我国华北地区产生降水,不利于贵州省的降水(图6.14c)。而在降水特少年时,水汽条件不够,缺乏来自源地的水汽,同时,与之配合的500 hPa高度场也不利于冷空气南下,冷暖空气无法在贵州省汇合形成降水天气(图6.14d)。

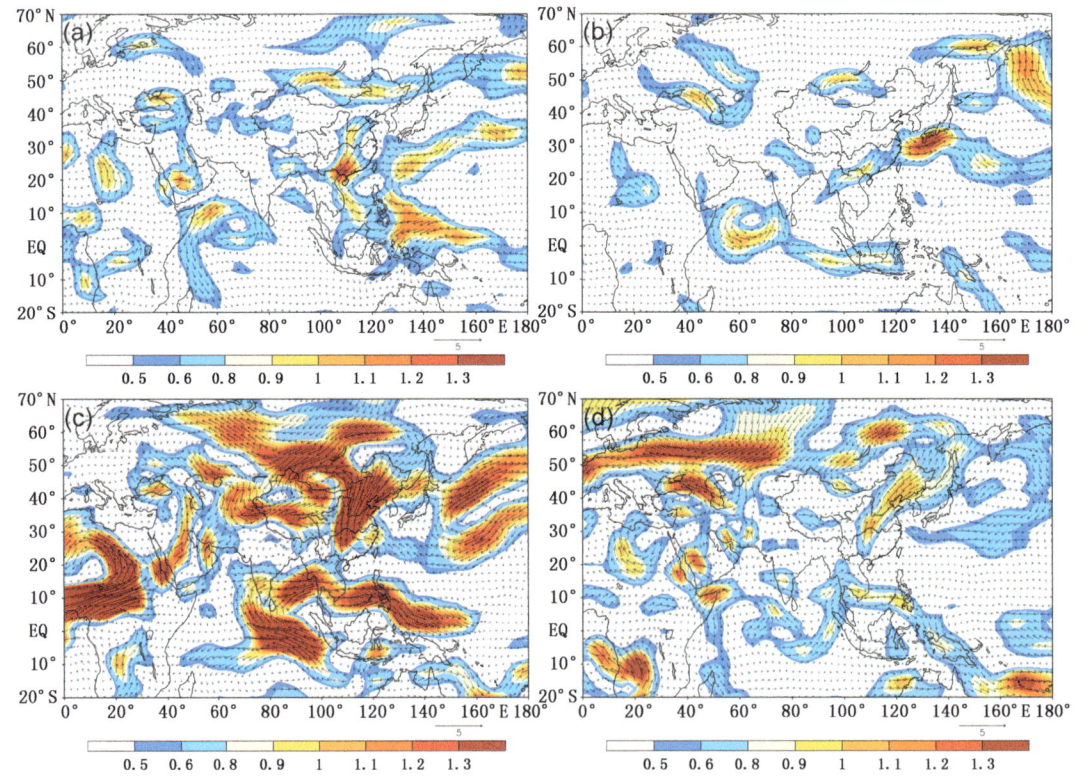

图6.14 夏季降水850 hPa风场合成距平场(单位:m/s)
(a)降水偏多年;(b)降水特多年;(c)降水偏少年;(d)降水特少年
(风速矢量:距平合成;阴影:距平标量)

从气候态来看,贵州省冬季降水量为24.2～171.3 mm,呈现由东南到西北逐渐减少的变化趋势。本节主要基于降水的异常级进行分析,鉴于冬季的降水量基数较小,并且由于在冬季微量的降水结合低温情况即对贵州省造成很大危害,因此,细分不同等级降水量的影响意义不大,本文冬季的主要关注点在气温,后文将会详述冬季气温与大气环流的关系。

6.2.2 大气环流与夏季、冬季气温的关系

结合不同季节的特征,本小节主要讨论夏季气温与中、高层大气环流的关系,以及冬季中、低层环流与气温的关系。

图 6.15a 为夏季气温偏高年 500 hPa 高度场合成:高纬度地区极地为正距平,极涡偏弱,中高纬地区欧洲西岸为负距平,贝加尔湖地区为负距平;副热带高压偏西偏北面积偏大。贵州省受副高影响形成晴热天气,使得气温偏高。

图 6.15b 为夏季气温特高年 500 hPa 高度场合成:高纬度地区为正距平控制,巴尔喀什湖至贝加尔湖东北地区为负距平区,这种距平配置,会使得中高纬地区的纬向环流增强,冷空气不易南下;同时,副高略偏北面积偏小,华北地区位势高度偏高。

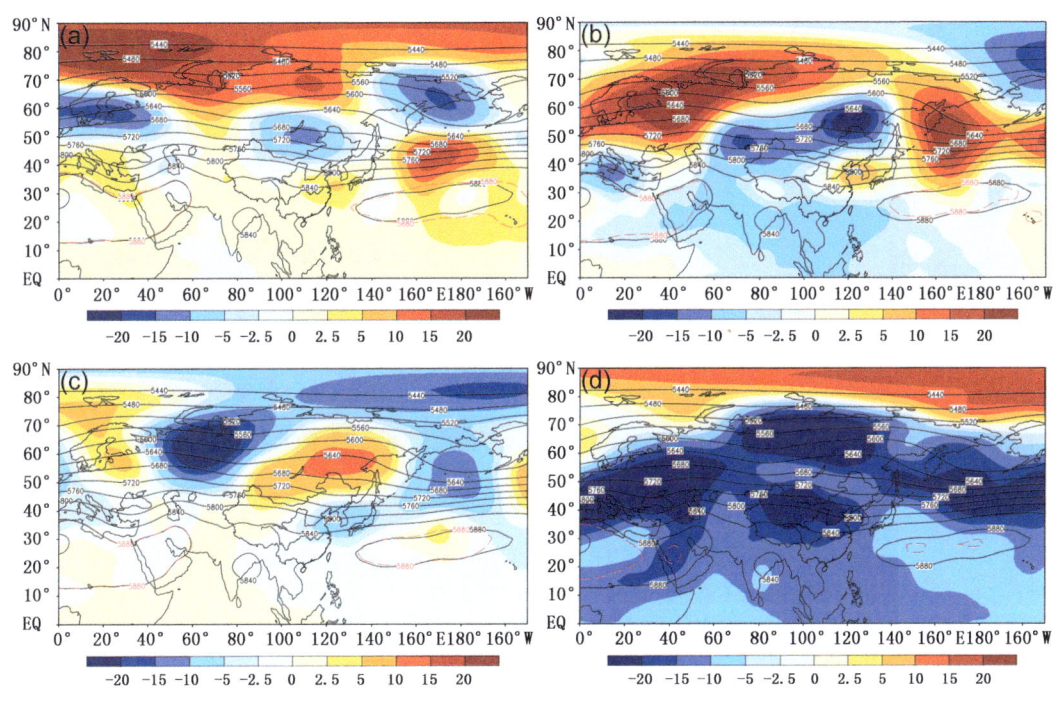

图 6.15 夏季气温 500 hPa 高度场合成(单位:gpm)
(a)气温偏高年;(b)气温特高年;(c)气温偏低年;(d)气温特低年
(黑色等值线:气候态;红色虚线:合成原始场 5880 gpm 等高线;阴影:距平场)

图 6.15c 为夏季气温偏低年 500 hPa 高度场合成:距平场分布形式与气温偏高年份相反,极地地区为负距平,欧洲西岸为正距平,西西伯利亚地区为负距平,贝加尔湖及以东地区为正距平,结合气候态分析,这种配置会加强中高纬长波的扰动,会导致环流经向度大,冷空气易于南下;同时,西北太平洋地区位势高度负距平,导致副热带高压略偏东,面积偏小,这种配置使得夏季贵州省气温偏低。

图 6.15d 为夏季气温特低年 500 hPa 高度场合成:距平场在极地为正距平,整个中低纬地区为负距平控制,东亚大槽异常偏强,利于引导冷空气南下,副高偏东,分裂为两个弱的单体。

夏季南亚高压的存在对中国夏季大范围旱涝分布及亚洲天气气候都有重大影响。

图 6.16a 为夏季气温偏高年 100 hPa 高度场合成：东亚地区位势高度场为正距平，高纬度地区绕极地环流强。南亚高压（以 16760 gpm 等高线表示其主体位置，下同）与气候态相比面积偏大、偏北、西至 20°E、东至 140°E 附近，造成夏季贵州省气温偏高。

图 6.16b 为夏季气温特高年 100 hPa 高度场合成：高纬度地区为"＋－＋"距平分布，高纬度地区绕极地环流强。南亚高压主体位置偏北，面积偏大，位置偏东。钱永甫（2002）等提出当南亚高压主体偏东时，会使得西南地区为高温少雨的天气。

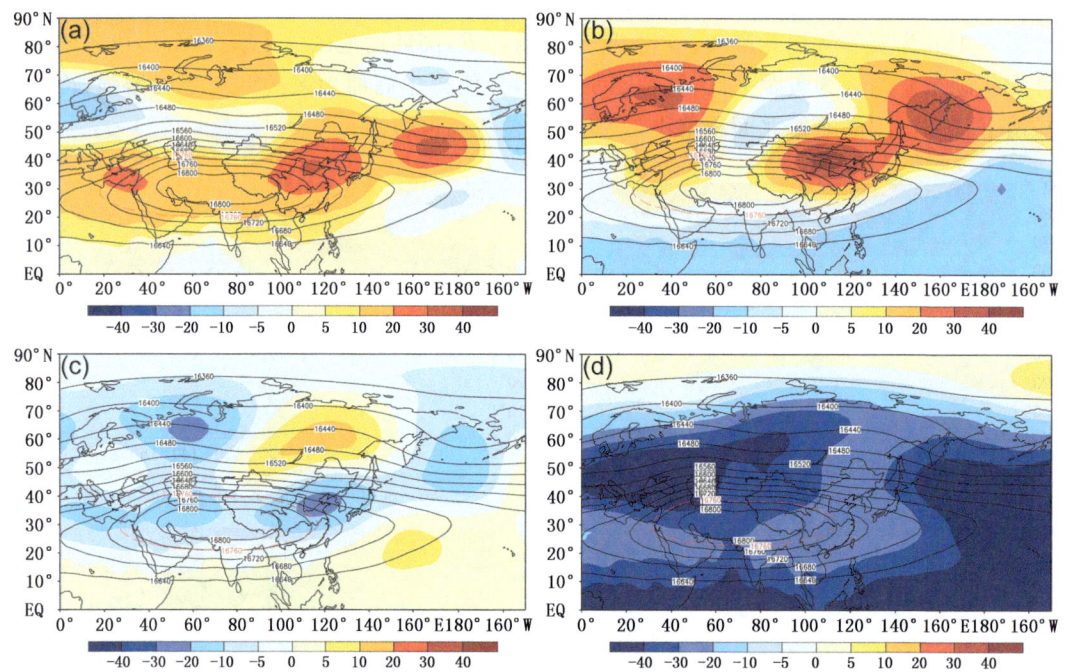

图 6.16　夏季气温 100hPa 高度场合成（单位：gpm）
(a)气温偏高年；(b)气温特高年；(c)气温偏低年；(d)气温特低年
（黑色等值线：气候态；红色虚线：合成原始场 16760 gpm 等高线；阴影：距平场）

图 6.16c 为夏季气温偏低年 100 hPa 高度场合成：高纬度位势高度距平分布为"－＋－"分布型，使得极地环流经向度加大，易于冷空气南下，且亚洲中高纬位势高度场为北正南负型，也同样是利于冷空气南下。同时南亚高压主体面积偏大，西界偏西相对于东界偏东的程度更大。南亚高压偏西时，使得高压东南的气温偏低（钱永甫等，2002）

图 6.16d 为夏季气温特低年 100 hPa 高度场合成：整个北半球除极地地区外均为负距平控制。南亚高压主体与常年变化不大。

图 6.17a 为冬季气温偏高年 500 hPa 高度场合成：中高纬地区由西至东为西正东负距平分布型，西欧沿岸为正距平，使得冬季西欧沿岸的槽偏弱，青藏高原北部为负距平，使得冬季青藏高原北部脊偏弱，同时，东亚大槽所在区域为正距平，使得东亚大槽偏弱，总体来说，北半球中高纬地区环绕极区的西风带内西风指数强，对应较强的纬向环流，使得冷空气不易南下，从而使得贵州省冬季气温偏高。

图 6.17b 为冬季气温特高年 500 hPa 高度场合成：亚洲中高纬地区由北至南距平呈北负南正分布型，整个中纬度的亚洲地区均为正距平控制，相比于气温偏高年，亚洲地区正距平面积更大，同时，东亚大槽偏弱；综上，这种大气环流配置，使得北方冷空气势力异常偏弱，不易南下产生降温天气。

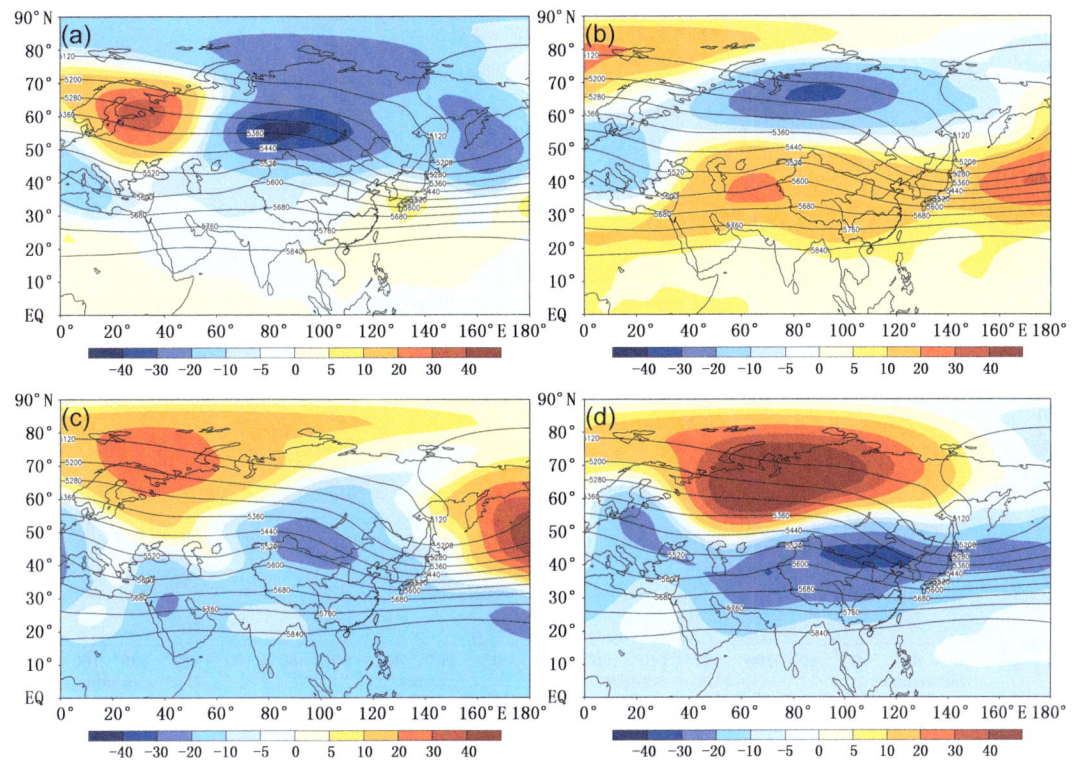

图 6.17 冬季气温 500 hPa 高度场合成（单位：gpm）
(a)气温偏高年；(b)气温特高年；(c)气温偏低年；(d)气温特低年
（等值线：气候态；阴影：距平场）

图 6.17c 为冬季气温偏低年 500 hPa 高度场合成：中高纬地区距平场由西到东呈"＋－＋"分布型，这种配置使得乌拉尔山地区易出现阻塞高压，当阻高崩溃后，会形成一次次的寒潮天气使得南方降温，同时东亚大槽所在区域为负距平，东亚大槽偏强，也可引导冷空气到达贵州。

图 6.17d 为冬季气温偏高年 500 hPa 高度场合成：相对于气温偏低年，中高纬度北正南负的距平分布加大，使得高纬度冷空气源源不断南下入侵，同时东亚大槽偏强，这种配置之下，使得贵州冬季气温持续偏低，易造成冬季气温特低的结果。

图 6.18a 为冬季气温偏高年海平面气压场（SLP）合成：亚洲大陆均为负距平，西伯利亚高压偏弱，SLP 偏低，西太平洋地区为正距平，SLP 偏高，这种配置下海陆气压差减小，使得冷空气不易南下，因此，使得贵州省冬季气温偏高。

图 6.18b 为冬季气温特高年 SLP 合成：整个亚洲中纬度地区均为负距平控制，西伯利亚高压偏弱，西北太平洋的阿留申地区正距平，阿留申低压偏弱，低纬度地区海洋上为正距平；这种配置下海陆气压差减小，使得冷空气不易南下，贵州省冬季气温偏高。

图 6.18c 为冬季气温偏低年 SLP 合成:高纬度地区欧亚大陆为正距平,西伯利亚高压偏强;中低纬度地区(陆地及海洋)为负距平,气压偏低,这种北正南负的距平分布,利于冷空气南下,使得贵州省冬季气温偏低。

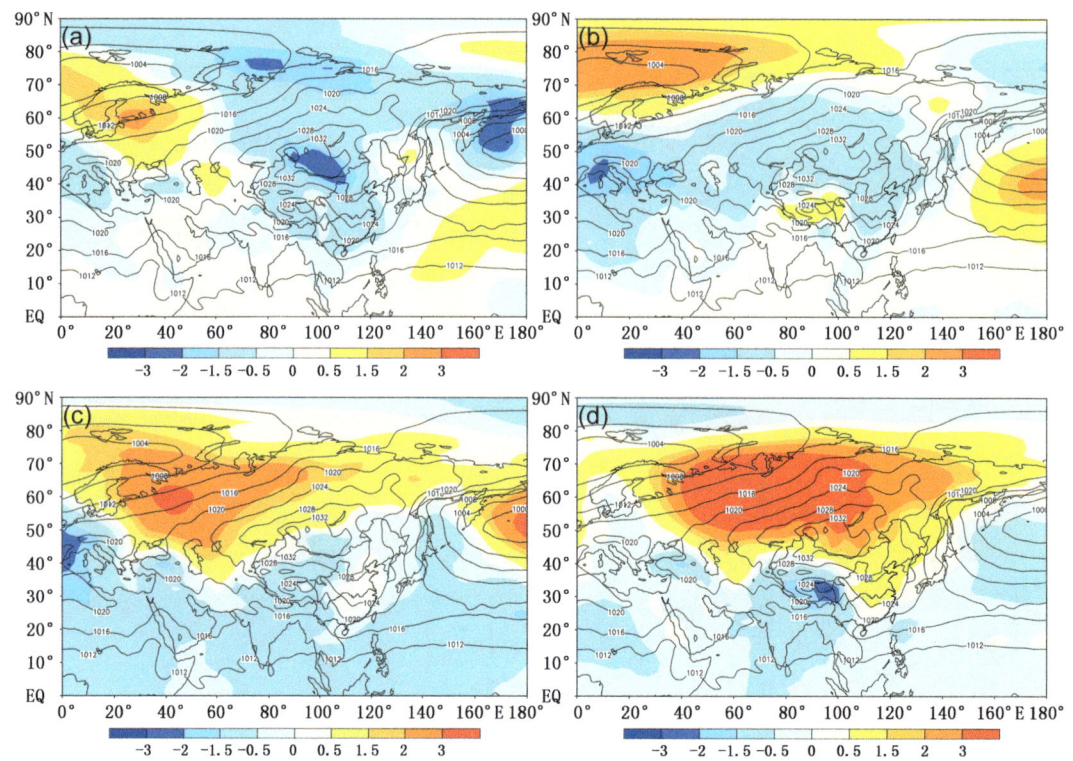

图 6.18 冬季气温海平面气压(SLP)场合成(单位:hPa)
(a)气温偏高年;(b)气温特高年;(c)气温偏低年;(d)气温特低年
(等值线:气候态;阴影:距平场)

图 6.18d 为冬季气温特低年 SLP 合成:与气温偏低年相比,中高纬度的正距平程度更大,范围更广,西伯利亚高压偏强,偏南偏大。低纬度地区为负距平,气压偏低。这种配置非常利于冷空气南下到达贵州,影响贵州省冬季气温。

参考文献

陈丽娟,袁媛,杨明珠,等,2013.海温异常对东亚夏季风影响机理的研究进展[J].应用气象学报,24(5):521-532.

葛敬文,2018.ENSO 和东亚冬季风对东亚冬季气候的影响研究[D].杭州:浙江大学.

金建德,严小冬,雷云,等,2006.西北太平洋海温变化对贵州夏季降水的影响[J].热带气象学报,22(2):192-197.

金祖辉,陶诗言,1999.ENSO 循环与中国东部地区夏季和冬季降水关系的研究[J].大气科学,23(6):663-672.

李栋梁,蓝柳茹,2017.西伯利亚高压强度与北大西洋海温异常的关系[J].大气科学学报,40(1):13-24.

李建,周天军,宇如聪,2007.利用大气环流模式模拟北大西洋海温异常强迫响应[J].大气科学,31(4):

561-570.

李晓燕,翟盘茂,2000. ENSO 事件指数与指标研究[J]. 气象学报,58(1):102-109.

李玉柱,许炳南,2001. 贵州短期气候预测技术[M]. 北京:气象出版社:41-43.

刘佳,马振峰,杨淑群,徐金霞,2015. 印度洋偶极子和华西秋雨的关系[J]. 高原气象,34(4):950-962.

钱永甫,张琼,张学洪. 2002. 南亚高压与我国盛夏气候异常[J]. 南京大学学报:自然科学版,38(3):295-307.

任福民,袁媛,孙丞虎,曹璐,2012. 近30年ENSO研究进展回顾[J]. 气象科技进展,2(3):17-24.

孙照渤,陈海山,谭桂荣,等. 2010. 短期气候预测基础[M]. 北京:气象出版社:88-89.

谭晶,王彰贵,黄荣辉,蔡怡,2017. 印度洋不同海温模态对两类厄尔尼诺事件与我国南方秋季降水关系的影响[J]. 海洋学报,39(11):61-74.

王芬,曹杰,唐浩鹏,等,2014. 前期北太平洋海温异常对贵州夏季降水的影响[J]. 高原气象,33(4):925-936.

肖子牛,晏红明,李崇银,2002. 印度洋地区异常海温的偶极振荡与中国降水及温度的关系[J]. 热带气象学报,21(4):335-344.

徐海明,张岚,杜岩,2013. 南印度洋偶极子及其影响研究进展[J]. 热带海洋学报,32(1):1-7.

许武成,马劲松,王文,2005. 关于ENSO事件及其对中国气候影响研究的综述[J]. 气象科学,25(2):212-220.

晏红明,李崇银,周文,2009. 南印度洋副热带偶极模在ENSO事件中的作用[J]. 地球物理学报,52(10):2436-2449.

袁良,何金海,2013. 两类ENSO对我国华南地区冬季降水的不同影响[J]. 干旱气象,31(1):24-31.

袁媛,李崇银,2009. 热带印度洋海温异常不同模态对南海夏季风爆发的可能影响[J]. 大气科学,33(2):325-336.

张舰齐,叶成志,陈静静,等,2019. 印度洋偶极子对中国南海夏季西南季风水汽输送的影响[J]. 大气科学,43(1):52-66.

张娇艳,王玥彤,吴战平,等,2018. 贵州省冬季雨凇灾害预测模型的初构[J]. 贵州气象,39(3):1-5.

张武龙,张井勇,范广洲,2014. 我国西南地区干湿季降水的主模态分析[J]. 大气科学,38(3):590-602.

郑国光,矫梅燕,丁一汇,等,2019. 中国气候[M]. 北京:气象出版社.

朱益民,杨修群,2003. 太平洋年代际振荡与中国气候变率的联系[J]. 气象学报,61(6):641-654.

左金清,李维京,任宏利,等,2012. 春季北大西洋涛动与东亚夏季风年际关系的转变及其可能成因分析[J]. 地球物理学报,55(2):384-395.

Ashok K, Behera S K, Rao S A, et al, 2007. El Niño Modoki and its possible teleconnection[J]. J Geophys Res, 112, C11007, doi:10.1029/2006JC003798.

Li G, Chen J P, Wang X, et al, 2018. Remote impact of North Atlantic sea surface temperature on rainfall in southwestern China during boreal spring[J]. Climate Dynamics,50(1-2): 541-553.

Liu J, Ren H L, Li W J, et al, 2018. Remarkable impacts of indian Ocean sea surface temperature on inter decadal variability of summer rainfall in Southwestern China[J]. Atmosphere, 9(3):103-110.

Mantua N J, Hare S R, Zhang Y, et al, 1997. A Pacific inter deca dal climate oscillation with impacts on salmon production[J]. Bulletin of the american Meteorological Society,78(6): 1069-1080.

Saji N H , Goswami B N , Vinayachan dran P N, et al, 1999. A dipole mode in the tropical Indian Ocean[J]. Nature, 401(6751):360-363.

Webster P J , Moore A M , Loschnigg J P , et al, 1999. Coupled ocean-atmosphere dynamics in the Indian Ocean during 1997—1998[J]. Nature, 401(6751):356-360.

Wu Z, Wang B, Li J, et al, 2009. An empirical seasonal prediction model of the east Asian summer monsoon using ENSO an d NAO[J]. Journal of Geophysical Research Atmospheres, 114(D18).

Zuo J Q, Li W J, Sun C H, et al, 2013. Impact of the North Atlantic sea surface temperature tripole on the East Asian summer monsoon[J]. A dvances in Atmospheric Sciences, 30(4):1173-1186.

第 7 章 气候预测业务工作

7.1 本地现代气候预测业务系统简介

7.1.1 气象数据查询与显示系统

贵州省气象数据查询与显示系统(Meteorological Data Query and Display System，MDQDS)实现了贵州省地面气候资料(主要包括平均气温、最高气温、最低气温、降水量等)日值、候值、旬值、月值、年值数据以及 1981—2010 年不同时间尺度(日、候、旬、月、年)的气候标准值的查询统计，主要功能包括任意时段(包括跨年)、任意区域(单站、市州、全省)的相关气象要素的平均值、累计值、最大值、最小值、距平、距平百分率、历史同期统计，以及气象要素常规监测、气候事件专项监测、气候评价、气候预测、气候预估等功能，同时系统能够根据需要将查询统计结果按照台站或日期形式输出为 Excel 和文本文件格式，并根据需求绘制曲线图或等值线色斑图，为气候变化监测诊断、极端天气气候事件的监测与评估以及其他业务需求提供数据支撑，为业务人员及时获取资料、实时制作和发布决策服务材料提供便利。图 7.1 为贵州省气象数据查询与显示系统界面。

图 7.1 贵州省气象数据查询与显示系统界面

7.1.2 贵州省气候预测信息挖掘系统

贵州短期气候预测信息挖掘系统(智能气候预测系统)是基于包括NCEP逐日、逐周、逐月的再分析资料;MODES提供的EC、CFSv2、CSM三种模式预测资料;基础气象数据(气温、降水)等数据,通过气候背景分析、环流指数预测、物理(模式)场预测等方法实现短期气候预测的综合分析及结果显示的系统,该系统最大的特点是在使用传统的统计方法进行气候预测的基础上,广泛利用各类气候资料进行数据挖掘并提取有效的关键信息,从而为贵州省短期气候预测业务的开展提供了更丰富的客观预测参考结果。系统的气候预测模块主要功能包括气候态分析、趋势背景分析、对比分析、要素合成、要素相关、EOF分析、日月相分析、指数实况显示、指数预测指数、指数预测趋势、多因子协同预测、物理(模式)场合成(月)、物理(模式)场合成(日)、物理(模式)场预测指数、物理(模式)场预测趋势、物理(模式)场相似预测、模式检验等。此外系统还具有图形编辑、预测工具及模式链接等模块,可供业务人员实现分析结果绘图及保存,分析结果数据导出、报文数据导入绘图等功能。短期气候预测信息挖掘系统是目前贵州省短期气候预测业务开展中使用的主要业务系统之一。图7.2为系统界面。

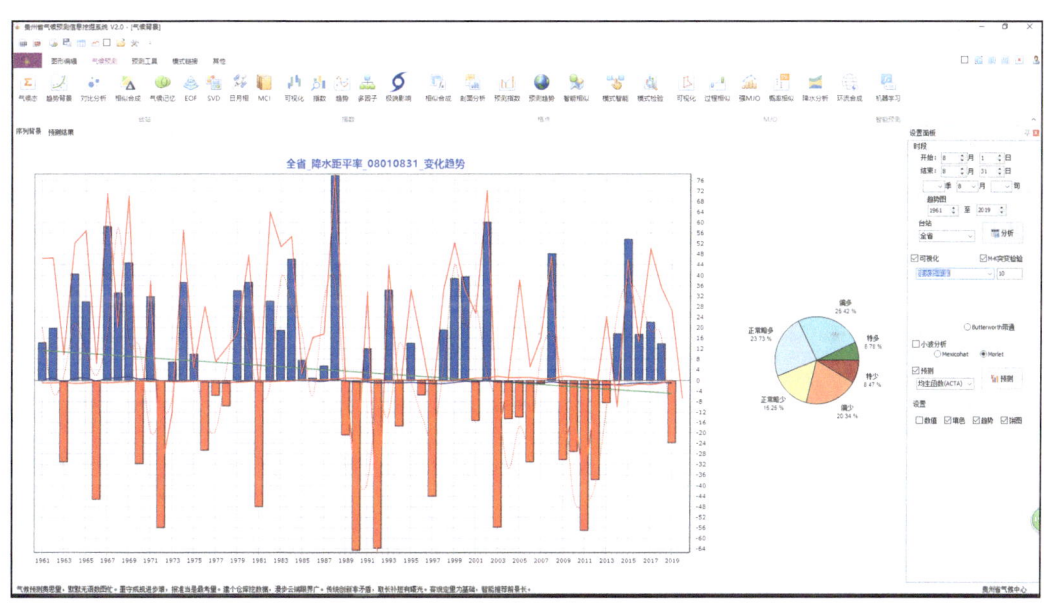

图 7.2 智能气候预测系统界面

7.1.3 多模式解释应用集成系统(MODES)

系统全称为"多模式解释应用集成预测业务系统(MODES)",目的是在已有基础上结合省级用户对多模式气候预测产品的不同需求,开发基于多个国内外气候模式季节预测的解释应用集成预测平台和软件,并推动多模式气候预测产品解释应用系统省级升级软件在省级的建设与应用。目前系统版本为MODES1.4.2,系统整体界面如图7.3所示,系统总共包括三大模块的内容,从下往上依次是系统配置与管理、数据管理与更新、气候/预测/分析。其中:系统配置与管理模块为系统运行前的一些配置准备工作,包括数据库及运行环境配置、站点分类配置、区域图形与站点配置、环境变量写入配置;数据管理与更新模块为地面约观测资料的更新功能,包括 CIPAS 月观测数据存放位置(FTP)的设置、MUMON 文件本地存放位置的设置,同时包括下载、追加 MUMON 数据功能。气候/预测/分析模块为整个系统的重点部分,包括常规地面气候要素(如降水、气温等)的监测及其合成分析,以及多模式气候资料的降尺度和集合预报功能。

图 7.3　MODES 系统界面

7.1.4　DERF2.0 模式运用及检验系统

DERF2.0 模式预测应用及检验平台,是基于国家气候中心第二代月动力延伸模式 DERF2.0 的模式产品,针对贵州省气候中心短期气候预测业务需求开发的模式产品检验及预测应用平台。系统主要包括三大模块内容,依次为 DERF2.0 模式数据归档及文件数目检查、CIMISS 观测资料提取、DERF2.0 模式检验评估和预测应用。系统的主界面如图 7.4 所示。

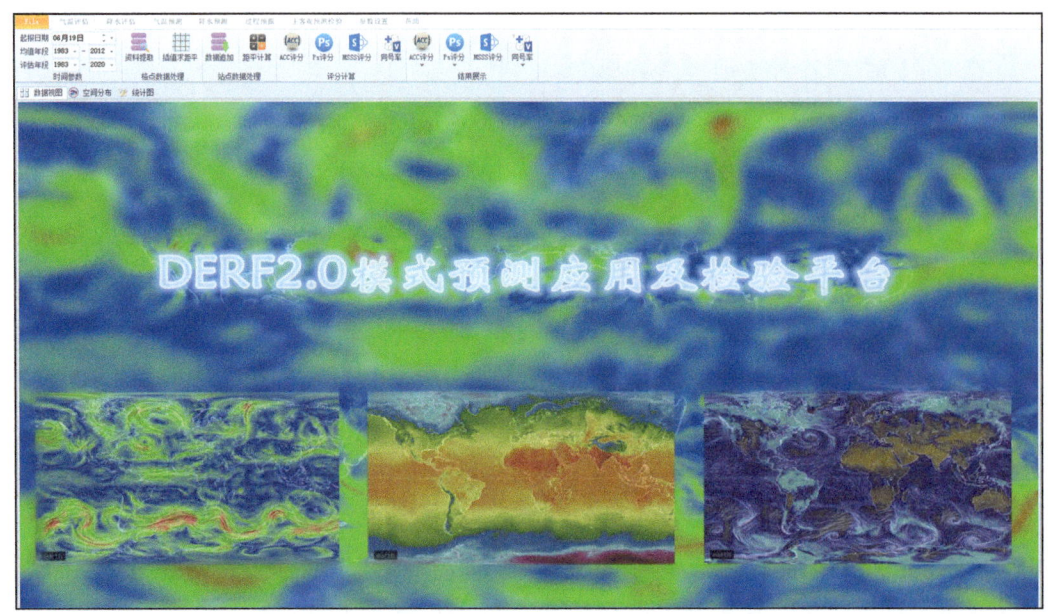

图 7.4　DERF2.0 模式预测应用及检验平台

其中数据归档工具主要用于将国家局每日下发的 DERF2.0 数据按照集合预报和单样本预报两类分别整理存储,整理后的集合预报数据存储目录结构为"\MMdd\yyyy\＊MN＊.nc",整理后的单样本预报数据存储目录结构为"\ MMdd\yyyy\yyyy MMd dHH\＊DS＊.nc"。

文件数目检查是按照集合预报和单样本预报存储目录结构及文件名(每时次 44 个要素文件)进行文件数目检查,对于不存在的缺失文件会生成文件目录树,同时提供导出缺失目录的功能。

注:历史资料要素代码(44 个)"2MT,CVPR,gh0050,gh0100,gh0200,gh0500,gh0700,gh0850,gh1000,LSPR,MSLP,NLWRT,q0050,q0100,q0200,q0500,q0700,q0850,q1000,SFCP,SKT,t0050,t0100,t0200,t0500,t0700,t0850,t1000,TMAX,TMIN,u0050,u0100,u0200,u0500,u0700,u0850,u1000,v0050,v0100,v0200,v0500,v0700,v0850,v1000",最新下发要素多余 44 个,便于历史实时的统一,未对新增要素进行检查。

DERF2.0 模式检验评估和预测应用模块中,气温和降水的评估操作都分为格点资料处理、站点资料处理、评分计算和结果展示。气温(降水)预测主要包括模式资料提取、气温(降水)和气温距平(降水距平百分率)的计算和绘图。45 天过程预报分为地面气温、降水过程和 850 hPa 气温预报。操作流程分别为数据进取,时间序列和数据表。数据提取为指定的起报日期起报的 DERF2.0 模式预测数据提取,时间序列为选定站点的 45 天过程预报图。数据表为全省各个站的 45 天过程预报表。

7.1.5　贵州省延伸期预报预测系统

贵州省延伸期预报预测系统依托网络架构,采用 B/S(浏览器/服务器)结构模式,遵循基于 SOA 标准服务体系架构,为气候中心提供延伸期气候预测业务支撑服务,系统通过气候监测、环流监测、模式预报、持续性气候监测以及产品制作等功能,实现气候中心相关业务,从而简化工作流程,合理有效利用计算机资源,有效提高工作效率,提升办公的效率效能。系统界面如图 7.5 所示。

图 7.5　贵州省延伸期预报预测系统界面

该系统主要包括以下模块：气候监测、环流监测、模式预报、产品制作、持续性气候、系统管理等模块。

气候监测：主要包含历年同期时序、逐日要素分析、逐旬要素分析、逐年邮票图、强降水日数、高温日数、逐日降水过程、逐日低温过程、逐日高温过程、逐日强降温过程等。

环流监测：主要包含高度场、海平面气压场、温度场、风场、海表温度、海温指数、环流对比分析等。

模式预报：主要包含 DERF2.0 预测、CFSv2 逐日预测、同时段多要素预测、日预报检验、逐候预报检验、过程预报检验等。

产品制作：主要包含 PPT 产品制作、WORD 产品制作、服务产品制作等。

系统管理：主要包含数据字典配置、系统导航配置、角色设置、系统用户管理、组织机构管理、产品服务管理、友情链接管理等。

7.2 预测产品服务

7.2.1 预测业务流程

通过长时间的经验累积，贵州省气候中心逐步完善了从预测、检验、订正、制作、签发、服务的一体化预测业务服务流程。图 7.6 给出了月/季气候趋势预测产品发布流程。

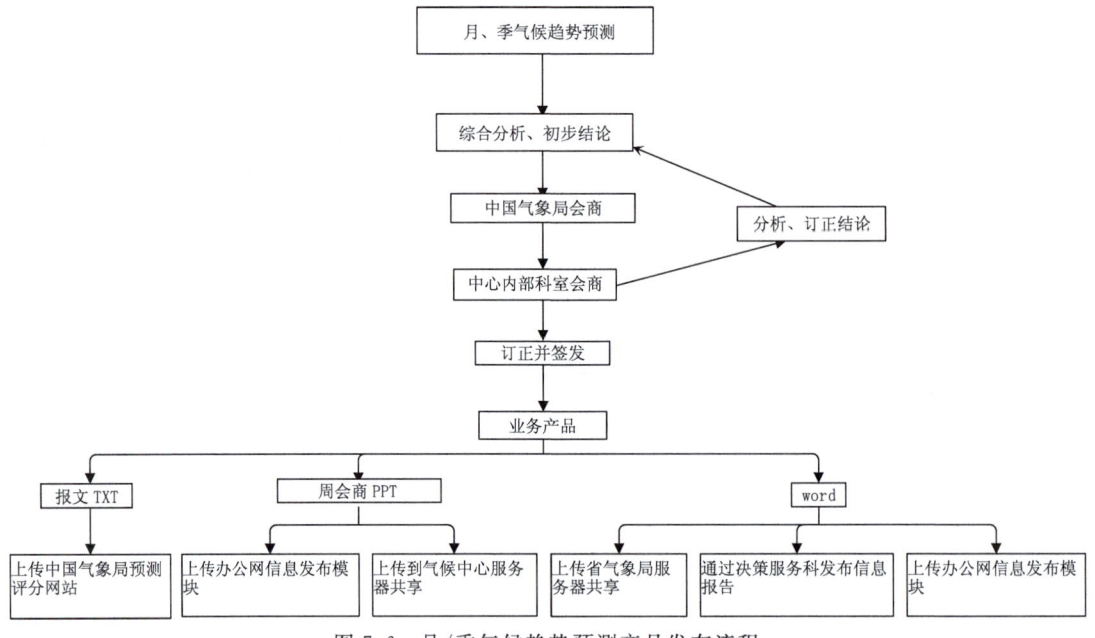

图 7.6 月/季气候趋势预测产品发布流程

7.2.2 业务产品种类与内容

（1）月/季气候趋势预测

月气候趋势预测 每月月底发布下月气候趋势预测产品，内容包括气温和降水两要素的气候趋势预测、强降温/强降水过程出现时段与强度预测、该月气温和降水气候平均值及其极值出现年份与概况,最后是9个市、州代表站降水量和气温具体预测值表格。

季节气候趋势预测2月底、4月上旬、8月底、11月上旬发布春、夏(汛期)、秋、冬季气候趋势预测产品,内容包括气候背景:季节气温和降水气候态值及其极值出现的年份与概况;趋势预测:气温与降水气候趋势预测;主要气候要素和季节气象灾害的预测;最后是9个市、州代表站降水量预测值表格。其中的季节气象灾害预测内容因季节不同而不同,春季为倒春寒、雨季和雨水集中期、春旱以及冰雹;夏季(汛期)为栽插期雨水、雨水集中期、少雨时段和秋风;秋季为绵雨时段、雨季结束期和初霜日期。

(2)延伸期趋势预测

每周五发布未来11~30天趋势预测产品,内容包括未来11~30天平均气温和降水趋势、强降温/强降水过程,以及9个市、州代表站降水量和气温具体预测值。延伸期预测是目前气候预测业务中的难点,也是公众及相关决策部门关注的重点,尤其是降温降雨过程对防灾减灾提前部署具有重要参考意义。

(3)特殊时段预测

特殊时段预测包括春运期间气候趋势预测、汛期气候趋势预测、盛夏气候趋势预测、秋绵雨气候趋势预测。春运期间气候趋势预测于1月中旬发布,重点是当年春运期间气温和降水气候趋势预测、降温降雨(雪)天气过程预报、影响及建议;盛夏(7—8月)气候趋势预测于6月底发布,重点是总趋势预测、主要气候要素和气象灾害预测(雨水集中期、少雨时段、秋风)。

7.3 气候预测质量检验评分方法

气候预测质量检验方法有多种,其中趋势异常综合评分方法(PS)是目前最常用的一种。

预测表述 月、季气候趋势预测采用六分类预测描述。在气候业务中,通常认为当气温、降水距平超过1个标准差时为异常(气温特高特低、降水特多特少),当气温、降水距平超过0.5个标准差且小于1个标准差时为较异常(气温偏高偏低、降水偏多偏少),小于0.5个标准差时为正常。因此该方法首先统计逐月逐站的气温、降水分别0.5和1个标准差分布情况,并将其转化为降水距平百分率和气温距平。分析后认为过去业务评分中对气温使用2℃和1℃、对降水使用5成和2成来表征特多(高)特少(低)、偏多(高)偏少(低)是可行的。在此基础上,制定该方法。该方法气候态平均时段为1981—2010年,2021年后将顺延为1991—2020年。

综合评分原则 该方法主要分别考虑预报的趋势项、异常项和漏报项。

趋势是以预报和实况的距平符号是否一致为判断依据,采用逐站进行评判。当预测(A)和实况距平(距平百分率,B)符号一致时认为该站预测正确(表7.1和表7.2)。

表7.1 降水预测的趋势评分标准

预测	实况					
	$B \geqslant 50\%$	$50\% > B \geqslant 20\%$	$20\% > B \geqslant 0$	$0 > B > -20\%$	$-20\% \geqslant B > -50\%$	$B \leqslant -50\%$
$A \geqslant 50\%$	√	√	√	×	×	×
$50\% > A \geqslant 20\%$	√	√	√	×	×	×
$20\% > A \geqslant 0$	√	√	√	×	×	×

续表

预测	实况					
	$B \geqslant 50\%$	$50\% > B \geqslant 20\%$	$20\% > B \geqslant 0$	$0 > B > -20\%$	$-20\% \geqslant B > -50\%$	$B \leqslant -50\%$
$0 > A > -20\%$	×	×	×	√	√	√
$-20\% \geqslant A > -50\%$	×	×	×	×	√	√
$A \leqslant -50\%$	×	×	×	√	√	√

表 7.2　气温预测的趋势评分标准

预测	实况					
	$B \geqslant 2℃$	$2℃ > B \geqslant 1℃$	$1℃ > B \geqslant 0$	$0 > B > -1℃$	$-1℃ \geqslant B > -2℃$	$B \leqslant -2℃$
$A \geqslant 2℃$	√	√	√	×	×	×
$2℃ > A \geqslant 1℃$	√	√	√	×	×	×
$1℃ > A \geqslant 0$	√	√	√	×	×	×
$0 > A > -1℃$	×	×	×	√	√	√
$-1℃ \geqslant A > -2℃$	×	×	×	√	√	√
$A \leqslant -2℃$	×	×	×	√	√	√

异常是以考察预报对一级异常（$50\% > X \geqslant 20\%$，$-20\% \geqslant X > -50\%$；$2℃ > X \geqslant 1℃$，$-1℃ \geqslant X > -2℃$）和二级异常（$\geqslant 50\%$，$\leqslant -50\%$；$\geqslant 2℃$，$\leqslant -2℃$）的预报能力。采用逐站、逐级进行评判（表 7.3—表 7.6）。

表 7.3　降水的一级异常预报评分标准

预报	实况			
	$B \geqslant 50\%$	$50\% > B \geqslant 20\%$	$-20\% \geqslant B > -50\%$	$B \leqslant -50\%$
$50\% > A \geqslant 20\%$	×	√	×	×
$-20\% \geqslant A > -50\%$	×	×	√	×

表 7.4　气温的一级异常预报评分标准

预报	实况			
	$B \geqslant 2℃$	$2℃ > B \geqslant 1℃$	$-1℃ \geqslant B > -2℃$	$B \leqslant -2℃$
$2℃ > A \geqslant 1℃$	×	√	×	×
$-1℃ \geqslant A > -2℃$	×	×	√	×

表 7.5　降水的二级异常预报评分标准

预报	实况	
	$B \geqslant 50\%$	$B \leqslant -50\%$
$A \geqslant 50\%$	√	×
$A \leqslant -50\%$	×	√

表7.6　气温的二级异常预报评分标准

预报	实况	
	$B\geqslant 2℃$	$B\leqslant -2℃$
$A\geqslant 2℃$	√	×
$A\leqslant -2℃$	×	√

评分步骤如下：

(1)逐站判定预报的趋势是否正确,统计出趋势预测正确的总站数 N_0；

(2)逐站判定一级异常预报是否正确,统计出一级异常预测正确的总站数 N_1；

(3)逐站判定二级异常预报是否正确,统计出二级异常预测正确的总站数 N_2；

(4)没有预报二级异常而实况出现降水距平百分率≥100%或等于-100%、气温距平≥3℃或≤-3℃的站数(称为漏报站,记为 M)；

(5)统计实际参加评估的站数 N,即规定参加考核站数减去实况缺测的站数；

(6)使用公式

$$PS = \frac{a \cdot N_0 + b \cdot N_1 + c \cdot N_2}{(N-N_0) + a \cdot N_0 + b \cdot N_1 + c \cdot N_2 + M} \times 100 \qquad (7.1)$$

式中：PS 为趋势异常综合评分；a,b,c 分别为气候趋势项、一级异常项和二级异常项的权重系数,本办法分别取 $a=2,b=2,c=4$。

附录A 贵州省月际气候态(1981—2010年)气象要素空间分布图

图A.1 贵州省气候态逐月降水邮票图

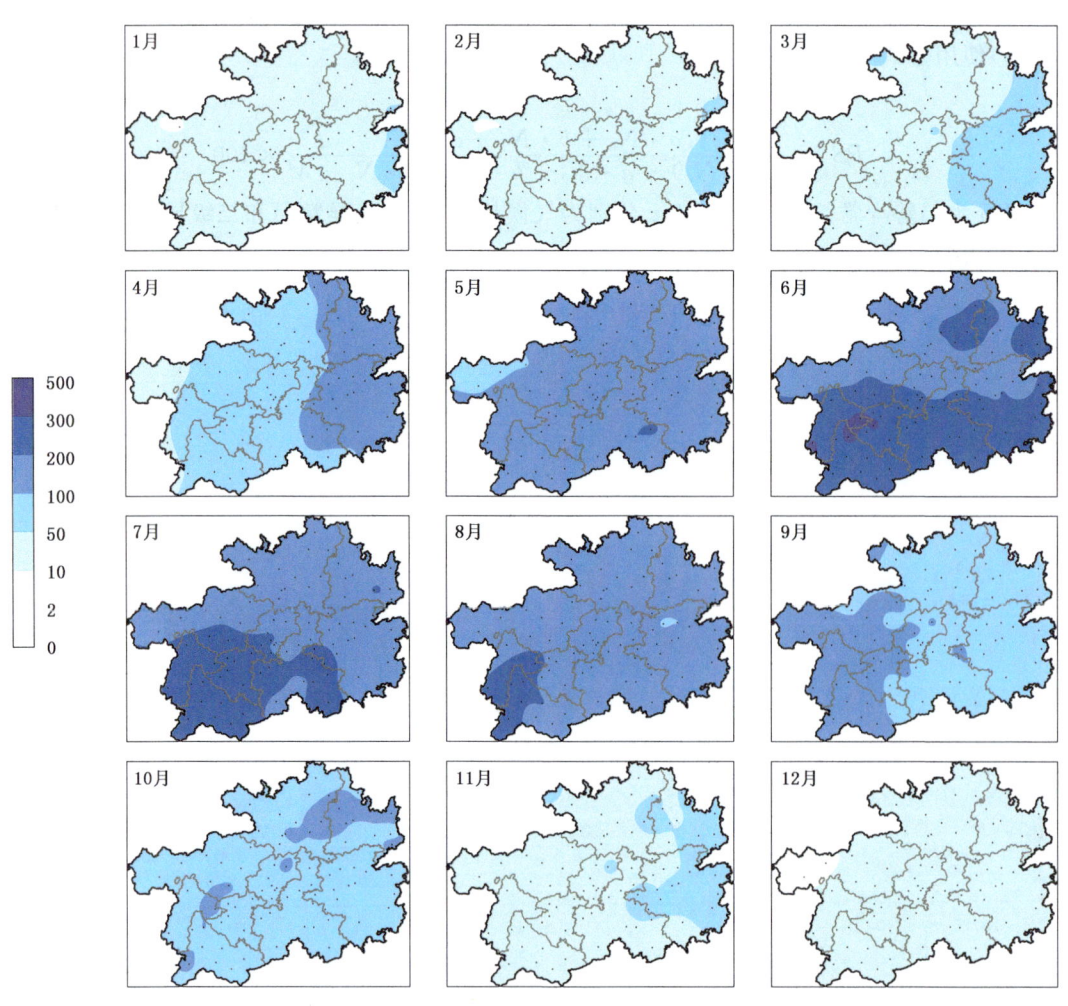

图A.1 贵州省气候态逐月降水邮票图(单位:mm)

A.2 贵州省气候态逐月气温(平均气温)邮票图

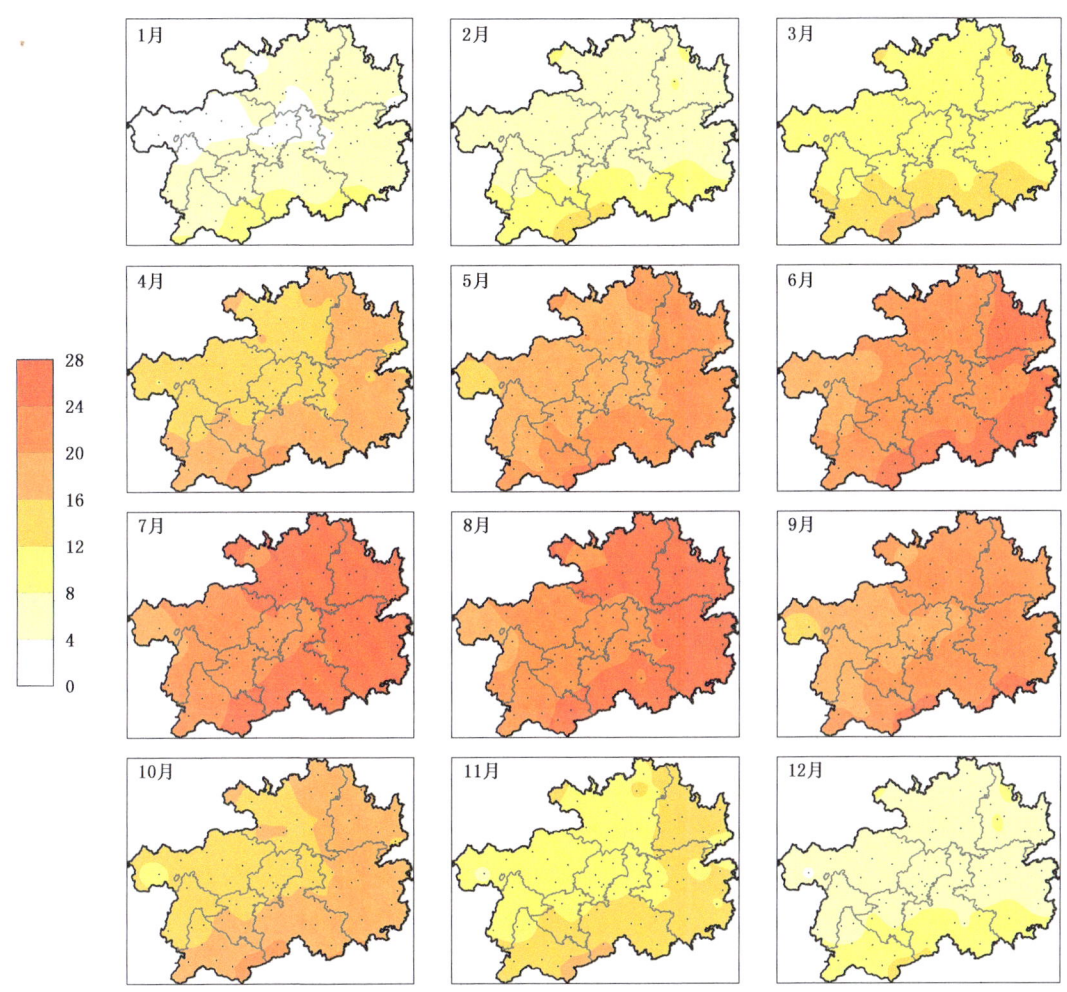

图 A.2 贵州省气候态逐月气温(平均气温)邮票图(单位:℃)

A.3 贵州省气候态逐月气温(最高气温)邮票图

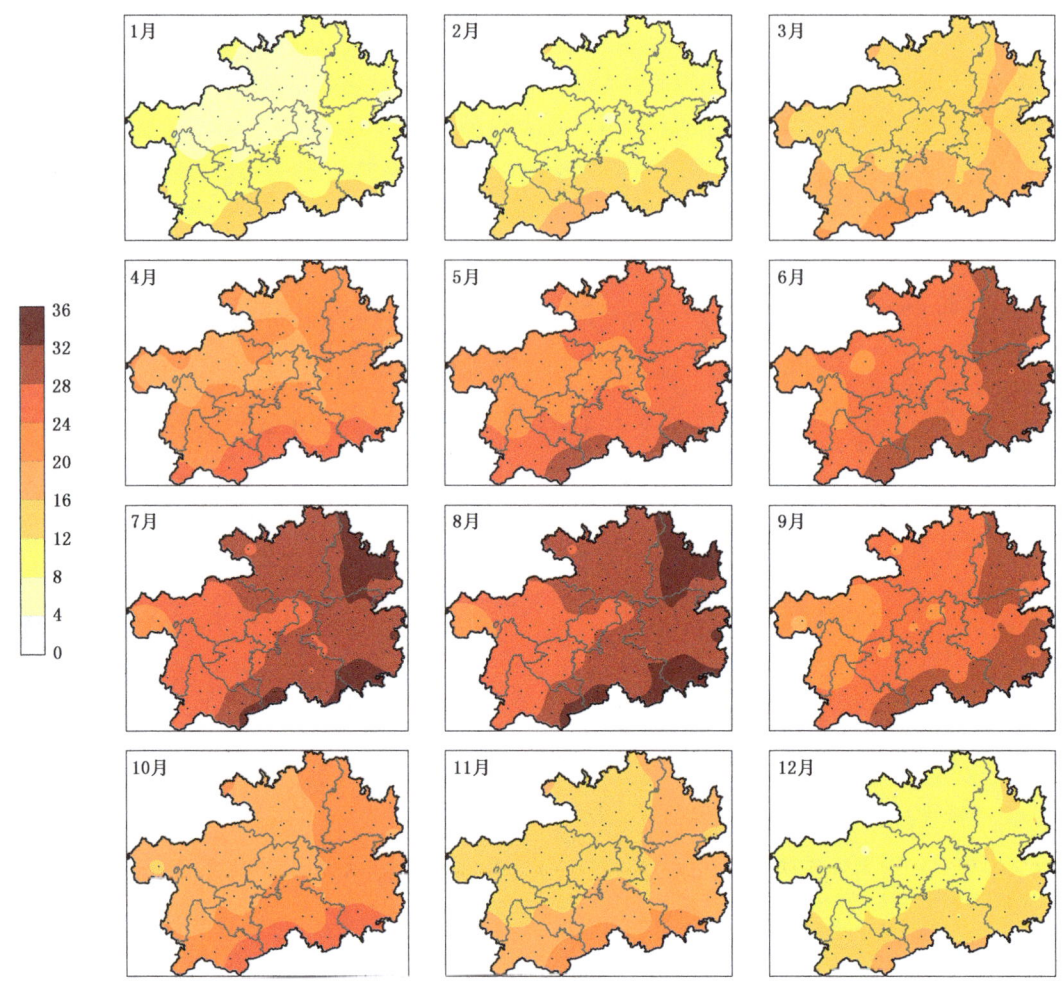

图 A.3 贵州省气候态逐月气温(最高气温)邮票图(单位:℃)

附录A 贵州省月际气候态(1981—2010年)气象要素空间分布图

A.4 贵州省气候态逐月气温(最低气温)邮票图

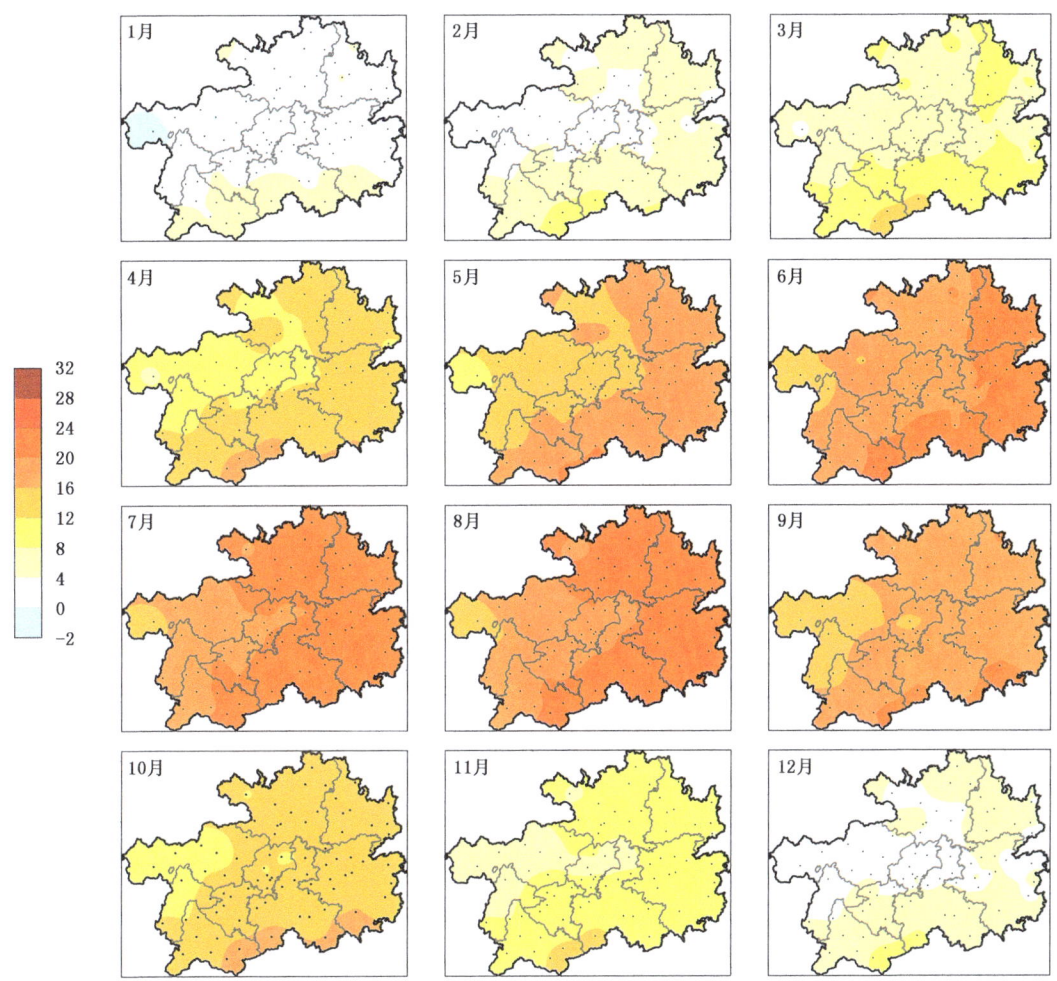

图 A.4 贵州省气候态逐月气温(最低气温)邮票图(单位:℃)

A.5 贵州省气候态逐月日照时数邮票图

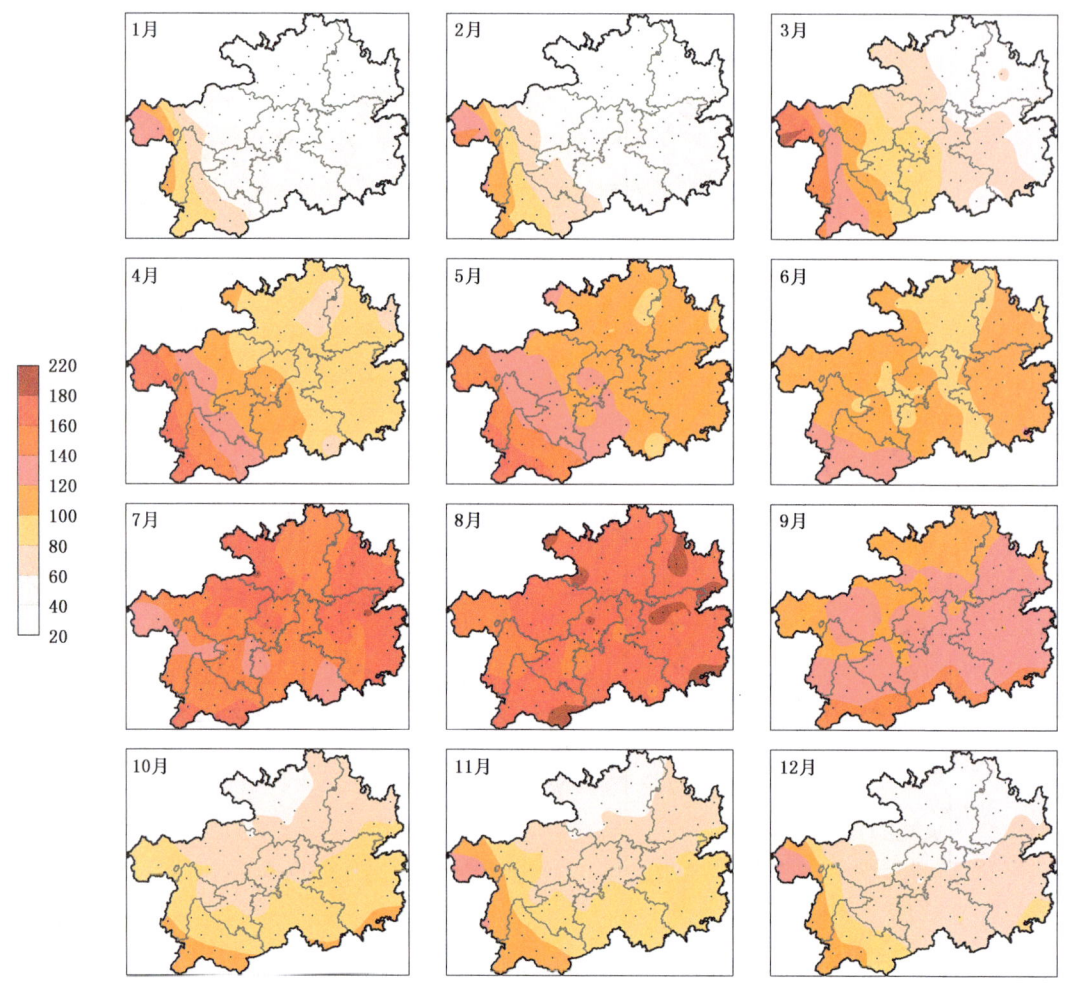

图 A.5 贵州省气候态逐月日照时数邮票图(单位:h)

A.6 降水量级定义

表 A.1　不同时段的降雨量等级划分表(单位:mm)

等级	时段降水量	
	12 h 降雨量	24 h 降雨量
微量降雨(零星小雨)	<0.1	<0.1
小雨	0.1~4.9	0.1~9.9
中雨	5.0~14.9	10.0~24.9
大雨	15.0~29.9	25.0~49.9
暴雨	30.0~69.9	50.0~99.9
大暴雨	70.0~139.9	100.0~249.9
特大暴雨	≥140.0	≥250.0

A.7 高温标准

一般把日最高气温达到或超过 35 ℃时称为高温,连续 3 天以上的高温天气过程称之为高温热浪。